U0187182

机械设计手册

第6版

单行本

机电系统控制

主　编　闻邦椿
副主编　鄂中凯　张义民　陈良玉　孙志礼
　　　　宋锦春　柳洪义　巩亚东　宋桂秋

机械工业出版社

《机械设计手册》第6版 单行本共26分册，内容涵盖机械常规设计、机电一体化设计与机电控制、现代设计方法及其应用等内容，具有系统全面、信息量大、内容现代、突显创新、实用可靠、简明便查、便于携带和翻阅等特色。各分册分别为：《常用设计资料和数据》《机械制图与机械零部件精度设计》《机械零部件结构设计》《连接与紧固》《带传动和链传动 摩擦轮传动与螺旋传动》《齿轮传动》《减速器和变速器》《机构设计》《轴 弹簧》《滚动轴承》《联轴器、离合器与制动器》《起重运输机械零部件和操作件》《机架、箱体与导轨》《润滑 密封》《气压传动与控制》《机电一体化技术及设计》《机电系统控制》《机器人与机器人装备》《数控技术》《微机电系统及设计》《机械系统概念设计》《机械系统的振动设计及噪声控制》《疲劳强度设计 机械可靠性设计》《数字化设计》《工业设计与人机工程》《智能设计 仿生机械设计》。

本单行本为《机电系统控制》，主要介绍了机电系统控制概述、控制系统数学模型、控制系统分析方法、控制系统设计方法、先进控制理论基础、机械运动控制系统等内容。

本书供从事机械设计、制造、维修及有关工程技术人员作为工具书使用，也可供大专院校的有关专业师生使用和参考。

图书在版编目（CIP）数据

机械设计手册．机电系统控制/闻邦椿主编．—6版．—北京：机械工业出版社，2020.4（2023.4重印）

ISBN 978-7-111-64889-5

Ⅰ.①机… Ⅱ.①闻… Ⅲ.①机械设计-技术手册②机电系统-自动控制系统-技术手册 Ⅳ.①TH122-62②TH-39

中国版本图书馆CIP数据核字（2020）第034477号

机械工业出版社（北京市百万庄大街22号 邮政编码100037）
策划编辑：曲彩云 责任编辑：曲彩云 高依楠
责任校对：徐 强 封面设计：马精明
责任印制：常天培
北京机工印刷厂有限公司印刷
2023年4月第6版第2次印刷
184mm×260mm · 9.25印张 · 222千字
标准书号：ISBN 978-7-111-64889-5
定价：39.00元

电话服务	网络服务
客服电话：010-88361066	机 工 官 网：www.cmpbook.com
010-88379833	机 工 官 博：weibo.com/cmp1952
010-68326294	金 书 网：www.golden-book.com
封底无防伪标均为盗版	机工教育服务网：www.cmpedu.com

出版说明

《机械设计手册》自出版以来，已经进行了5次修订，2018年第6版出版发行。截至2019年，《机械设计手册》累计发行39万套。作为国家级重点科技图书，《机械设计手册》深受广大读者的欢迎和好评，在全国具有很大的影响力。该书曾获得中国出版政府奖提名奖、中国机械工业科学技术奖一等奖、全国优秀科技图书奖二等奖、中国机械工业部科技进步奖二等奖，并多次获得全国优秀畅销书奖等奖项。《机械设计手册》已成为机械设计领域的品牌产品，是机械工程领域最具权威和影响力的大型工具书之一。

《机械设计手册》第6版共7卷55篇，是在前5版的基础上吸收并总结了国内外机械工程设计领域中的新标准、新材料、新工艺、新结构、新技术、新产品、新的设计理论与方法，并配合我国创新驱动战略的需求编写而成的。与前5版相比，第6版无论是从体系还是内容，都在传承的基础上进行了创新。重点充实了机电一体化系统设计、机电控制与信息技术、现代机械设计理论与方法等现代机械设计的最新内容，将常规设计方法与现代设计方法相融合，光、机、电设计融为一体，局部的零部件设计与系统化设计互相衔接，并努力将创新设计的理念贯穿其中。《机械设计手册》第6版体现了国内外机械设计发展的新水平，精心诠释了常规与现代机械设计的内涵、全面荟萃凝练了机械设计各专业技术的精华，它将引领现代机械设计创新潮流、成就新一代机械设计大师，为我国实现装备制造强国梦做出重大贡献。

《机械设计手册》第6版的主要特色是：体系新颖、系统全面、信息量大、内容现代、突显创新、实用可靠、简明便查。应该特别指出的是，第6版手册具有较高的科技含量和大量技术创新性的内容。手册中的许多内容都是编著者多年研究成果的科学总结。这些内容中有不少依托国家“863计划”“973计划”“985工程”“国家科技重大专项”“国家自然科学基金”重大、重点和面上项目资助项目。相关项目有不少成果曾获得国际、国家、部委、省市科技奖励、技术专利。这充分体现了手册内容的重大科学价值与创新性。如仿生机械设计、激光及其在机械工程中的应用、绿色设计与和谐设计、微机电系统及设计等前沿新技术；又如产品综合设计理论与方法是闻邦椿院士在国际上首先提出，并综合8部专著后首次编入手册，该方法已经在高铁、动车及离心压缩机等机械工程中成功应用，获得了巨大的社会效益和经济效益。

在《机械设计手册》历次修订的过程中，出版社和作者都广泛征求和听取各方面的意见，广大读者在对《机械设计手册》给予充分肯定的同时，也指出《机械设计手册》卷册厚重，不便携带，希望能出版篇幅较小、针对性强、便查便携的更加实用的单行本。为满足读者的需要，机械工业出版社于2007年首次推出了《机械设计手册》第4版单行本。该单行本出版后很快受到读者的欢迎和好评。《机械设计手册》第6版已经面市，为了使读者能按需要、有针对性地选用《机械设计手册》第6版中的相关内容并降低购书费用，机械工业出版社在总结《机械设计手册》前几版单行本经验的基础上推出了《机械设计手册》第6版单行本。

《机械设计手册》第6版单行本保持了《机械设计手册》第6版（7卷本）的优势和特色，依据机械设计的实际情况和机械设计专业的具体情况以及手册各篇内容的相关性，将原手册的7卷55篇进行精选、合并，重新整合为26个分册，分别为：《常用设计资料和数据》《机械制图与机械零部件精度设计》《机械零部件结构设计》《连接与紧固》《带传动和链传动　摩擦轮传动与螺旋传动》《齿轮传动》《减速器和变速器》《机构设计》《轴　弹簧》《滚动轴承》《联轴器、离合器与制动器》《起重运输机械零部件和操作件》《机架、箱体与导轨》《润滑　密封》《气压传动与控制》《机电一体化技术及设计》《机电系统控制》《机器人与机器人装备》《数控技术》《微机电系统及设计》《机械系统概念设计》《机械系统的振动设计及噪声控制》《疲劳强度设计　机械可靠性设计》《数字化设计》《工业设计与人机工程》《智能设计　仿生机械设计》。各分册内容针对性强、篇幅适中、查阅和携带方便，读者可根据需要灵活选用。

《机械设计手册》第 6 版单行本是为了助力我国制造业转型升级、经济发展从高增长迈向高质量，满足广大读者的需要而编辑出版的，它将与《机械设计手册》第 6 版（7 卷本）一起，成为机械设计人员、工程技术人员得心应手的工具书，成为广大读者的良师益友。

由于工作量大、水平有限，难免有一些错误和不妥之处，殷切希望广大读者给予指正。

机械工业出版社

前　　言

本版手册为新出版的第6版7卷本《机械设计手册》。由于科学技术的快速发展，需要我们对手册内容进行更新，增加新的科技内容，以满足广大读者的迫切需要。

《机械设计手册》自1991年面世发行以来，历经5次修订，截至2016年已累计发行38万套。作为国家级重点科技图书的《机械设计手册》，深受社会各界的重视和好评，在全国具有很大的影响力，该手册曾获得全国优秀科技图书奖二等奖（1995年）、中国机械工业部科技进步奖二等奖（1997年）、中国机械工业科学技术奖一等奖（2011年）、中国出版政府奖提名奖（2013年），并多次获得全国优秀畅销书奖等奖项。1994年，《机械设计手册》曾在我国台湾建宏出版社出版发行，并在海内外产生了广泛的影响。《机械设计手册》荣获的一系列国家和部级奖项表明，其具有很高的科学价值、实用价值和文化价值。《机械设计手册》已成为机械设计领域的一部大型品牌工具书，已成为机械工程领域权威的和影响力较大的大型工具书，长期以来，它为我国装备制造业的发展做出了巨大贡献。

第5版《机械设计手册》出版发行至今已有7年时间，这期间我国国民经济有了很大发展，国家制定了《国家创新驱动发展战略纲要》，其中把创新驱动发展作为了国家的优先战略。因此，《机械设计手册》第6版修订工作的指导思想除努力贯彻"科学性、先进性、创新性、实用性、可靠性"外，更加突出了"创新性"，以全力配合我国"创新驱动发展战略"的重大需求，为实现我国建设创新型国家和科技强国梦做出贡献。

在本版手册的修订过程中，广泛调研了厂矿企业、设计院、科研院所和高等院校等多方面的使用情况和意见。对机械设计的基础内容、经典内容和传统内容，从取材、产品及其零部件的设计方法与计算流程、设计实例等多方面进行了深入系统的整合，同时，还全面总结了当前国内外机械设计的新理论、新方法、新材料、新工艺、新结构、新产品和新技术，特别是在现代设计与创新设计理论与方法、机电一体化及机械系统控制技术等方面做了系统和全面的论述和凝练。相信本版手册会以崭新的面貌展现在广大读者面前，它将对提高我国机械产品的设计水平、推进新产品的研究与开发、老产品的改造，以及产品的引进、消化、吸收和再创新，进而促进我国由制造大国向制造强国跃升，发挥出巨大的作用。

本版手册分为7卷55篇：第1卷　机械设计基础资料；第2卷　机械零部件设计（连接、紧固与传动）；第3卷　机械零部件设计（轴系、支承与其他）；第4卷　流体传动与控制；第5卷　机电一体化与控制技术；第6卷　现代设计与创新设计（一）；第7卷　现代设计与创新设计（二）。

本版手册有以下七大特点：

一、构建新体系

构建了科学、先进、实用、适应现代机械设计创新潮流的《机械设计手册》新结构体系。该体系层次为：机械基础、常规设计、机电一体化设计与控制技术、现代设计与创新设计方法。该体系的特点是：常规设计方法与现代设计方法互相融合，光、机、电设计融为一体，局部的零部件设计与系统化设计互相衔接，并努力将创新设计的理念贯穿于常规设计与现代设计之中。

二、凸显创新性

习近平总书记在2014年6月和2016年5月召开的中国科学院、中国工程院两院院士大会上分别提出了我国科技发展的方向就是“创新、创新、再创新”，以及实现创新型国家和科技强国的三个阶段的目标和五项具体工作。为了配合我国创新驱动发展战略的重大需求，本版手册突出了机械创新设计内容的编写，主要有以下几个方面：

（1）新增第7卷，重点介绍了创新设计及与创新设计有关的内容。

该卷主要内容有：机械创新设计概论，创新设计方法论，顶层设计原理、方法与应用，创新原理、思维、方法与应用，绿色设计与和谐设计，智能设计，仿生机械设计，互联网上的合作设计，工业通信网络，面向机械工程领域的大数据、云计算与物联网技术，3D打印设计与制造技术，系统化设计理论与方法。

（2）在一些篇章编入了创新设计和多种典型机械创新设计的内容。

“第11篇　机构设计”篇新增加了“机构创新设计”一章，该章编入了机构创新设计的原理、方法及飞剪机剪切机构创新设计，大型空间折展机构创新设计等多个创新设计的案例。典型机械的创新设计有大型全断面掘进机（盾构机）仿真分析与数字化设计、机器人挖掘机的机电一体化创新设计、节能抽油机的创新设计、产品包装生产线的机构方案创新设计等。

（3）编入了一大批典型的创新机械产品。

“机械无级变速器”一章中编入了新型金属带式无级变速器，“并联机构的设计与应用”一章中编入了数十个新型的并联机床产品，“振动的利用”一章中新编入了激振器偏移式自同步振动筛、惯性共振式振动筛、振动压路机等十多个典型的创新机械产品。这些产品有的获得了国家或省部级奖励，有的是专利产品。

（4）编入了机械设计理论和设计方法论等方面的创新研究成果。

1）闻邦椿院士团队经过长期研究，在国际上首先创建了振动利用工程学科，提出了该类机械设计理论和方法。本版手册中编入了相关内容和实例。

2）根据多年的研究，提出了以非线性动力学理论为基础的深层次的动态设计理论与方法。本版手册首次编入了该方法并列举了若干应用范例。

3）首先提出了和谐设计的新概念和新内容，阐明了自然环境、社会环境（政治环境、经济环境、人文环境、国际环境、国内环境）、技术环境、资金环境、法律环境下的产品和谐设计的概念和内容的新体系，把既有的绿色设计篇拓展为绿色设计与和谐设计篇。

4）全面系统地阐述了产品系统化设计的理论和方法，提出了产品设计的总体目标、广义目标和技术目标的内涵，提出了应该用IQCTES六项设计要求来代替QCTES五项要求，详细阐明了设计的四个理想步骤，即“3I调研”“7D规划”“1+3+X实施”“5（A+C）检验”，明确提出了产品系统化设计的基本内容是主辅功能、三大性能和特殊性能要求的具体实现。

5）本版手册引入了闻邦椿院士经过长期实践总结出的独特的、科学的创新设计方法论体系和规则，用来指导产品设计，并提出了创新设计方法论的运用可向智能化方向发展，即采用专家系统来完成。

三、坚持科学性

手册的科学水平是评价手册编写质量的重要方面，因此，本版手册特别强调突出内容的科学性。

（1）本版手册努力贯彻科学发展观及科学方法论的指导思想和方法，并将其落实到手册内容的编写中，特别是在产品设计理论方法的和谐设计、深层次设计及系统化设计的编写中。

（2）本版手册中的许多内容是编著者多年研究成果的科学总结。这些内容中有不少是国家863、973计划项目，国家科技重大专项，国家自然科学基金重大、重点和面上项目资助项目的研究成果，有不少成果曾获得国际、国家、部委、省市科技奖励及技术专利，充分体现了本版手册内容的重大科学价值与创新性。

下面简要介绍本版手册编入的几方面的重要研究成果：

1）振动利用工程新学科是闻邦椿院士团队经过长期研究在国际上首先创建的。本版手册中编入了振动利用机械的设计理论、方法和范例。

2）产品系统化设计理论与方法的体系和内容是闻邦椿院士团队提出并加以完善的，编写者依据多年的研究成果和系列专著，经综合整理后首次编入本版手册。

3）仿生机械设计是一门新兴的综合性交叉学科，近年来得到了快速发展，它为机械设计的创新提供了新思路、新理论和新方法。吉林大学任露泉院士领导的工程仿生教育部重点实验室开展了大量的深入研究工作，取得了一系列创新成果且出版了专著，据此并结合国内外大量较新的文献资料，为本版手册构建了仿生机械设计的新体系，编写了“仿生机械设计”篇（第50篇）。

4）激光及其在机械工程中的应用篇是中国科学院长春光学精密机械与物理研究所王立军院士依据多年的研究成果，并参考国内外大量较新的文献资料编写而成的。

5）绿色制造工程是国家确立的五项重大工程之一，绿色设计是绿色制造工程的最重要环节，是一个新的学科。合肥工业大学刘志峰教授依据在绿色设计方面获多项国家和省部级奖励的研究成果，参考国内外大量较新的文献资料为本版手册首次构建了绿色设计新体系，编写了“绿色设计与和谐设计”篇（第48篇）。

6）微机电系统及设计是前沿的新技术。东南大学黄庆安教授领导的微电子机械系统教育部重点实验室多年来开展了大量研究工作，取得了一系列创新研究成果，本版手册的“微机电系统及设计”篇（第28篇）就是依据这些成果和国内外大量较新的文献资料编写而成的。

四、重视先进性

（1）本版手册对机械基础设计和常规设计的内容做了大规模全面修订，编入了大量新标准、新材料、新结构、新工艺、新产品、新技术、新设计理论和计算方法等。

1）编入和更新了产品设计中需要的大量国家标准，仅机械工程材料篇就更新了标准126个，如GB/T 699—2015《优质碳素结构钢》和GB/T 3077—2015《合金结构钢》等。

2）在新材料方面，充实并完善了铝及铝合金、钛及钛合金、镁及镁合金等内容。这些材料由于具有优良的力学性能、物理性能以及回收率高等优点，目前广泛应用于航空、航天、高铁、计算机、通信元件、电子产品、纺织和印刷等行业。增加了国内外粉末冶金材料的新品种，如美国、德国和日本等国家的各种粉末冶金材料。充实了国内外工程塑料及复合材料的新品种。

3）新编的“机械零部件结构设计”篇（第4篇），依据11个结构设计方面的基本要求，编写了相应的内容，并编入了结构设计的评估体系和减速器结构设计、滚动轴承部件结构设计的示例。

4）按照GB/T 3480.1～3—2013（报批稿）、GB/T 10062.1～3—2003及ISO 6336—2006等新标准，重新构建了更加完善的渐开线圆柱齿轮传动和锥齿轮传动的设计计算新体系；按照初步确定尺寸的简化计算、简化疲劳强度校核计算、一般疲劳强度校核计算，编排了三种设计计算方法，以满足不同场合、不同要求的齿轮设计。

5）在“第4卷　流体传动与控制”卷中，编入了一大批国内外知名品牌的新标准、新结构、新产品、新技术和新设计计算方法。在“液力传动”篇（第23篇）中新增加了液黏传动，它是一种新型的液力传动。

（2）“第5卷　机电一体化与控制技术”卷充实了智能控制及专家系统的内容，大篇幅增加了机器人与机器人装备的内容。

机器人是机电一体化特征最为显著的现代机械系统，机器人技术是智能制造的关键技术。由于智能制造的迅速发展，近年来机器人产业呈现出高速发展的态势。为此，本版手册大篇幅增加了“机器人与机器人装备”篇（第26篇）的内容。该篇从实用性的角度，编写了串联机器人、并联机器人、轮式机器人、机器人工装夹具及变位机；编入了机器人的驱动、控制、传感、视角和人工智能等共性技术；结合喷涂、搬运、电焊、冲压及压铸等工艺，介绍了机器人的典型应用实例；介绍了服务机器人技术的新进展。

（3）为了配合我国创新驱动战略的重大需求，本版手册扩大了创新设计的篇数，将原第6卷扩编为两卷，即新的“现代设计与创新设计（一）”（第6卷）和“现代设计与创新设计（二）”（第7卷）。前者保留了原第6卷的主要内容，后者编入了创新设计和与创新设计有关的内容及一些前沿的技术内容。

本版手册“现代设计与创新设计（一）”卷（第6卷）的重点内容和新增内容主要有：

1）在“现代设计理论与方法综述”篇（第32篇）中，简要介绍了机械制造技术发展总趋势、在国际上有影响的主要设计理论与方法、产品研究与开发的一般过程和关键技术、现代设计理论的发展和根据不同的设计目标对设计理论与方法的选用。闻邦椿院士在国内外首次按照系统工程原理，对产品的现代设计方法做了科学分类，克服了目前产品设计方法的论述缺乏系统性的不足。

2）新编了“数字化设计”篇（第40篇）。数字化设计是智能制造的重要手段，并呈现应用日益广泛、发展更加深刻的趋势。本篇编入了数字化技术及其相关技术、计算机图形学基础、产品的数字化建模、数字化仿真与分析、逆向工程与快速原型制造、协同设计、虚拟设计等内容，并编入了大型全断面掘进机（盾构机）的数字化仿真分析和数字化设计、摩托车逆向工程设计等多个实例。

3）新编了“试验优化设计”篇（第41篇）。试验是保证产品性能与质量的重要手段。本篇以新的视觉优化设计构建了试验设计的新体系、全新内容，主要包括正交试验、试验干扰控制、正交试验的结果分析、稳健试验设计、广义试验设计、回归设计、混料回归设计、试验优化分析及试验优化设计常用软件等。

4）将手册第5版的“造型设计与人机工程”篇改编为“工业设计与人机工程”篇（第42篇），引入了工业设计的相关理论及新的理念，主要有品牌设计与产品识别系统（PIS）设计、通用设计、交互设计、系统设计、服务设计等，并编入了机器人的产品系统设计分析及自行车的人机系统设计等典型案例。

（4）“现代设计与创新设计（二）”卷（第7卷）主要编入了创新设计和与创新设计有关的内容及一些前沿技术内容，其重点内容和新编内容有：

1）新编了“机械创新设计概论”篇（第44篇）。该篇主要编入了创新是我国科技和经济发展的重要战略、创新设计的发展与现状、创新设计的指导思想与目标、创新设计的内容与方法、创新设计的未来发展战略、创新设计方法论的体系和规则等。

2）新编了“创新设计方法论”篇（第45篇）。该篇为创新设计提供了正确的指导思想和方法，主要编入了创新设计方法论的体系、规则，创新设计的目的、要求、内容、步骤、程序及科学方法，创新设计工作者或团队的四项潜能，创新设计客观因素的影响及动态因素的作用，用科学哲学思想来统领创新设计工作，创新设计方法论的应用，创新设计方法论应用的智能化及专家系统，创新设计的关键因素及制约的因素分析等内容。

3）创新设计是提高机械产品竞争力的重要手段和方法，大力发展创新设计对我国国民经济发展具有重要的战略意义。为此，编写了“创新原理、思维、方法与应用”篇（第47篇）。除编入了创新思维、原理和方法，创新设计的基本理论和创新的系统化设计方法外，还编入了29种创新思维方法、30种创新技术、40种发明创造原理，列举了大量的应用范例，为引领机械创新设计做出了示范。

4）绿色设计是实现低资源消耗、低环境污染、低碳经济的保护环境和资源合理利用的重要技术政策。本版手册中编入了“绿色设计与和谐设计”篇（第48篇）。该篇系统地论述了绿色设计的概念、理论、方法及其关键技术。编者结合多年的研究实践，并参考了大量的国内外文献及较新的研究成果，首次构建了系统实用的绿色设计的完整体系，包括绿色材料选择、拆卸回收产品设计、包装设计、节能设计、绿色设计体系与评估方法，并给出了系列典型范例，这些对推动工程绿色设计的普遍实施具有重要的指引和示范作用。

5）仿生机械设计是一门新兴的综合性交叉学科，本版手册新编入了“仿生机械设计”篇（第50篇），包括仿生机械设计的原理、方法、步骤，仿生机械设计的生物模本，仿生机械形态与结构设计，仿生机械运动学设计，仿生机构设计，并结合仿生行走、飞行、游走、运动及生机电仿生手臂，编入了多个仿生机械设计范例。

6）第55篇为“系统化设计理论与方法”篇。装备制造机械产品的大型化、复杂化、信息化程度越来越高，对设计方法的科学性、全面性、深刻性、系统性提出的要求也越来越高，为了满足我国制造强国的重大需要，亟待创建一种能统领产品设计全局的先进设计方法。该方法已经在我国许多重要机械产品（如动车、大型离心压缩机等）中成功应用，并获得重大的社会效益和经济效益。本版手册对该系统化设计方法做了系统论述并给出了大型综合应用实例，相信该系统化设计方法对我国大型、复杂、现代化机械产品的设计具有重要的指导和示范作用。

7）本版手册第7卷还编入了与创新设计有关的其他多篇现代化设计方法及前沿新技术，包括顶层设计原理、方法与应用，智能设计，互联网上的合作设计，工业通信网络，面向机械工程领域的大数据、云计算与物联网技术，3D打印设计与制造技术等。

五、突出实用性

为了方便产品设计者使用和参考，本版手册对每种机械零部件和产品均给出了具体应用，并给出了选用方法或设计方法、设计步骤及应用范例，有的给出了零部件的生产企业，以加强实际设计的指导和应用。本版手册的编排尽量采用表格化、框图化等形式来表达产品设计所需要的内容和资料，使其更加简明、便查；对各种标准采用摘编、数据合并、改排和格式统一等方法进行改编，使其更为规范和便于读者使用。

六、保证可靠性

编入本版手册的资料尽可能取自原始资料，重要的资料均注明来源，以保证其可靠性。所有数据、公式、图表力求准确可靠，方法、工艺、技术力求成熟。所有材料、零部件、产品和工艺标准均采用新公布的标准资料，并且在编入时做到认真核对以避免差错。所有计算公式、计算参数和计算方法都经过长期检验，各种算例、设计实例均来自工程实际，并经过认真的计算，以确保可靠。本版手册编入的各种通用的及标准化的产品均说明其特点及适用情况，并注明生产厂家，供设计人员全面了解情况后选用。

七、保证高质量和权威性

本版手册主编单位东北大学是国家211、985重点大学、“重大机械关键设计制造共性技术”985创新平台建设单位、2011国家钢铁共性技术协同创新中心建设单位，建有“机械设计及理论国家重点学科”和“机械工程一级学科”。由东北大学机械及相关学科的老教授、老专家和中青年学术精英组成了实力强大的大型工具书编写团队骨干，以及一批来自国家重点高校、研究院所、大型企业等30多个单位、近200位专家、学者组成了高水平编审团队。编审团队成员的大多数都是所在领域的著名资深专家，他们具有深广的理论基础、丰富的机械设计工作经历、丰富的工具书编纂经验和执着的敬业精神，从而确保了本版手册的高质量和权威性。

在本版手册编写中，为便于协调，提高质量，加快编写进度，编审人员以东北大学的教师为主，并组织邀请了清华大学、上海交通大学、西安交通大学、浙江大学、哈尔滨工业大学、吉林大学、天津大学、华中科技大学、北京科技大学、大连理工大学、东南大学、同济大学、重庆大学、北京化工大学、南京航空航天大学、上海师范大学、合肥工业大学、大连交通大学、长安大学、西安建筑科技大学、沈阳工业大学、沈阳航空航天大学、沈阳建筑大学、沈阳理工大学、沈阳化工大学、重庆理工大学、中国科学院长春光学精密机械与物理研究所、中国科学院沈阳自动化研究所等单位的专家、学者参加。

在本版手册出版之际，特向著名机械专家、本手册创始人、第1版及第2版的主编徐灏教授致以崇高的敬意，向历次版本副主编邱宣怀教授、蔡春源教授、严隽琪教授、林忠钦教授、余俊教授、汪恺总工程师、周士昌教授致以崇高的敬意，向参加本手册历次版本的编写单位和人员表示衷心感谢，向在本手册历次版本的编写、出版过程中给予大力支持的单位和社会各界朋友们表示衷心感谢，特别感谢机械科学研究总院、郑州机械研究所、徐州工程机械集团公司、北方重工集团沈阳重型机械集团有限责任公司和沈阳矿山机械集团有限责任公司、沈阳机床集团有限责任公司、沈阳鼓风机集团有限责任公司及辽宁省标准研究院等单位的大力支持。

由于编者水平有限，手册中难免有一些不尽如人意之处，殷切希望广大读者批评指正。

主编　闻邦椿

目　　录

出版说明
前言

第25篇　机电系统控制

第1章　概　　述

1　自动控制系统的基本组成 …………………… 25-3
2　自动控制系统的分类 ………………………… 25-3
3　对自动控制系统的基本要求 ………………… 25-4
4　控制系统的性能指标 ………………………… 25-4
4.1　控制系统的时域性能指标 ……………… 25-5
4.1.1　典型输入信号 ………………………… 25-5
4.1.2　一阶系统的时域性能指标 ………… 25-5
4.1.3　二阶系统的时域性能指标 ………… 25-5
4.1.4　高阶系统的时域性能指标 ………… 25-7
4.2　控制系统的频域性能指标 ……………… 25-8
5　自动控制系统设计的基本原则 ……………… 25-8

第2章　控制系统数学模型

1　系统的微分方程 ……………………………… 25-10
2　系统的传递函数 ……………………………… 25-11
2.1　传递函数的定义 ………………………… 25-11
2.2　传递函数的性质 ………………………… 25-11
2.3　与传递函数相关的几个基本概念 …… 25-11
2.4　典型环节的微分方程和传递函数 …… 25-11
3　系统的状态空间表达式 ……………………… 25-13
3.1　基本概念 ………………………………… 25-13
3.2　状态空间表达式 ………………………… 25-13
3.3　状态空间表达式的建立方法 ………… 25-14
3.3.1　建立状态空间表达式的直接方法 ………………………………… 25-14
3.3.2　由微分方程求状态空间表达式 … 25-14
3.3.3　由系统传递函数写出状态空间表达式 ………………………………… 25-14
3.4　系统的传递函数矩阵 …………………… 25-14
3.4.1　传递函数矩阵的概念 ……………… 25-14
3.4.2　由状态空间表达式求传递函数矩阵 ………………………………… 25-15
4　离散系统的数学模型 ………………………… 25-15
4.1　离散系统的差分方程 …………………… 25-15
4.1.1　差分方程含义 ……………………… 25-15
4.1.2　差分方程的解法 …………………… 25-16
4.2　离散系统的传递函数 …………………… 25-16
4.2.1　离散传递函数的定义 ……………… 25-16
4.2.2　离散传递函数的求法 ……………… 25-16
4.2.3　开环系统的脉冲传递函数 ……… 25-17
4.2.4　闭环系统的脉冲传递函数 ……… 25-17
4.3　离散系统的状态空间表达式 ………… 25-17
4.3.1　离散系统状态方程的建立 ……… 25-17
4.3.2　离散系统的传递矩阵 …………… 25-19
5　系统框图 ……………………………………… 25-19
5.1　画框图的规则 …………………………… 25-19
5.2　框图的基本连接方式与等效变换规则 ………………………………………… 25-19
5.3　框图的简化 ……………………………… 25-20
6　信号流图 ……………………………………… 25-20
6.1　信号流图的性质 ………………………… 25-20
6.2　信号流图的简化 ………………………… 25-20
6.3　梅逊公式及其应用 ……………………… 25-20
7　非线性系统线性化 …………………………… 25-21

第3章　控制系统分析方法

1　频率特性分析法 ……………………………… 25-23
1.1　频率特性的基本概念 …………………… 25-23
1.2　频率特性的求法 ………………………… 25-23
1.3　频率特性的图示法 ……………………… 25-23
1.3.1　极坐标图 …………………………… 25-23
1.3.2　对数坐标图 ………………………… 25-23
2　根轨迹分析法 ………………………………… 25-27
2.1　根轨迹定义 ……………………………… 25-27

2.2 根轨迹的幅值条件和相角条件 ……… 25-27
2.3 绘制根轨迹的基本规则 ………………… 25-27
2.4 在开环传递函数中增加极点、零点的影响 ……………………………… 25-28
3 系统稳定性 ……………………………… 25-29
3.1 系统稳定性的基本概念 ……………… 25-29
3.2 线性系统的代数稳定性判据 ………… 25-29
3.2.1 赫尔维茨判据 …………………… 25-29
3.2.2 劳斯判据 ………………………… 25-30
3.2.3 谢绪恺判据 ……………………… 25-31
3.3 李亚普诺夫稳定性判据 ……………… 25-31
3.4 乃奎斯特稳定性判据 ………………… 25-31
3.4.1 乃奎斯特判据 …………………… 25-31
3.4.2 乃奎斯特判据的应用 …………… 25-32
3.5 根据Bode图判断系统的稳定性……… 25-33
3.6 系统的相对稳定性 …………………… 25-33
3.6.1 相位稳定裕度 …………………… 25-33
3.6.2 幅值稳定裕度 …………………… 25-33
3.6.3 关于相位裕度和幅值裕度的几点说明 ……………………………… 25-33
4 控制系统的误差 ………………………… 25-34
4.1 系统的复域误差 ……………………… 25-34
4.2 系统时域稳态误差 …………………… 25-34
4.3 系统稳态误差的计算 ………………… 25-34
4.3.1 系统的类型 ……………………… 25-34
4.3.2 系统的误差传递函数 …………… 25-34
4.3.3 稳态误差系数与稳态误差 ……… 25-34
4.4 扰动引起的误差 ……………………… 25-35
5 离散系统的 Z 域分析 …………………… 25-36
5.1 离散系统的稳定性分析 ……………… 25-36
5.2 极点分布与瞬态响应的关系 ………… 25-36
5.3 离散系统的稳态误差 ………………… 25-37

第4章 控制系统设计方法

1 控制系统设计的基本原理 ……………… 25-38
1.1 Bode定理 ……………………………… 25-38
1.2 反馈校正 ……………………………… 25-38
1.3 顺馈校正 ……………………………… 25-39
1.4 串联校正 ……………………………… 25-39
1.5 控制器分类 …………………………… 25-39
2 控制器设计方法 ………………………… 25-41
2.1 按希望特性设计控制器的基本原理 … 25-41
2.1.1 典型Ⅰ型系统（二阶希望特性系统） ……………………………… 25-41
2.1.2 典型Ⅱ型系统（三阶希望特性系统） ……………………………… 25-42
2.2 按希望特性设计控制器的图解法 …… 25-44
2.3 按希望特性设计控制器的直接法 …… 25-45
2.4 PID控制器 …………………………… 25-46
3 离散系统设计 …………………………… 25-47
3.1 模拟化设计法 ………………………… 25-47
3.2 离散设计法 …………………………… 25-48
3.3 PID数字控制器 ……………………… 25-48

第5章 先进控制理论基础

1 系统智能化 ……………………………… 25-50
1.1 智能控制的产生背景 ………………… 25-50
1.2 智能机器的智能级别 ………………… 25-50
1.3 智能化系统的结构 …………………… 25-51
1.4 人工智能 ……………………………… 25-52
1.4.1 人工智能的定义 ………………… 25-52
1.4.2 人工智能的发展史 ……………… 25-52
1.4.3 人工智能的研究与应用 ………… 25-53
1.5 智能控制系统的特点 ………………… 25-54
1.6 运动状态的智能控制 ………………… 25-55
1.6.1 交通工具运动状态的智能控制 … 25-55
1.6.2 各种数控机床运动状态的智能控制 ……………………………… 25-55
1.6.3 机器人运动状态的智能控制 …… 25-56
2 最优控制 ………………………………… 25-56
2.1 最优性能指标 ………………………… 25-56
2.1.1 积分型最优性能指标 …………… 25-56
2.1.2 末值型最优性能指标 …………… 25-57
2.1.3 综合最优性能指标 ……………… 25-57
2.2 最优控制的约束条件 ………………… 25-57
2.2.1 对系统的最大控制作用或控制容量的限制 ……………………… 25-57
2.2.2 终了状态的约束条件 …………… 25-57
2.2.3 系统的最优参数问题 …………… 25-57
2.3 二次型最优控制 ……………………… 25-57
2.4 离散系统的二次型最优控制 ………… 25-58
2.4.1 离散系统二次型最优控制问题的求解 ……………………………… 25-58
2.4.2 采用离散极小值原理的求解 …… 25-58
2.4.3 最小性能指标的计算 …………… 25-59
2.5 动力减振器的最优控制 ……………… 25-62
3 自适应控制系统 ………………………… 25-63
3.1 模型参考自适应控制 ………………… 25-64
3.2 自校正自适应控制 …………………… 25-64
4 模糊控制 ………………………………… 25-65
4.1 模糊控制的基本原理 ………………… 25-65
4.1.1 单变量模糊控制系统 …………… 25-65

4.1.2　多变量模糊控制系统 …………… 25-66
4.1.3　Mamdani 模糊控制系统 ………… 25-67
4.1.4　T-S 模糊推理模型 ……………… 25-68
4.1.5　模糊控制器设计步骤 …………… 25-68
4.2　倒立摆模糊控制实例 ……………… 25-68
4.2.1　倒立摆系统建模 ………………… 25-69
4.2.2　模糊控制系统设计 ……………… 25-69
4.3　工作台位置模糊控制 ……………… 25-69
5　自学习控制系统 ………………………… 25-72
5.1　迭代自学习控制的基本原理 ……… 25-72
5.2　迭代自学习控制应用举例 ………… 25-74
6　人工神经网络控制系统 ………………… 25-75
6.1　人工神经元模型 …………………… 25-75
6.2　人工神经网络的构成 ……………… 25-76
6.3　人工神经网络的学习算法 ………… 25-76
6.3.1　BP 网络 ………………………… 25-76
6.3.2　RBF 网络 ……………………… 25-77
7　专家系统与专家控制器 ………………… 25-82
7.1　专家系统的产生与发展 …………… 25-82
7.2　专家系统的基本结构与原理 ……… 25-83
7.2.1　专家系统的结构 ………………… 25-83
7.2.2　几种专家系统的工作原理 ……… 25-83
7.3　专家控制器的组成 ………………… 25-86
7.4　专家控制器设计 …………………… 25-86
7.4.1　专家控制器的设计原则 ………… 25-86
7.4.2　专家控制器的建模 ……………… 25-87
7.4.3　专家控制器的应用实例 ………… 25-87

第 6 章　机械运动控制系统

1　系统机械结构及传动 …………………… 25-89
1.1　系统结构及载荷 …………………… 25-89
1.1.1　系统载荷分析计算 ……………… 25-89
1.1.2　负载折算 ………………………… 25-89
1.1.3　负载综合计算 …………………… 25-91
1.2　驱动系统设计 ……………………… 25-91
1.2.1　一般性设计原则 ………………… 25-92
1.2.2　设计举例 ………………………… 25-92
2　运动驱动器 ……………………………… 25-93
2.1　直流伺服电动机 …………………… 25-93
2.1.1　直流伺服电动机的驱动 ………… 25-93
2.1.2　直流伺服电动机的控制 ………… 25-95
2.2　交流伺服电动机 …………………… 25-95
2.2.1　永磁同步电动机的结构与工作原理 … 25-95
2.2.2　永磁同步电动机的数学模型 …… 25-95
2.2.3　正弦波永磁同步电动机的矢量控制方法 ………………………… 25-98
2.2.4　交流伺服电动机的使用………… 25-100
2.3　步进电动机 ……………………… 25-101
2.3.1　步进电动机的种类……………… 25-101
2.3.2　步进电动机的主要性能指标…… 25-102
2.3.3　步进电动机的控制特性………… 25-103
2.3.4　步进电动机的选择与使用……… 25-103
2.4　直线电动机 ……………………… 25-104
2.4.1　直线电动机的原理和分类……… 25-104
2.4.2　直线电动机的选用原则………… 25-105
2.4.3　直线感应电动机的应用范围…… 25-105
2.4.4　直线直流电动机的应用………… 25-106
3　控制系统典型元器件 ………………… 25-106
3.1　运动控制器 ……………………… 25-106
3.2　伺服电动机 ……………………… 25-107
3.3　减速器 …………………………… 25-108
3.4　编码器 …………………………… 25-109
3.5　人机界面平台 …………………… 25-110
3.6　线性伺服电动机 ………………… 25-111
3.7　直驱电动机运动平台 …………… 25-111
4　位置控制系统 ………………………… 25-112
4.1　机器人控制系统 ………………… 25-112
4.1.1　基本组成………………………… 25-112
4.1.2　控制方式………………………… 25-113
4.2　数控机床伺服系统 ……………… 25-113
4.2.1　伺服系统的组成………………… 25-113
4.2.2　对伺服系统的基本要求………… 25-114
4.2.3　控制方式………………………… 25-114
5　工作台位置控制系统设计实例 ……… 25-114
5.1　系统组成 ………………………… 25-114
5.2　工作原理 ………………………… 25-115
5.3　系统数学模型的建立 …………… 25-116
5.4　系统性能分析 …………………… 25-117
5.5　系统稳定性分析 ………………… 25-118
5.6　系统设计 ………………………… 25-118
6　飞机机翼的位置控制系统分析 ……… 25-119
6.1　单位阶跃瞬态响应 ……………… 25-120
6.2　单位阶跃稳态响应 ……………… 25-122
6.3　单位斜坡输入的时间响应 ……… 25-122
6.4　三阶系统的时间响应 …………… 25-123
参考文献 ……………………………… 25-130

第 25 篇　机电系统控制

主　编　柳洪义

编写人　柳洪义　郝丽娜

罗　忠　王　菲

审稿人　刘　杰　柳洪义

第 5 版
机电系统控制

主　编　柳洪义
编写人　柳洪义　郝丽娜　罗　忠
审稿人　刘　杰　柳洪义

第1章　概　　述

1　自动控制系统的基本组成

自动控制是指在没有人直接参与的情况下，利用控制装置使被控对象的被控量自动地按照预定规律变化。控制系统的任务就是要使生产过程或生产设备中的某些物理量保持恒定，或者让它们按照一定的规律变化。将被控对象和控制装置按照一定的方式连接起来，组成一个有机的总体，实现各种复杂的控制任务，这就是自动控制系统。

如图 25.1-1 所示为一种常用串联控制系统的基本结构。自动控制系统一般由控制器和被控对象两部分组成，其中被控对象是指系统中需要加以控制的机器、设备或生产过程；控制器是指能够对被控对象进行控制的设备总体。控制器计算出来的控制信号通过一个驱动器去控制被控对象，而驱动器一般可以近似为一个饱和非线性环节。在控制系统中可能存在各种各样的扰动信号，如负载扰动、被控对象参数变化等，这些扰动可以统一归结为扰动信号。另外，在实际控制中，用于检测输出信号的仪器也难免存在噪声扰动信号，可以理解成高频噪声信号，定义成测量噪声。

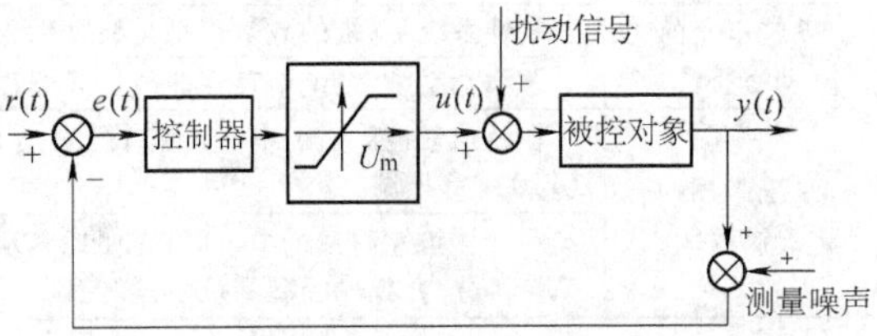

图 25.1-1　串联控制系统基本结构

一个典型反馈控制系统的组成如图 25.1-2 所示。它主要包括：①输入元件；② 比较元件；③串联校正元件；④放大变换元件；⑤执行元件；⑥控制对象；⑦反馈元件。

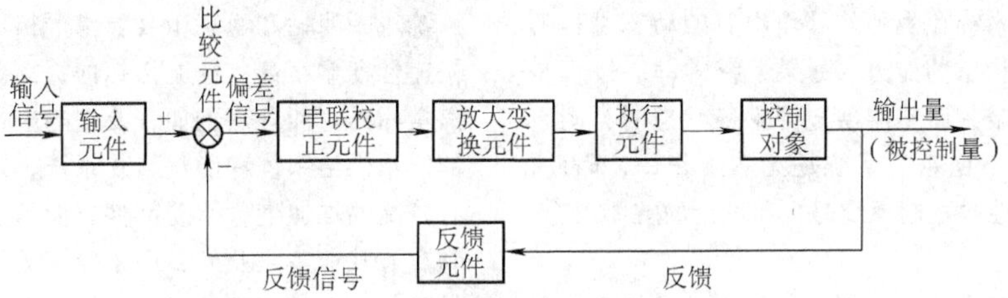

图 25.1-2　典型反馈控制系统的组成

2　自动控制系统的分类

自动控制系统可以按照控制系统有无反馈环节、控制系统中的信号类型、控制变量的多少、系统参数变化规律、系统本身的动态特性和系统采用的控制方法进行分类，见表 25.1-1。

表 25.1-1　自动控制系统的分类

分类方法	系统类型	系统特点
控制系统有无反馈环节	开环控制系统：在输出端与输入端之间没有反馈通道的控制系统。开环控制系统的控制作用不受系统输出的影响	开环控制系统一般很难实现高精度控制。典型的应用是步进电动机驱动的定位控制系统
	闭环控制系统：将检测的输出量反馈到前面的环节，参与控制运算的系统	系统被控制量会影响控制器的输出，形成一个或多个闭环
	复合控制：同时包含反馈控制和前馈控制的控制系统	前馈控制主要用于消除系统误差，提高控制精度以及针对各种干扰进行补偿
控制系统中的信号类型	模拟量控制系统：控制系统各部分的信号均为时间的连续函数，如电流、电压、位置、速度及温度等	
	离散控制系统：如果控制系统中有一处或多处离散信号，则为离散控制系统	计算机处理的是数字量（离散量），所以计算机控制系统为离散控制系统，也称为数字控制系统

（续）

分类方法	系统类型	系统特点
控制变量的多少	单变量控制系统：系统的输入、输出变量都是单个的控制系统	单变量控制系统是经典控制理论的研究对象
	多变量控制系统：系统有多个输入、输出变量的控制系统	多变量控制系统是现代控制理论的研究对象
系统参数变化规律	定常系统：组成系统的所有元器件参数不随时间变化，系统数学模型中的各系数不随时间变化	工程实际中的系统绝大多数可以简化为定常系统
	时变系统：组成系统的元器件参数随时间变化，系统数学模型中的某个（或某些）系数是时间的函数	运载火箭就是时变系统的一个例子，它的质量随时间而变化
系统本身的动态特性	线性系统：系统的数学模型是线性微分方程或线性差分方程，其控制理论是自动控制理论的基础	
	非线性系统：系统中存在非线性元器件，系统的数学模型是非线性方程	
系统采用的控制方法	在模拟量控制系统中，按控制器的类型可分为“比例微分（PD）”“比例积分（PI）”和“比例积分微分（PID）”等控制方法	
	在计算机控制系统中，可以方便地实现各种智能控制方法。根据控制器采用的控制算法不同，智能控制系统可分为：模糊控制系统、最优控制系统、神经网络控制系统和专家控制系统等	

3　对自动控制系统的基本要求

由于控制目的不同，不可能对所有控制系统有完全一样的要求。但是，对控制系统有一些共同的基本要求，可归结为：稳定性、快速性和准确性。

（1）稳定性

稳定性是指系统在受到外部作用后的动态过程的倾向和恢复平衡状态的能力。如果系统的动态过程是发散的，或由于振荡而不能稳定到平衡状态时，则系统是不稳定的。不稳定的系统是无法工作的，因此，控制系统的稳定性是控制系统分析和设计的首要内容。

（2）快速性

系统在稳定的前提下，响应的快速性是指系统消除实际输出量与稳态输出量之间误差的快慢程度。

（3）准确性

准确性是指在系统达到稳定状态后，系统实际输出量与给定的希望输出量之间的误差大小，又称为稳态精度。系统的稳态精度不但与系统有关，而且与输入信号的类型有关。

对于一个自动化系统来说，最重要的是系统的稳定性，这是使自动控制系统能正常工作的首要条件。要使一个自动控制系统满足稳定性、准确性和响应快速性要求，除了要求组成此系统的所有元器件的性能都稳定、准确和响应快速外，更重要的是应用自动控制理论对整个系统进行分析和校正，以保证系统整体性能指标的实现。一个性能优良的机械工程自动控制系统绝不是机械和电气的简单组合，而是经过对整个系统进行仔细分析和精心设计的结果。自动控制理论为机械工程自动控制系统分析和设计提供了理论依据与方法。

4　控制系统的性能指标

对自动控制系统的基本要求通常以性能指标来表示。这些性能指标包括控制精度、稳定裕度和响应速度三大方面。性能指标通常由控制系统的用户提出。一个具体系统对性能指标的要求应有所侧重，如调速系统对平稳性和稳态精度要求严格，而跟踪系统则对快速性期望很高。性能指标的提出要有根据，不能脱离实际的可能性。例如，要求响应快，则必须有足够的能量供给系统和能量转化系统，以保证运动部件具有较高的加速度；运动部件要能承受产生的惯性载荷和离心载荷等。此外，由于较高的性能指标常需要较昂贵的元器件，因此，应根据实际应用需要确定系统的性能指标。系统的性能指标分为时域性能指标和频域性能指标。

时域性能指标和频域性能指标之间有确定的对应关系，具体选择时可参考如下建议：

1）对于二阶系统，时域性能指标比较直观，所以对系统的要求常以时域性能指标的形式提出。因为在时域中，上升时间、调整时间、过渡过程时间和最大超调量等这些时域特性指标只能用于二阶系统，或可近似看成二阶系统的高阶系统。但对于一般的三阶以上的控制系统，则很难应用时域性能指标进行系统设计。

2）用频域法设计控制系统常依靠绘制 Bode 图、Nyquist 图及查阅一些表格，这样对于设计高阶系统并不困难。根据图表，设计者可以得到控制系统的幅值裕度、相位裕度和谐振峰值等频域特性。某些类型的控制器在频域中有现成的设计方法，从而可最大限度地避免反复试验。

4.1　控制系统的时域性能指标

4.1.1　典型输入信号

典型输入信号主要有单位脉冲函数、单位阶跃函数、单位斜坡函数、单位抛物函数、正弦函数和随机函数等。在对系统进行实际测试时，由于理想的脉冲信号不可能得到，故常以具有一定脉冲宽度和有限高度的脉冲信号来代替。为了得到较高的测试精度，希望脉冲信号的宽度足够小。在经典控制理论中，通常以阶跃信号作为典型输入信号。

4.1.2　一阶系统的时域性能指标

典型一阶系统的传递函数为

$$G(s)=\frac{X_o(s)}{X_i(s)}=\frac{1}{Ts+1}\qquad(25.1\text{-}1)$$

式中　T——一阶系统的时间常数，表达了一阶系统本身的固有特性，与外界作用无关；

$s=\sigma+j\omega$；

$X_o(s)$——系统输出的拉氏变换；

$X_i(s)$——系统输入的拉氏变换。

如图 25.1-3 所示的两个物理系统都是一阶系统。表 25.1-2 为一阶系统典型输入信号的时域响应。

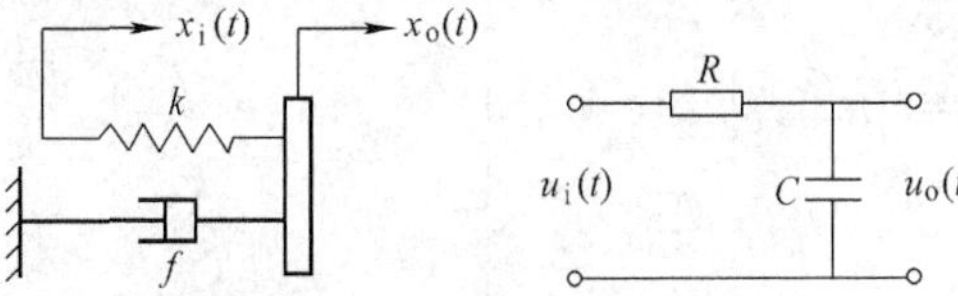

a)　　b)

图 25.1-3　一阶系统的两个例子

表 25.1-2　一阶系统两种典型输入信号的时域响应

典型输入信号	时域响应	时域响应曲线
单位脉冲	$x_o(t)=L^{-1}[G(s)]=L^{-1}\left(\frac{1}{Ts+1}\right)=\frac{1}{T}e^{-\frac{t}{T}}\quad(t\geqslant 0)$	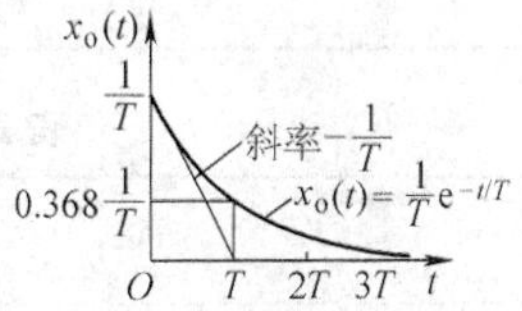
单位阶跃	$x_o(t)=L^{-1}\left(\frac{1}{s}-\frac{T}{Ts+1}\right)=1-e^{-\frac{t}{T}}\quad(t\geqslant 0)$	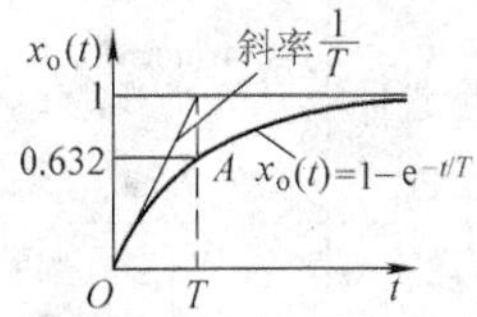

由一阶系统单位阶跃响应可知，当响应值达到稳态值的98%时，所对应的时间大约为$4T$，即系统的过渡过程时间为$4T$，可见T的大小决定系统的响应速度。由单位脉冲响应也可以看出，T决定系统的响应速度，因此把T作为一阶系统的一个性能指标，表征系统响应速度的快慢。

4.1.3　二阶系统的时域性能指标

典型二阶系统的传递函数为

$$G(s)=\frac{\omega_n^2}{s^2+2\xi\omega_n s+\omega_n^2}\qquad(25.1\text{-}2)$$

式中　ξ——阻尼比；

ω_n——无阻尼固有频率。

它们是二阶系统的特征参数，体现了系统本身的固有特性。

式（25.1-2）的特征方程为

$$s^2+2\xi\omega_n s+\omega_n^2=0$$

此方程的两个特征根是

$$s_{1,2}=-\xi\omega_n\pm\omega_n\sqrt{\xi^2-1}$$

根据阻尼比ξ取值和二阶系统的特征根，可将系统分为4种类型，见表 25.1-3。表 25.1-4 为二阶系统在典型输入信号下的时域响应。

表 25.1-3　二阶系统类型

系统类型	ξ取值	特征根	特性及图示	
欠阻尼系统	$0<\xi<1$	$s_{1,2}=-\xi\omega_n\pm j\omega_n\sqrt{1-\xi^2}$	传递函数的极点是一对位于复平面[s]左半平面内的共轭复数极点	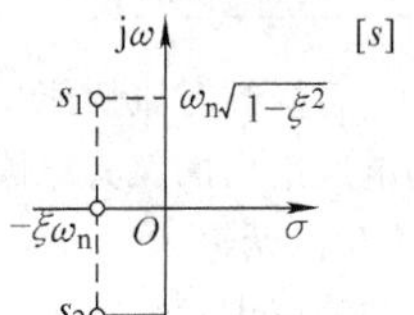

（续）

系统类型	ξ取值	特征根	特性及图示	
无阻尼系统	$\xi=0$	$s_{1,2}=\pm j\omega_n$	两特征根为共轭纯虚根	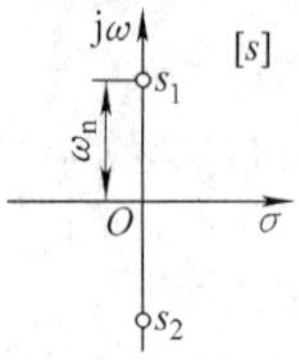
临界阻尼系统	$\xi=1$	$s_{1,2}=-\omega_n$	特征方程有两个相等的负实根	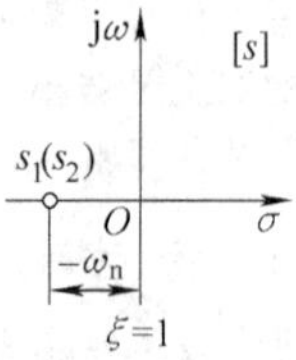
过阻尼系统	$\xi>1$	$s_{1,2}=-\xi\omega_n\pm\omega_n\sqrt{\xi^2-1}$	特征方程有两个不相等的负实根	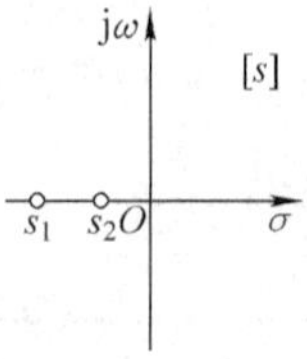

表 25.1-4 二阶系统在典型输入信号下的时域响应

输入信号	时域响应		时域响应曲线
单位脉冲	$0<\xi<1$	$w(t)=L^{-1}\left[\dfrac{\omega_n}{\sqrt{1-\xi^2}}\cdot\dfrac{\omega_d}{(s+\xi\omega_n)^2+\omega_d^2}\right]=\dfrac{\omega_n}{\sqrt{1-\xi^2}}e^{-\xi\omega_n t}\sin\omega_d t$ $\omega_d=\omega_n\sqrt{1-\xi^2}$	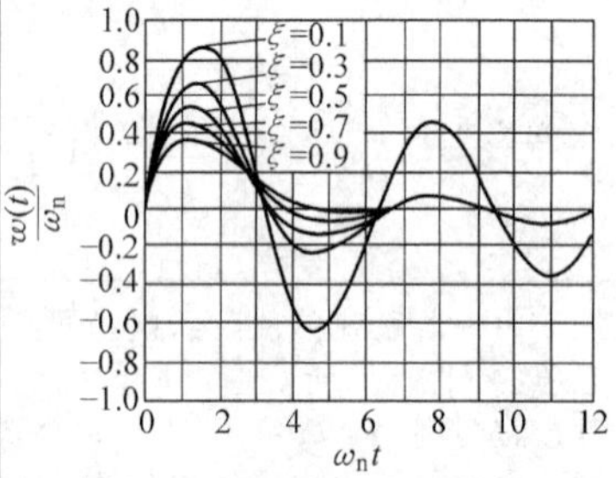
	$\xi=0$	$w(t)=L^{-1}\left(\dfrac{\omega_n^2}{s^2+\omega_n^2}\right)=\omega_n\sin\omega_n t$	
	$\xi=1$	$w(t)=L^{-1}\left[\dfrac{\omega_n^2}{(s+\omega_n)^2}\right]=\omega_n^2 te^{-\omega_n t}$	
	$\xi>1$	$w(t)=\dfrac{\omega_n}{2\sqrt{\xi^2-1}}\left(e^{-(\xi-\sqrt{\xi^2-1})\omega_n t}-e^{-(\xi+\sqrt{\xi^2-1})\omega_n t}\right)$	
单位阶跃	$0<\xi<1$	$x_o(t)=1-\dfrac{e^{-\xi\omega_n t}}{\sqrt{1-\xi^2}}\sin\left(\omega_d t+\arctan\dfrac{\sqrt{1-\xi^2}}{\xi}\right)$	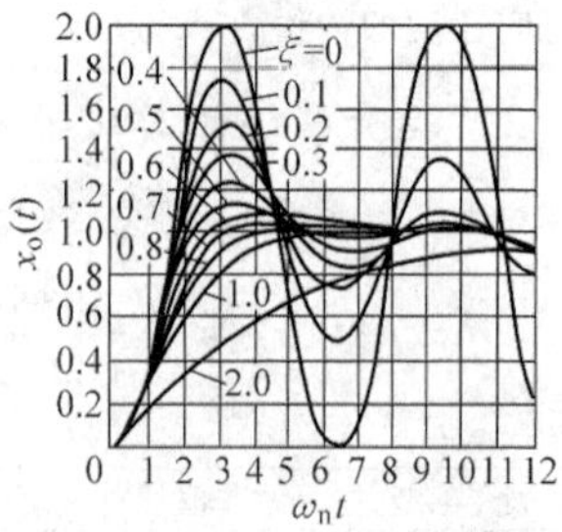
	$\xi=0$	$x_o(t)=1-\cos\omega_n t$	
	$\xi=1$	$x_o(t)=1-(1+\omega_n t)e^{-\omega_n t}$	
	$\xi>1$	$x_o(t)=1+\dfrac{\omega_n}{2\sqrt{\xi^2-1}}\left(\dfrac{e^{-s_1 t}}{s_1}-\dfrac{e^{-s_2 t}}{s_2}\right)$ $s_1=(\xi+\sqrt{\xi^2-1})\omega_n$ $s_2=(\xi-\sqrt{\xi^2-1})\omega_n$	

通常，系统的时域性能指标是根据系统对单位阶跃输入的响应给出的，其原因有两个：

1）产生阶跃输入比较容易，而且从系统对单位阶跃输入的响应也较容易求得对任何输入的响应。

2）在实际中，许多输入与阶跃输入相似，而且阶跃输入又往往是实际中最不利的输入情况。

因为完全无振荡单调过程的过渡过程时间太长，所以除了那些不允许产生振荡的系统外，通常都允许系统有适度振荡，其目的是为了获得较短的过渡过程时间。这就是在设计二阶系统时，常使系统在欠阻尼状态下工作的原因。因此，除特别说明之外，下面有关二阶系统响应的性能指标的定义及计算公式都是针对欠阻尼二阶系统的单位阶跃响应的过渡过程而言的。

欠阻尼二阶系统的单位阶跃响应过渡过程的特性通常采用上升时间 t_r、峰值时间 t_p、最大超调量 M_p、调整时间 t_s 等性能指标来表示，如图 25.1-4 所示。表 25.1-5 为这些性能指标的计算公式及其与系统特征参数 ω_n 和 ξ 之间的关系。

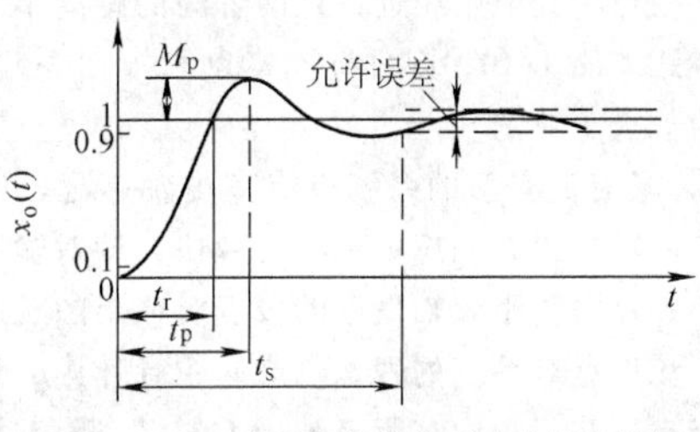

图 25.1-4 二阶系统单位阶跃响应性能指标

表 25.1-5 二阶系统时域性能指标

性能指标	定 义	计算公式	规 律
上升时间 t_r	响应曲线从平衡状态出发，第一次达到期望值所需的时间，是系统快速性指标	$t_r=\dfrac{\pi-\beta}{\omega_d}$ $\beta=\arctan\dfrac{\sqrt{1-\xi^2}}{\xi}$ $\omega_d=\omega_n\sqrt{1-\xi^2}$	当 ξ 一定时，ω_n 增大，t_r 减小；当 ω_n 一定时，ξ 增大，t_r 增大
峰值时间 t_p	响应曲线达到第一个峰值所需的时间，是系统快速性指标	$t_p=\dfrac{\pi}{\omega_d}=\dfrac{\pi}{\omega_n\sqrt{1-\xi^2}}$	当 ξ 一定时，ω_n 增大，t_p 减小；当 ω_n 一定时，ξ 增大，t_p 增大
最大超调量 M_p	$M_p=\dfrac{x_o(t_p)-x_o(\infty)}{x_o(\infty)}\times 100\%$ 用来描述系统稳定性	$M_p=e^{-\frac{\xi\pi}{\sqrt{1-\xi^2}}}\times 100\%$	最大超调量 M_p 只与阻尼比 ξ 有关，而与无阻尼固有频率 ω_n 无关
调整时间 t_s	在过渡过程中，$x_o(t)$ 的取值满足下面不等式时所需的时间： $\|x_o(t)-x_o(\infty)\|\leqslant\Delta\cdot x_o(\infty)$，$(t\geqslant t_s)$ 式中，Δ 是指定的误差限度系数，一般取 $\Delta=0.02$ 或 0.05，是系统快速性指标	当 $0<\xi<0.7$ 时，近似值为 $t_s\approx\dfrac{4}{\xi\omega_n}$，$\Delta=0.02$ $t_s\approx\dfrac{3}{\xi\omega_n}$，$\Delta=0.05$	实际设计二阶系统时，一般取 $\xi=0.707$。因为此时不仅 t_s 小，而且最大超调量 M_p 也不大

在具体设计控制系统时，通常可依据如下结论：

1）要使二阶系统具有满意的动态性能指标，必须选择合适的阻尼比 ξ 和无阻尼固有频率 ω_n。提高 ω_n，可以提高二阶系统的响应速度，减少上升时间 t_r、峰值时间 t_p 和调整时间 t_s；增大 ξ，可以减弱系统的振荡性能，即降低最大超调量 M_p，但会增大上升时间 t_r 和峰值时间 t_p。一般情况下，系统在欠阻尼（$0<\xi<1$）状态下工作，若 ξ 过小，则系统的振荡性能不符合要求，瞬态特性差。因此，通常要根据允许的超调量来选择阻尼比 ξ。

2）系统的响应速度与振荡性能之间存在矛盾。因此，若既要减弱系统振荡，又要系统具有一定的响应速度，则只有选取合适的 ξ 和 ω_n 值才能实现。

4.1.4 高阶系统的时域性能指标

高于二阶的系统称为高阶系统。实际上，许多系统，特别是机械系统，仅用一阶或二阶微分方程是不能完整描述其动态特性的。在分析高阶系统时，要抓住主要矛盾，忽略次要因素，使问题简化。设高阶系统的动力学方程表示为

$$a_n x_o^{(n)}(t)+a_{n-1}x_o^{(n-1)}(t)+\cdots+a_1\dot{x}_o(t)+a_0x_o(t)=b_m x_i^{(m)}(t)+b_{m-1}x_i^{(m-1)}(t)+\cdots+b_1\dot{x}_i(t)+b_0x_i(t)\quad (n\geqslant m)\tag{25.1-3}$$

系统的传递函数为

$$G(s)=\frac{X_o(s)}{X_i(s)}=\frac{b_m s^m+b_{m-1}s^{m-1}+\cdots+b_1 s+b_0}{a_n s^n+a_{n-1}s^{n-1}+\cdots+a_1 s+a_0}=\frac{K\prod_{i=1}^{m}(\tau_i s+1)}{\prod_{j=1}^{n}(T_j s+1)}\tag{25.1-4}$$

则 $-1/\tau_i$ 为传递函数的零点；$-1/T_j$ 为传递函数的极点。

可依据以下两点简化高阶系统：

1）在闭环传递函数中，若某两个具有负实部的

零点、极点在数值上相近，且两者间的距离小于它们到原点距离的1/10，则可将该零点和极点一起消掉，称之为偶极子对消。

2）具有负实部的系统极点离虚轴越远，则该极点对应的项在瞬态响应中衰减得越快，即对输出的影响越小；反之，距虚轴最近的极点对输出的响应影响最大。该极点对系统的瞬态响应起主导作用，称之为主导极点。在工程中，距虚轴最近的极点附近没有零点，而其他的极点距虚轴的距离是其5倍以上时，则可忽略其他极点。

应用主导极点分析高阶系统的性能指标时，就是把高阶系统近似看作二阶振荡系统或一阶惯性系统处理。

4.2　控制系统的频域性能指标

频域性能指标如图25.1-5所示，这里的$A(\omega)$即系统的幅频特性$|G(j\omega)|$。具体定义与公式见表25.1-6。

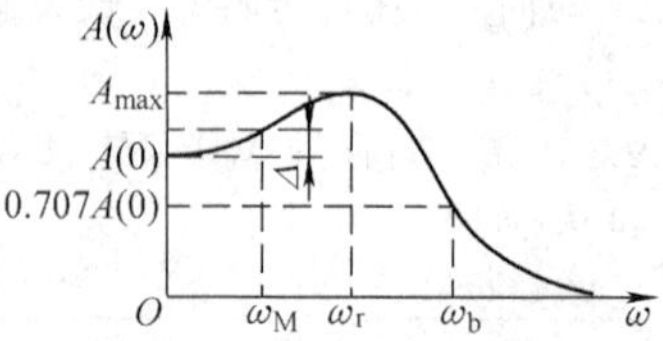

图25.1-5　系统的频域性能指标

表25.1-6　系统的频域性能指标

名　称	定　义	公式与性质
零频值$A(0)$	表示频率趋近于零时，系统输出幅值与输入幅值之比	$A(0)$越接近于1，系统的稳态误差越小
复现频率ω_M 复现带宽$0\sim\omega_M$	若事先规定一个Δ作为反映低频响应的允许误差，那么复现频率ω_M就是幅频特性值与$A(0)$的差第一次达到Δ时的频率值 $0\sim\omega_M$表征复现低频输入信号的带宽，称为复现带宽	当频率超过ω_M时，输出就不能准确地"复现"输入
谐振频率 ω_r	达到谐振峰值时的频率称为谐振频率ω_r	$\begin{cases}\omega_r=0 & (\xi>0.707)\\ \omega_r=\omega_n\sqrt{1-2\xi^2} & (\xi\leqslant 0.707)\end{cases}$
相对谐振峰值 $M_r\left(\dfrac{A_{max}}{A(0)}\right)$	在$A(0)=1$时，M_r与A_{max}在数值上相同（A_{max}为最大幅值）	$\begin{cases}M_r=1 & (\xi>0.707)\\ M_r=\dfrac{1}{2\xi\sqrt{1-\xi^2}} & (\xi\leqslant 0.707)\end{cases}$ 一般二阶系统希望选取$M_r<1.4$，因为这时阶跃响应的最大超调量$M_p<25\%$，系统有较满意的过渡过程
截止频率ω_b 截止带宽$0\sim\omega_b$	$A(\omega)$由$A(0)$下降3dB时的频率，即$A(\omega)$由$A(0)$下降到$0.707A(0)$时的频率称为系统的截止频率 频率$0\sim\omega_b$的范围称为系统的截止带宽或简称带宽	$\begin{cases}\omega_b=\omega_n & (\xi>0.707)\\ \omega_b=\omega_n\sqrt{1-2\xi^2+\sqrt{4\xi^4-4\xi^2+2}} & (\xi\leqslant 0.707)\end{cases}$ 它表示超过此频率后，输出急剧衰减，形成系统响应的截止状态。随动系统的带宽表征系统允许工作的最高频率范围，若此带宽大，则系统的动态性能好。带宽越大，响应快速性越好，即过渡过程调整时间越小

高阶系统频域性能指标与时域性能指标之间没有精确的解析表达式，但可采用如下经验公式进行估计：

$$M_p=0.16+0.4(M_r-1)\qquad(1\leqslant M_r\leqslant 1.8)\tag{25.1-5}$$

$$\omega_c t_s=k\pi\tag{25.1-6}$$

式中

$$k=2+1.5(M_r-1)+2.5(M_r-1)^2\quad(1\leqslant M_r\leqslant 1.8)$$

$$M_r=\frac{1}{\sin\gamma}\tag{25.1-7}$$

对于高阶系统可取

$$\omega_b=1.6\omega_c\tag{25.1-8}$$

5　自动控制系统设计的基本原则

在工程实际应用中，一般选择能够满足设计要求的结构最简单的控制器。大多数情况下，控制器越复杂，其造价就越高，可靠性也越差。针对具体应用，选择控制器经常是基于设计者的理论水平和实际经验。选择好控制器后，就要确定控制器的参数，也就是确定控制器传递函数的系数，基本原则见表25.1-7。

表 25.1-7　自动控制系统设计基本原则

原则一	若闭环极点为复共轭极点,系统为欠阻尼系统,单位阶跃响应为阻尼振荡过程;若闭环极点都是实数,阶跃响应为过阻尼状态。但即使系统是过阻尼系统,闭环系统的零点也可能产生超调
原则二	系统的动态性能基本上由[s]平面上接近原点的闭环极点决定,为了使系统稳定,所有闭环极点都必须有负实部,也就是说它们必须都在[s]左半平面上
原则三	对系统动态性能起主要作用的闭环极点称为主导极点,系统的主导极点在[s]平面上越靠左,系统时间响应就越快
原则四	如果系统特征根为共轭复数,那么当共轭复数点在与负实轴成±45°的线上时,对应的阻尼比($\xi=0.707$)为最佳阻尼比,这时系统的平稳性与快速性都比较好;超过45°线,则阻尼较小,振荡较大。所以,若要求稳定性与快速性都比较好,则闭环极点最好设置在[s]平面中与负实轴成±45°夹角的线附近
原则五	当系统传递函数有一对零极点构成偶极子时,可以忽略其对系统性能的影响

第 2 章　控制系统数学模型

自动控制系统的数学模型是描述系统在某一输入的作用下，输出及其变化率与构成该系统的各物理参数之间动态关系的数学表达式。常用的数学模型有微分方程、传递函数、差分方程、结构图和信号流程图以及状态空间表达式等。应用经典控制理论和现代控制理论分析和设计自动控制系统都需要首先建立系统的数学模型。

1　系统的微分方程

建立系统微分方程的步骤如下：

1）根据物理系统的特点将系统划分为若干个环节，确定各个环节的输入输出信号和环节参数之间的关系。

2）根据物理定律或通过实验等方法得出物理规律，对各个环节分别建立方程，并考虑适当简化及线性化。在机械系统中，主要根据牛顿第二定律、达朗贝尔原理及拉格朗日方程等来建立数学模型。对于电学系统，主要利用基尔霍夫定律来建立数学模型。

3）将各环节的方程式联立，消去中间变量，得出只含系统输入变量、输出变量以及系统参量的微分方程，即为该系统的数学模型。

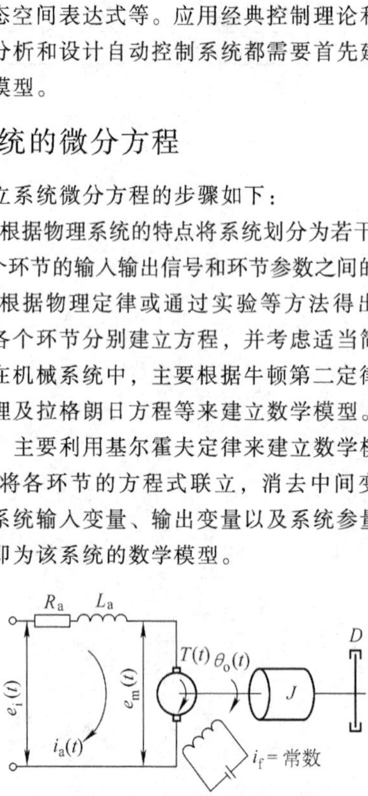

图 25.2-1　直流电动机的伺服控制系统

例 25.2-1　图 25.2-1 所示为电枢控制式直流电动机的伺服控制系统图。电动机为他励式，且励磁电流为恒值。$e_i(t)$ 为电动机电枢的输入电压，它是输入信号经伺服放大而给出的直流伺服电动机的输入量，用它来控制电动机的输出转角 $\theta_o(t)$，所以该系统为伺服系统。R_a 为电枢绕组的电阻；L_a 为电枢绕组的电感；$i_a(t)$ 为流过电枢绕组的电流；$e_m(t)$ 为电动机的感应电动势；$T(t)$ 为电动机转矩；J 为电动机转子及负载折合到电动机轴上的转动惯量；D 为电动机转子及负载折合到电动机轴上的黏性阻尼系数；K_T 为电动机的力矩常数，对于确定的直流电动机，当励磁电流一定时，K_T 为常数，它取决于电动机的结构；K_e 为反电动势常数。若把电动机的输出转角 $\theta_o(t)$ 作为输出量，试建立该系统的数学模型。

解：

$$L_aJ\dddot{\theta}_o(t) + (L_aD + R_aJ)\ddot{\theta}_o(t) + (R_aD + K_TK_e)\dot{\theta}_o(t) = K_Te_i(t) \quad (25.2\text{-}1)$$

式（25.2-1）就是直流伺服电动机以电枢电压 $e_i(t)$ 为输入、以转子转角 $\theta_o(t)$ 为输出的数学模型，它是一个三阶线性常微分方程。

电动机的电感 L_a 通常较小，若忽略时，式（25.2-1）可简化为

$$R_aJ\ddot{\theta}_o(t) + (R_aD + K_TK_e)\dot{\theta}_o(t) = K_Te_i(t) \quad (25.2\text{-}2)$$

这是一个二阶线性常微分方程，此时系统为二阶定常系统。当电枢电阻 R_a 也较小可忽略时，上式可进一步简化为一阶线性常微分方程：

$$K_e\dot{\theta}_o(t) = e_i(t) \quad (25.2\text{-}3)$$

由此可以看出，由于对系统简化的程度不同，同一个系统可以有不同的数学模型，这里是不同阶数的微分方程。

若用 $\omega(t) = \dot{\theta}_o(t)$ 表示电动机转子的角速度，则式（25.2-1）、式（25.2-2）和式（25.2-3）分别变为

$$L_aJ\ddot{\omega}(t) + (L_aD + R_aJ)\dot{\omega}(t) + (R_aD + K_TK_e)\omega(t) = K_Te_i(t) \quad (25.2\text{-}4)$$

$$R_aJ\dot{\omega}(t) + (R_aD + K_TK_e)\omega(t) = K_Te_i(t) \quad (25.2\text{-}5)$$

$$K_e\omega(t) = e_i(t) \quad (25.2\text{-}6)$$

式（25.2-4）~式（25.2-6）分别是输入为电枢电压、输出为转子转速的直流电动机伺服控制系统的数学模型。从而说明，如果把原系统输出量的导数作为输出量（其他一切不变）而构成新系统，则新系统的数学模型较原系统的数学模型只是微分方程的阶数相应地降低一阶。

总之，单输入、单输出线性定常系统的数学模型可写成如下一般形式：

$$a_nx_o^{(n)}(t) + a_{n-1}x_o^{(n-1)}(t) + \cdots + a_1\dot{x}_o(t) + a_0x_o(t) = b_mx_i^{(m)}(t) + b_{m-1}x_i^{(m-1)}(t) + \cdots + b_1\dot{x}_i(t) + b_0x_i(t) \quad (25.2\text{-}7)$$

式中，$n \geqslant m$，$x_o(t)$ 和 $x_i(t)$ 分别为系统的输出和输入。

在式（25.2-7）中没有出现常数项。事实上，常数项的作用只是改变动态系统的平衡位置。

2　系统的传递函数

建立了系统或元器件的微分方程之后，就可对其求解，从而得到输出量的变化规律，以便对系统进行分析。复杂系统的高阶微分方程的求解非常复杂，可以对微分方程进行拉氏变换，求出系统的传递函数。利用传递函数分析和设计系统是其他数学模型无法比拟的。

2.1　传递函数的定义

线性定常系统传递函数的定义为：在零初始条件下（初始输入和输出及其各阶导数均为零），系统输出的拉氏变换 $X_o(s)$ 与输入的拉氏变换 $X_i(s)$ 之比，用 $G(s)$ 表示，即

$$G(s)=\frac{X_o(s)}{X_i(s)} \tag{25.2-8}$$

单输入、单输出线性定常系统的传递函数为

$$G(s)=\frac{X_o(s)}{X_i(s)}=\frac{b_m s^m+b_{m-1}s^{m-1}+\cdots+b_1 s+b_0}{a_n s^n+a_{n-1}s^{n-1}+\cdots+a_1 s+a_0} \tag{25.2-9}$$

因此，系统输出的拉氏变换可写为

$$X_o(s)=G(s)X_i(s) \tag{25.2-10}$$

系统在时域中的输出为

$$x_o(t)=L^{-1}[G(s)X_i(s)] \tag{25.2-11}$$

2.2　传递函数的性质

传递函数的性质见表 25.2-1。

需要特别指出的是：

1）由于传递函数是经过拉氏变换导出的，而拉氏变换是一种线性积分运算，因此传递函数的概念仅适用于线性定常系统。

2）传递函数是在零初始条件下定义的，因此，传递函数原则上不能反映系统在非零初始条件下的运动规律。

3）一个传递函数只能表示一个输入对一个输出的关系，因此只适用于单输入、单输出系统的描述，而且传递函数无法反映系统内部中间变量的变化情况。

表 25.2-1　传递函数的性质

序号	性　质
1	传递函数的分母是系统的特征多项式，代表系统的固有特性，分子代表输入与系统的关系。系统固有特性与输入量无关，因此传递函数表达了系统本身的固有特性
2	传递函数不说明被描述系统的具体物理结构，不同的物理系统可能具有相同的传递函数
3	传递函数比微分方程简单，通过拉氏变换可将时域内复杂的微积分运算转化为简单的代数运算
4	当系统输入典型信号时，输出与输入有对应关系。当输入是单位脉冲信号时，传递函数就表示系统的输出函数。因而，也可以把传递函数看成单位脉冲响应的像函数
5	如果将传递函数进行代换 $s=j\omega$，可以直接得到系统的频率特性函数

2.3　与传递函数相关的几个基本概念

与传递函数相关的几个基本概念见表 25.2-2。

表 25.2-2　与传递函数相关的几个概念

概　念	特　性
前向通道传递函数	从输入信号开始，沿信号流向到输出信号所经过的路径为系统的前向通道，前向通道中所有传递函数之积为前向通道传递函数
反馈通道传递函数	将输出量反馈到输入端所经过的路径为系统反馈通道，反馈通道中的传递函数为反馈通道传递函数
开环传递函数	将闭环系统在反馈通道的输出端打开，以比较环节的输出为输入信号，以反馈信号为输出信号的传递函数为系统开环传递函数
特征方程	若令闭环传递函数的分母等于零，所得的方程为闭环系统的特征方程
单位反馈系统	如果反馈通道中的传递函数为 1，则该系统称为单位反馈系统

2.4　典型环节的微分方程和传递函数

实际控制系统就是典型环节按一定的方法组合而成的。经典控制理论中，常见的典型环节有 6 种，见表 25.2-3。表 25.2-4 列出了典型非线性环节及特性。

表 25.2-3　典型环节及传递函数

典型环节	微分方程描述	传 递 函 数	特点与典型应用
比例环节	$y(t)=Kx(t)$ 输出变量为 $y(t)$，输入变量为 $x(t)$	$G(s)=\frac{Y(s)}{X(s)}=K$	特点：输出量与输入量成正比；不失真，不延迟 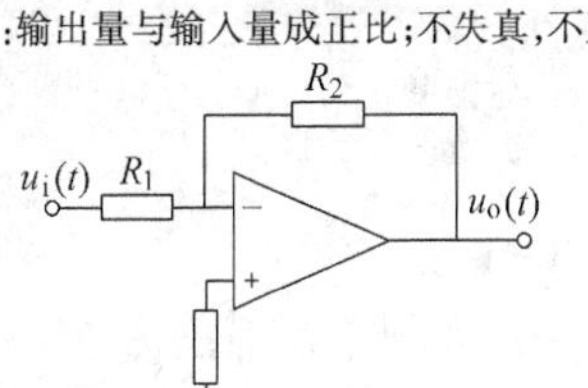

（续）

典型环节	微分方程描述	传递函数	特点与典型应用
惯性环节	$T\frac{\mathrm{d}y(t)}{\mathrm{d}t}+y(t)=Kx(t)$ T 为惯性环节的时间常数，K 为惯性环节的放大系数	$G(s)=\frac{K}{Ts+1}$	特点：存在储能组件和耗能组件；在阶跃输入下，输出不能立即达到稳态值 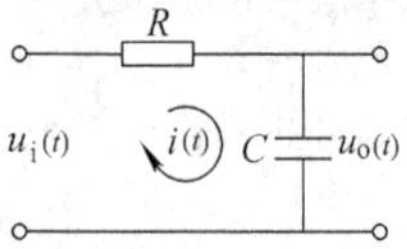 $G(s)=\frac{1}{RCs+1}$
微分环节	$y(t)=T_d\frac{\mathrm{d}x(t)}{\mathrm{d}t}$ 输出变量为 $y(t)$，输入变量为 $x(t)$	$G(s)=T_ds$ T_d 为微分时间常数	特点：不能单独存在；反映输入的变化趋势；增加系统阻尼；抗高频干扰能力弱 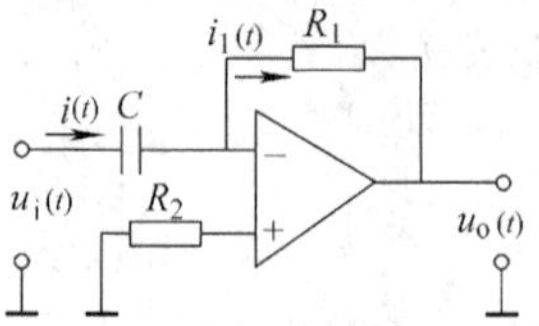 $u_o(t)=-R_1C\dot{u}_i(t)$
积分环节	$y(t)=K\int x(t)\mathrm{d}t$ 输出变量为 $y(t)$，输入变量为 $x(t)$	$G(s)=K\frac{1}{s}$	特点：输出累加特性；输出的滞后作用；记忆功能 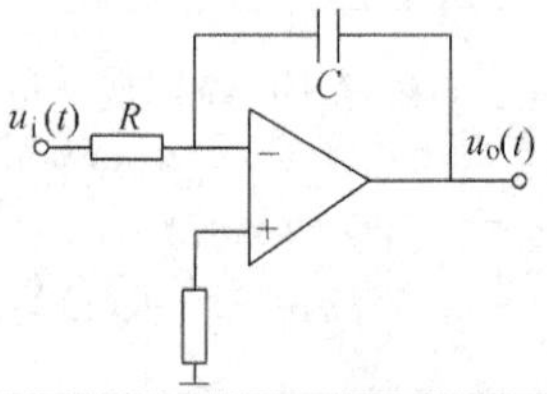
振荡环节	$\frac{\mathrm{d}^2y(t)}{\mathrm{d}t^2}+2\xi\omega_n\frac{\mathrm{d}y(t)}{\mathrm{d}t}+\omega_n^2y(t)=\omega_n^2x(t)$ 输出变量 $y(t)$，输入变量 $x(t)$	$G(s)=\frac{\omega_n^2}{s^2+2\xi\omega_ns+\omega_n^2}$ ω_n 为振荡环节的无阻尼固有振荡频率，ξ 为阻尼系数或阻尼比	特点：存在振荡，ξ 越小振荡越剧烈 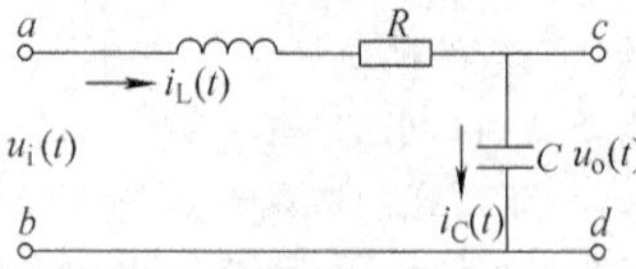
延时环节	$y(t)=x(t-\tau)$	$G(s)=\mathrm{e}^{-\tau s}$ τ 为延迟时间	特点：输出是输入的简单滞后 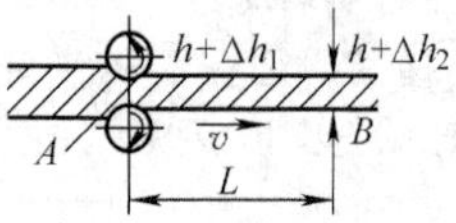 $\Delta h_2=\Delta h_1(t-\tau)$ $G(s)=\mathrm{e}^{-\tau s}$

表 25.2-4　典型非线性环节及特性

典型环节	数学表达式	特性曲线与特点	应用
饱和特性	$y=\begin{cases}M & x>a\\ kx & \|x\|\leqslant a\\ -M & x<-a\end{cases}$ 式中　a—线性区宽度 　　　k—线性区斜率 描述函数： $N(X)=\frac{2k}{\pi}\left[\arcsin\frac{a}{X}+\frac{a}{X}\sqrt{1-\left(\frac{a}{X}\right)^2}\right]\ (X\geqslant a)$	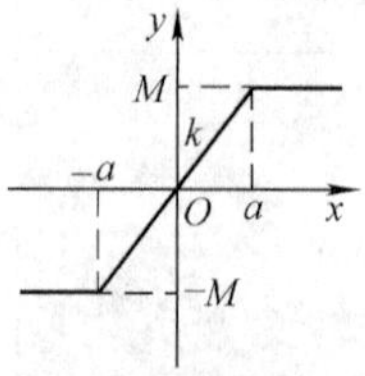 输入信号超过某一范围后，输出不再随输入的变化而变化，而是保持在某一常值上	调节器、放大器输出，伺服电动机在大控制电压运行下的控制特性，液压调节阀限制行程及功率时的特性

（续）

典型环节	数学表达式	特性曲线与特点	应　用
死区特性	$y=\begin{cases}0 & \lvert x\rvert\leqslant a\\ k(x-a) & x>a\\ k(x+a) & x<-a\end{cases}$ 描述函数： $N(X)=\dfrac{2k}{\pi}\left[\dfrac{\pi}{2}-\arcsin\dfrac{a}{X}+\dfrac{a}{X}\sqrt{1-\left(\dfrac{a}{X}\right)^2}\right]\ (X\geqslant a)$	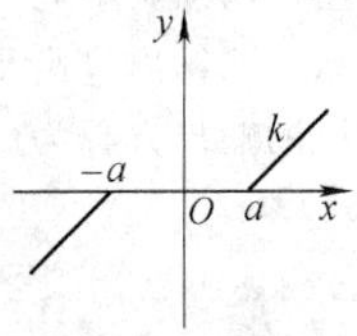 死区又称不灵敏区，死区内虽有输入信号，但其输出为 0	伺服电动机的死区电压、测量元件的不灵敏区

3　系统的状态空间表达式

3.1　基本概念

（1）系统的状态向量

能够完全描述一个系统状态，数量最少的一组状态变量构成的向量称为系统的状态向量。如果系统的状态向量由 n 个状态变量 $x_1(t)$，$x_2(t)$，…，$x_n(t)$ 组成，即

$$\boldsymbol{x}(t)=\begin{pmatrix}x_1(t)\\x_2(t)\\\vdots\\x_n(t)\end{pmatrix}\tag{25.2-12}$$

则向量 $\boldsymbol{x}(t)$ 称为系统的 n 维状态向量。若给定 $t=t_0$ 时的初始状态向量 $\boldsymbol{x}(t_0)$ 和 $t\geqslant t_0$ 时的输入向量 $\boldsymbol{u}(t)$，则 $t\geqslant t_0$ 的状态由状态向量 $\boldsymbol{x}(t)$ 唯一确定。

（2）状态空间

以系统的状态变量 $x_1(t)$，$x_2(t)$，…，$x_n(t)$ 为坐标轴构成的 n 维空间称为该系统的状态空间。系统在任何时刻的状态，都可以用状态空间中的一个点来表示。例如，给定了初始时刻 t_0 时的状态 $x(t_0)$，就得到状态空间的初始点，随着时间的推移，$x(t)$ 将在状态空间中描绘出一条轨迹，称为状态轨线。在如图 25.2-2 所示的三维状态空间中，初始状态是点 $O(x_{10},x_{20},x_{30})$，在输入 $u(t)$ 的作用下，系统的状态开始变化，其运动规律一目了然。

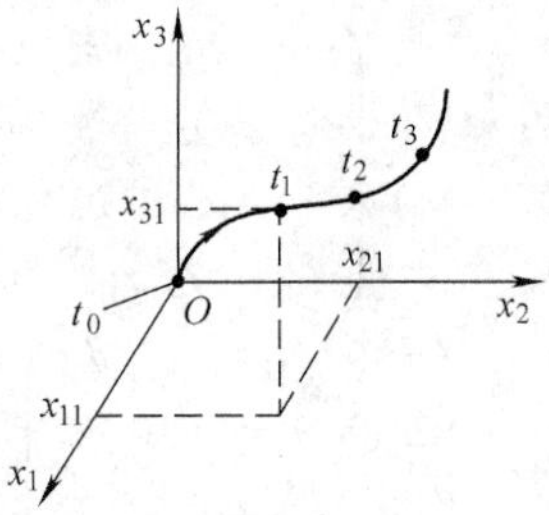

图 25.2-2　三维状态空间

3.2　状态空间表达式

在现代控制理论中，系统的状态空间表达式是在状态空间下建立起来的数学模型，它由系统的状态方程和输出方程两部分组成，完整地描述了系统内部与外部的动态行为。

（1）状态方程

系统的状态方程是描述系统状态向量与控制向量之间关系的方程，是状态向量 $\boldsymbol{x}(t)$ 的一阶微分方程，一般形式可写为

$$\dot{\boldsymbol{x}}(t)=f[\boldsymbol{x}(t),\quad \boldsymbol{u}(t),\quad t]$$

式中　$\boldsymbol{x}(t)$——状态向量；

$\boldsymbol{u}(t)$——输入向量，即控制向量；

t——时间。

线性定常系统的状态方程可写成如下形式：

$$\dot{\boldsymbol{x}}=\boldsymbol{A}\boldsymbol{x}+\boldsymbol{B}\boldsymbol{u}\tag{25.2-13}$$

式中

$$\dot{\boldsymbol{x}}=\begin{pmatrix}\dot{x}_1\\\dot{x}_2\\\vdots\\\dot{x}_n\end{pmatrix},\quad \boldsymbol{x}=\begin{pmatrix}x_1\\x_2\\\vdots\\x_n\end{pmatrix},\quad \boldsymbol{u}=\begin{pmatrix}u_1\\u_2\\\vdots\\u_r\end{pmatrix},$$

$$\boldsymbol{A}=\begin{pmatrix}a_{11}&a_{12}&\cdots&a_{1n}\\a_{21}&a_{22}&\cdots&a_{2n}\\\vdots&\vdots&&\vdots\\a_{n1}&a_{n2}&\cdots&a_{nn}\end{pmatrix},\quad \boldsymbol{B}=\begin{pmatrix}b_{11}&b_{12}&\cdots&b_{1r}\\b_{21}&b_{22}&\cdots&b_{2r}\\\vdots&\vdots&&\vdots\\b_{n1}&b_{n2}&\cdots&b_{nr}\end{pmatrix}$$

式（25.2-13）中，$\boldsymbol{x}$、$\dot{\boldsymbol{x}}$ 和 $\boldsymbol{u}$ 都是时间 t 的函数［即为 $\boldsymbol{x}(t)$、$\dot{\boldsymbol{x}}(t)$ 和 $\boldsymbol{u}(t)$］，常常简写。$\boldsymbol{A}$ 称为系数矩阵，$\boldsymbol{B}$ 称为输入矩阵。$\boldsymbol{A}$ 和 $\boldsymbol{B}$ 均由系统本身参数组成，即一个确定的控制系统，其系数矩阵 $\boldsymbol{A}$ 和输入矩阵 $\boldsymbol{B}$ 是确定的。

（2）输出方程

输出量与状态变量和输入之间的代数方程称为系统的输出方程。系统的输出量可以是某一个或几个状态变量，但状态变量和输出量的意义不同。状态变量是描述系统动态行为的信息，而输出量则是系统被控制的物理量。线性定常系统的输出方程为

$$\boldsymbol{y}=\boldsymbol{Cx}+\boldsymbol{Du} \tag{25.2-14}$$

式中　$\boldsymbol{C}$——输出矩阵，它表达了输出变量与状态变量之间的关系；

$\boldsymbol{D}$——直接转移矩阵，它表达输入变量通过矩阵 $\boldsymbol{D}$ 所示的关系直接转移到输出，在大多数实际系统中，$\boldsymbol{D}=\boldsymbol{0}$。

$$\boldsymbol{y}=\begin{pmatrix} y_1 \\ y_2 \\ \vdots \\ y_m \end{pmatrix},\quad \boldsymbol{C}=\begin{pmatrix} c_{11} & c_{12} & \cdots & c_{1n} \\ c_{21} & c_{22} & \cdots & c_{2n} \\ \vdots & \vdots & & \vdots \\ c_{m1} & c_{m2} & \cdots & c_{mn} \end{pmatrix},$$

$$\boldsymbol{D}=\begin{pmatrix} d_{11} & d_{12} & \cdots & d_{1r} \\ d_{21} & d_{22} & \cdots & d_{2r} \\ \vdots & \vdots & & \vdots \\ d_{m1} & d_{m2} & \cdots & d_{mr} \end{pmatrix}$$

（3）状态空间表达式

系统的状态方程和输出方程一起称为系统的状态空间表达式。状态空间表达式可以简写为

$$\begin{cases} \dot{\boldsymbol{x}}=\boldsymbol{Ax}+\boldsymbol{Bu} \\ \boldsymbol{y}=\boldsymbol{Cx}+\boldsymbol{Du} \end{cases} \tag{25.2-15}$$

式（25.2-15）可用框图表示，如图 25.2-3 所示。框图内的积分符号表示变量间的积分关系。

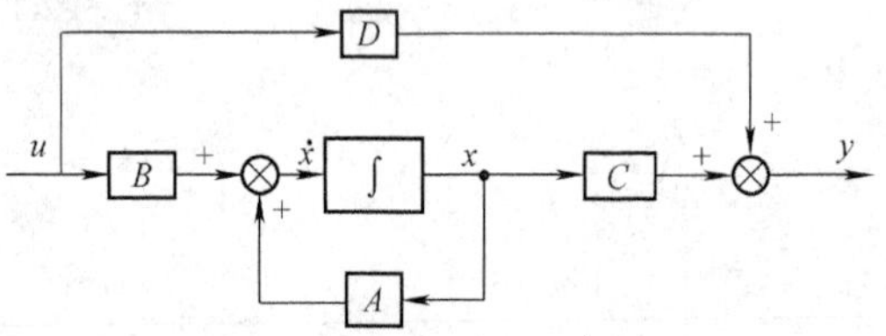

图 25.2-3　系统状态空间表达式框图

3.3　状态空间表达式的建立方法

状态空间表达式的建立是用现代控制理论研究控制系统的第一步。根据控制系统给出的形式不同，状态空间表达式的建立方法可分为三种。

3.3.1　建立状态空间表达式的直接方法

直接方法是从分析系统各部分运动机理入手，直接写出描述各部分运动的原始微分方程，然后从原始微分方程导出状态方程和输出方程的方法。根据其物理规律，如牛顿定律、能量守恒定律、基尔霍夫定律等建立系统的状态方程。当指定系统的输出时，也很容易写出系统的输出方程，其一般步骤如下：

1）确定系统的输入变量和输出变量。

2）根据基本定律列写相关方程组。

3）根据研究问题的需要，选取状态变量。

4）消去状态变量之外的中间变量，得出各状态变量的一阶微分方程式及各输出变量的代数方程式。

5）将方程整理成状态空间表达式的标准形式。

值得注意的是，采用直接法建立状态空间表达式的过程中，状态变量的选取应最终保证每一个方程式满足以下两条要求：

1）至多只含有状态变量的一阶导数项，而不含有更高阶导数项。

2）不含输入量的导数项。

这样，才可能方便地写出状态方程的标准形式，且保证方程有唯一解。

3.3.2　由微分方程求状态空间表达式

研究一个系统的动态响应时，一般首先根据它的物理本质写出系统的运动微分方程，如果微分方程组中的微分方程是高阶微分方程，则需要一些变换，将高阶微分方程写成一阶方程组的形式，再组合成系统的状态空间表达式形式。高阶微分方程可分为作用函数（即系统输入）中不含导数项和含导数项两种情况。

对于同一个微分方程，所选取的状态变量不同，求出的状态方程与输出方程在形式上是不同的，但从外部特性上来看，在同一个输入函数作用下解得的系统输出函数是完全相同的，也就是说外部描述是等效的。

3.3.3　由系统传递函数写出状态空间表达式

实际上，物理过程比较复杂、相互之间数量关系又不太清楚的系统，用解析法很难建立起数学模型，这时往往先通过实验法确定系统的传递函数，然后再建立状态空间表达式。由于状态变量的非唯一性，同样，由传递函数求得的状态空间表达式可以有多种形式。对于由系统传递函数写出状态空间表达式，其中比较简单的方法是把系统的传递函数转换为微分方程，然后求解。

3.4　系统的传递函数矩阵

3.4.1　传递函数矩阵的概念

一个双输入、双输出线性系统如图 25.2-4 所示。

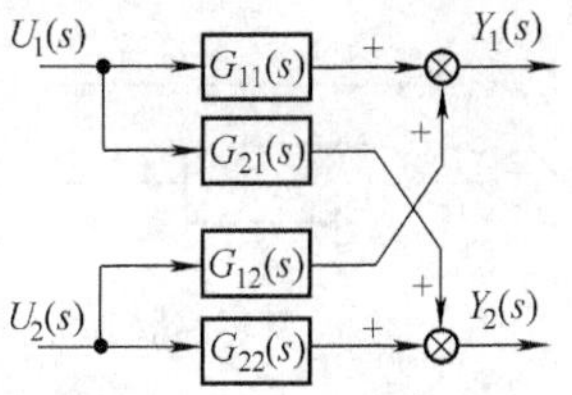

图 25.2-4　双输入、双输出线性系统

$U_1(s)$、$U_2(s)$ —输入　$Y_1(s)$、$Y_2(s)$ —输出

当初始条件为零时，可写出如下关系式，即

$$\begin{cases} Y_1(s) = G_{11}(s)U_1(s) + G_{12}(s)U_2(s) \\ Y_2(s) = G_{21}(s)U_1(s) + G_{22}(s)U_2(s) \end{cases} \tag{25.2-16}$$

式中　$G_{ij}(s)$ ——第 i 个输出与第 j 个输入之间的传递关系，$i=1,\ 2$；$j=1,\ 2$。

若将方程组用矩阵方程表示，得

$$\begin{pmatrix} Y_1(s) \\ Y_2(s) \end{pmatrix} = \begin{pmatrix} G_{11}(s) & G_{12}(s) \\ G_{21}(s) & G_{22}(s) \end{pmatrix} \begin{pmatrix} U_1(s) \\ U_2(s) \end{pmatrix} \tag{25.2-17}$$

或简写为

$$\boldsymbol{Y}(s) = \boldsymbol{G}(s)\boldsymbol{U}(s) \tag{25.2-18}$$

式中　$\boldsymbol{U}(s)$ ——输入向量的拉氏变换；

$\boldsymbol{Y}(s)$ ——输出向量的拉氏变换；

$\boldsymbol{G}(s)$ ——整体反映了双输入与双输出之间的传递关系，因此称它为系统的传递函数矩阵。

对于有 r 个输入、m 个输出的多变量线性定常系统，按以上概念延伸，则传递函数矩阵可表示为

$$\boldsymbol{G}(s) = \begin{pmatrix} G_{11}(s) & G_{12}(s) & \cdots & G_{1r}(s) \\ G_{21}(s) & G_{22}(s) & \cdots & G_{2r}(s) \\ \vdots & \vdots & & \vdots \\ G_{m1}(s) & G_{m2}(s) & \cdots & G_{mr}(s) \end{pmatrix} \tag{25.2-19}$$

式（25.2-19）是 $m \times r$ 维传递函数矩阵，它的每一个元素 $G_{ij}(s)$ 表示第 j 个输入 $U_j(s)$ 对第 i 个输出 $Y_i(s)$ 的影响，而第 i 个输出 $Y_i(s)$ 是全部 r 个输入 $U_j(s)(j=1,\ 2,\ \cdots,\ r)$ 通过各自的传递函数 G_{i1}，G_{i2}，$\cdots$，G_{ir} 综合作用的结果。

如果选择系统输入与输出个数相同，则传递函数矩阵 $\boldsymbol{G}(s)$ 为一方阵（$m=r$）。通过适当的线性变换，将传递函数矩阵化为对角形矩阵，称为传递函数矩阵的解耦形式，即

$$\tilde{\boldsymbol{G}}(s) = \begin{pmatrix} \tilde{G}_{11}(s) & 0 & \cdots & 0 \\ 0 & \tilde{G}_{22}(s) & \ddots & \vdots \\ \vdots & & \ddots & 0 \\ 0 & \cdots & 0 & \tilde{G}_{mm}(s) \end{pmatrix} \tag{25.2-20}$$

可见，所谓解耦形式，即表示系统的第 i 个输出只与第 i 个输入有关，与其他输入无关，就相当于 m 个相互独立的单输入、单输出系统。这样便实现了分离性控制，可以比较方便地控制各个输出，使之达到满意的指标。

3.4.2　由状态空间表达式求传递函数矩阵

传递函数矩阵和状态空间表达式两种模型之间是可以互相转换的。由于传递函数是传递函数矩阵的一种简单情况，而状态空间表达式的形式可以包括多变量系统，因此，以下讨论多变量情况下状态空间表达式求传递函数矩阵的方法，自然就包括了求单变量传递函数的方法。

设多输入、多输出线性定常系统的状态空间表达式为

$$\begin{cases} \dot{\boldsymbol{x}} = \boldsymbol{Ax} + \boldsymbol{Bu} \\ \boldsymbol{y} = \boldsymbol{Cx} + \boldsymbol{Du} \end{cases} \tag{25.2-21}$$

则传递函数矩阵 $\boldsymbol{G}(s)$ 为

$$\boldsymbol{G}(s) = \boldsymbol{C}(s\boldsymbol{I} - \boldsymbol{A})^{-1}\boldsymbol{B} + \boldsymbol{D} \tag{25.2-22}$$

它是一个 $m \times r$ 维矩阵函数。在控制系统中，更多见的是 $\boldsymbol{D} = \boldsymbol{0}$ 的情况，它表示输入与输出之间没有直接联系，于是有

$$\boldsymbol{G}(s) = \boldsymbol{C}(s\boldsymbol{I} - \boldsymbol{A})^{-1}\boldsymbol{B} \tag{25.2-23}$$

4　离散系统的数学模型

4.1　离散系统的差分方程

4.1.1　差分方程含义

图 25.2-5 所示为一个开环离散控制系统，其输入信号为 $x(t)$，采样后的离散信号为 $x(nT)(n=0,\ 1,\ 2,\ \cdots)$；系统的输出信号为 $y(t)$，输出的采样信号为 $y(nT)$。

在 nT 时刻输出的采样值 $y(nT)$ 不但与 nT 时刻

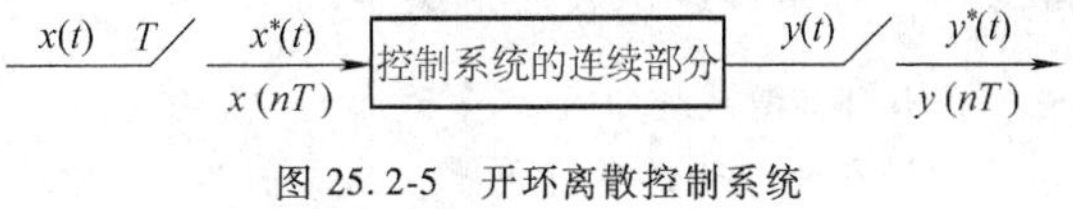

图 25.2-5　开环离散控制系统

的输入 $x(nT)$ 有关，而且与 nT 时刻以前的输入 $x[(n-1)T]$，$x[(n-2)T]$，… 有关，同时也与 nT 时刻以前的输出值 $y[(n-1)T]$，$y[(n-2)T]$，… 有关。由于离散控制系统的连续部分可以用线性常微分方程描述，所以上述关系可用下列 m 阶常系数线性差分方程表示：

$$\begin{aligned} & y(nT)+a_1y[(n-1)T]+a_2y[(n-2)T]+\cdots+a_my[(n-m)T] \\ &= b_0x(nT)+b_1x[(n-1)T]+b_2x[(n-2)T]+\cdots+b_mx[(n-m)T] \end{aligned} \quad (25.2\text{-}24)$$

式中，m 的大小取决于系统的动态特性。

若省略方程中的 T，则上述方程可写成如下形式：

$$y(n)=-\sum_{k=1}^{m}a_ky(n-k)+\sum_{k=0}^{m}b_kx(n-k) \quad (25.2\text{-}25)$$

式（25.2-24）和式（25.2-25）为线性定常离散控制系统差分方程的一般形式。

4.1.2 差分方程的解法

求解差分方程常用的方法有递推法和 Z 变换法。

（1）递推法解差分方程

将给定的初始条件代入原方程，依次递推而得到差分方程的解。这种方法特别适合在计算机上解差分方程。

（2）Z 变换法解差分方程

先对差分方程取 Z 变换，解出输出的 Z 变换 $Y(z)$，然后对 $Y(z)$ 进行 Z 反变换，求出 $y(n)$。在对差分方程取 Z 变换时，要用到平移定理

$$Z[x(n+m)]=z^mX(z)-\sum_{k=0}^{m-1}x(k)z^{m-k} \quad (25.2\text{-}26)$$

虽然差分方程的解给出了线性定常系统在给定输入作用下的输出，但不便于研究系统参数与系统特性之间的关系。

4.2 离散系统的传递函数

离散系统除了可用差分方程描述外，还可用传递函数描述。离散系统的传递函数简称为离散传递函数，它在离散控制系统的分析和设计中都具有重要作用。

4.2.1 离散传递函数的定义

设开环离散系统如图 25.2-6 所示。

如果系统的初始条件为零，输入信号为 $x(t)$，采样后 $x^*(t)$ 的 Z 变换为 $X(z)$，系统连续部分的输

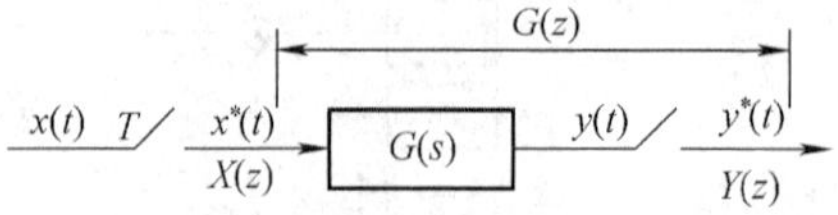

图 25.2-6 开环离散系统

出为 $y(t)$，采样后 $y^*(t)$ 的 Z 变换为 $Y(z)$，则离散传递函数的定义为系统输出信号的 Z 变换 $Y(z)$ 与输入信号的 Z 变换 $X(z)$ 之比，即

$$G(z)=\frac{Y(z)}{X(z)} \quad (25.2\text{-}27)$$

它与连续系统传递函数 $G(s)$ 的定义相类似。

4.2.2 离散传递函数的求法

对于线性定常离散系统，如果系统离散输入信号为一个在［0，nT］间的单位脉冲序列，即为

$$x^*(t)=\sum_{k=0}^{n}\delta(t-kT) \quad (25.2\text{-}28)$$

由系统响应的叠加性，可知其响应为

$$y(n)=\sum_{k=0}^{n}g(n-k)$$

如果系统离散输入信号为一个在［0，nT］间的任意脉冲序列，即为

$$x^*(t)=\sum_{k=0}^{n}x(kT)\delta(t-kT) \quad (25.2\text{-}29)$$

则系统在任意脉冲序列输入作用下的输出为

$$y(n)=\sum_{k=0}^{n}g(n-k)x(k)=g(n)*x(n) \quad (25.2\text{-}30)$$

对式（25.2-30）取 Z 变换，利用卷积定理得

$$Y(z)=G(z)X(z) \quad (25.2\text{-}31)$$

将式（25.2-30）与式（25.2-28）比较可知，$G(z)$ 是系统单位脉冲响应函数 $g(n)$ 的 Z 变换，所以也称离散系统传递函数 $G(z)$ 为离散系统的脉冲传递函数。按上述原理，离散传递函数 $G(z)$ 应按下述步骤求出：①求系统连续部分的传递函数 $G(s)$；②用传递函数 $G(s)$ 求系统脉冲响应函数 $g(t)$，将其离散化得 $g(n)$；③计算 $g(n)$ 的 Z 变换得 $G(z)$。显然，该过程比较麻烦。

由于连续系统单位脉冲响应函数 $g(t)$ 的拉氏变换与系统传递函数 $G(s)$ 相同，因此可在 Z 变换表中以 $g(t)$［表中的 $x(t)$］为纽带，建立起 $G(z)$［表中 $X(z)$］与 $G(s)$［表中的 $X(s)$］的关系。由系统连续部分传递函数 $G(s)$ 直接查到对应的离散传递函数 $G(z)$ 即可。

4.2.3　开环系统的脉冲传递函数

当开环离散系统由几个环节串联组成时，其脉冲传递函数的求法与求连续系统传递函数的情况不同。例如，在求由两个串联环节组成的开环离散系统的脉冲传递函数时，就必须注意在串联环节之间是否有采样器，因为两种情况具有不同的脉冲传递函数。

如图 25.2-7a 所示，两个串联环节之间有采样器。可知

$$\begin{cases} C(z)=G_1(z)X(z) \\ Y(z)=G_2(z)C(z) \end{cases} \tag{25.2-32}$$

式中，$G_1(z)$ 和 $G_2(z)$ 分别为 $G_1(s)$ 和 $G_2(s)$ 的脉冲传递函数。

由式（25.2-32）可得

$$Y(z)=G_1(z)G_2(z)X(z) \tag{25.2-33}$$

故此开环离散系统总的脉冲传递函数为

$$G(z)=\frac{Y(z)}{X(z)}=G_1(z)G_2(z) \tag{25.2-34}$$

式（25.2-34）表明，当两个串联环节间有采样器时，其总的脉冲传递函数等于这两个环节各自的脉冲传递函数之积。这个结论可推广到 n 个环节串联的情况：当每两个相邻环节之间都有采样器时，其总脉冲传递函数等于被串联环节各自的脉冲传递函数之积。

如图 25.2-7b 所示，两个串联环节之间无采样器，系统连续部分的传递函数为

$$G(s)=G_1(s)G_2(s) \tag{25.2-35}$$

$G(s)$ 的 Z 变换为

$$G(z)=Z[G_1(s)G_2(s)]=G_1G_2(z) \tag{25.2-36}$$

式中，$G_1G_2(z)$ 是一个符号，它代表连续部分为 $G_1(s)$ 和 $G_2(s)$ 串联的离散系统脉冲传递函数，如图 25.2-7b 所示，系统连续部分为几个环节串联的开环离散系统，其脉冲传递函数不等于被串环节各自的脉冲传递函数之积，如 $G_1G_2(z) \neq G_1(z)G_2(z)$。

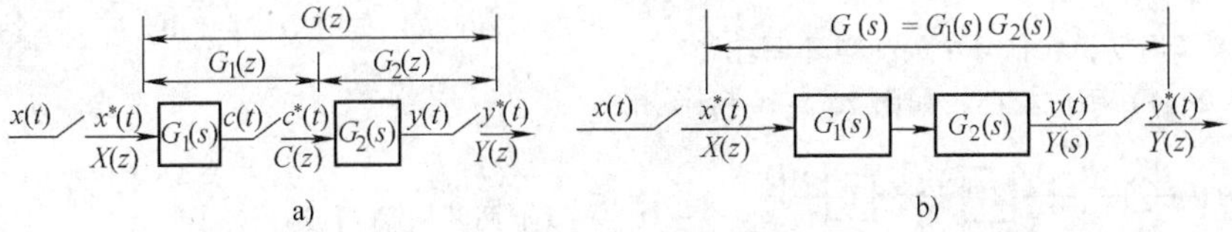

图 25.2-7　几个环节串联的脉冲传递函数

4.2.4　闭环系统的脉冲传递函数

由于采样器在闭环系统中的配置情况不同，形成不同形式的离散闭环系统，因而有不同的闭环脉冲传递函数。如图 25.2-8 所示为一种离散闭环系统。下面通过确定它的闭环脉冲传递函数，说明确定离散闭环系统脉冲传递函数的一般过程。图 25.2-8 中虚线所示的采样开关是为了便于分析而虚设的。

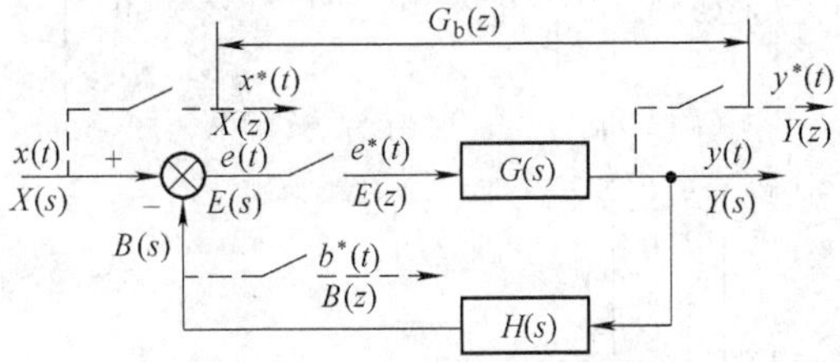

图 25.2-8　一种离散闭环系统

由图 25.2-8 可见

$$E(s)=X(s)-B(s) \tag{25.2-37}$$

逐项求 Z 变换，得

$$E(z)=X(z)-B(z) \tag{25.2-38}$$

参考式（25.2-36）可知

$$B(z)=E(z)GH(z) \tag{25.2-39}$$

将式（25.2-39）代入式（25.2-38），得

$$E(z)=\frac{X(z)}{1+GH(z)} \tag{25.2-40}$$

又因为 $Y(z)=E(z)G(z)$，将式（25.2-40）代入上式，得

$$Y(z)=\frac{G(z)X(z)}{1+GH(z)} \tag{25.2-41}$$

由式（25.2-41）可知，此闭环离散系统的脉冲传递函数为

$$G_b(z)=\frac{Y(z)}{X(z)}=\frac{G(z)}{1+GH(z)} \tag{25.2-42}$$

4.3　离散系统的状态空间表达式

用状态空间表达式描述和分析离散系统具有用状态空间描述和分析连续系统同样的优点。此外，离散系统的状态空间表达式更便于用计算机来求解和处理。

4.3.1　离散系统状态方程的建立

（1）连续部分状态空间表达式的离散化

如图 25.2-9 所示的离散开环系统采用了零阶保持器，使 $\boldsymbol{u}_h(t)$ 成为阶梯形信号。

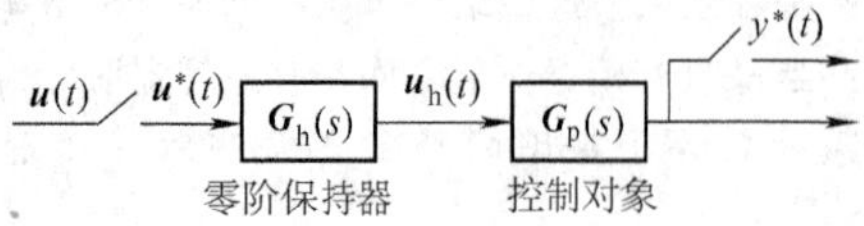

图 25.2-9 离散开环系统

在两个采样周期之间的信号为恒值，其值为采样时刻 $\boldsymbol{u}(t)$ 的值，即

$$\boldsymbol{u}_h(t)=\boldsymbol{u}(kT),kT\leqslant t\leqslant(k+1)T \quad (25.2\text{-}43)$$

系统中控制对象的状态空间表达式为

$$\begin{cases}\dot{\boldsymbol{x}}(t)=\boldsymbol{Ax}(t)+\boldsymbol{Bu}(t)\\ \boldsymbol{y}(t)=\boldsymbol{Cx}(t)\end{cases} \quad (25.2\text{-}44)$$

将上式离散化，离散化的状态空间表达式为

$$\begin{cases}\boldsymbol{x}[(k+1)T]=\boldsymbol{Gx}(kT)+\boldsymbol{Hu}(kT)\\ \boldsymbol{y}(kT)=\boldsymbol{Cx}(kT)\end{cases} \quad (25.2\text{-}45)$$

式中 $\boldsymbol{G}$——$n\times n$ 系统矩阵；

$\boldsymbol{H}$——$n\times r$ 输入矩阵；

$\boldsymbol{C}$——$1\times n$ 输出矩阵；

T——采样周期，在括号中的 T 常不写出。

将式（25.2-45）画成框图，如图 25.2-10 所示。

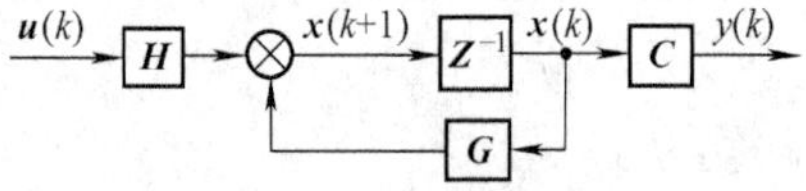

图 25.2-10 离散化系统的状态空间表达式

将式（25.2-44）离散化就可建立起 $\boldsymbol{G}$、$\boldsymbol{H}$ 和 $\boldsymbol{A}$、$\boldsymbol{B}$ 之间的关系，即

$$\boldsymbol{G}=\boldsymbol{\Phi}(T)=e^{\boldsymbol{A}T} \quad (25.2\text{-}46)$$

$$\boldsymbol{H}=-\int_T^0 e^{\boldsymbol{A}\lambda}\boldsymbol{B}d\lambda=\int_0^T e^{\boldsymbol{A}\lambda}\boldsymbol{B}d\lambda \quad (25.2\text{-}47)$$

（2）由差分方程求离散状态空间表达式

设系统的差分方程为

$$\begin{aligned}&y(k+n)+a_{n-1}y(k+n-1)+\cdots+a_0y(k)\\&=b_nu(k+n)+b_{n-1}u(k+n-1)+\cdots+b_0u(k)\end{aligned} \quad (25.2\text{-}48)$$

式中 k——第 k 个采样时刻；

n——系统的阶数。

设

$$\begin{aligned}x_1(k)&=y(k)-h_0u(k)\\x_2(k)&=x_1(k+1)-h_1u(k)\\x_3(k)&=x_2(k+1)-h_2u(k)\\&\vdots\\x_n(k)&=x_{n-1}(k+1)-h_{n-1}u(k)\end{aligned} \quad (25.2\text{-}49)$$

式中

$$\begin{aligned}h_0&=b_n\\h_1&=b_{n-1}-a_{n-1}h_0\\h_2&=b_{n-2}-a_{n-1}h_1-a_{n-2}h_0\\&\vdots\\h_n&=b_0-a_{n-1}h_{n-1}-\cdots-a_1h_1-a_0h_0\end{aligned} \quad (25.2\text{-}50)$$

这样，方程（25.2-49）可写成离散状态方程和输出方程的形式，即

$$\begin{pmatrix}x_1(k+1)\\x_2(k+1)\\\vdots\\x_{n-1}(k+1)\\x_n(k+1)\end{pmatrix}=\begin{pmatrix}0&1&0&\cdots&0\\0&0&1&\cdots&0\\\vdots&\vdots&\vdots&&\vdots\\0&0&0&\cdots&1\\-a_0&-a_1&-a_2&\cdots&-a_{n-1}\end{pmatrix}\begin{pmatrix}x_1(k)\\x_2(k)\\\vdots\\x_{n-1}(k)\\x_n(k)\end{pmatrix}+\begin{pmatrix}h_1\\h_2\\\vdots\\h_{n-1}\\h_n\end{pmatrix}u(k) \quad (25.2\text{-}51)$$

$$\boldsymbol{y}(k)=(1\quad 0\quad\cdots\quad 0)\begin{pmatrix}x_1(k)\\x_2(k)\\\vdots\\x_n(k)\end{pmatrix}+h_0\boldsymbol{u}(k) \quad (25.2\text{-}52)$$

以上两式可简写成

$$\begin{cases}\boldsymbol{x}(k+1)=\boldsymbol{Gx}(k)+\boldsymbol{Hu}(k)\\ \boldsymbol{y}(k)=\boldsymbol{Cx}(k)+\boldsymbol{Du}(k)\end{cases} \quad (25.2\text{-}53)$$

（3）由 Z 传递函数求离散状态空间表达式

设离散系统 Z 传递函数的形式为

$$G(z)=\frac{b_{n-1}z^{n-1}+b_{n-2}z^{n-2}+\cdots+b_1z+b_0}{z^n+a_{n-1}z^{n-1}+\cdots+a_1z+a_0} \quad (25.2\text{-}54)$$

采用直接实现的方法，可得到可控标准型的状态方程和输出方程：

$$\begin{pmatrix}x_1(k+1)\\x_2(k+1)\\\vdots\\x_n(k+1)\end{pmatrix}=\begin{bmatrix}0&1&0&\cdots&0\\0&0&1&\cdots&0\\\vdots&\vdots&\vdots&&\vdots\\-a_0&-a_1&-a_2&\cdots&-a_{n-1}\end{bmatrix}\begin{pmatrix}x_1(k)\\x_2(k)\\\vdots\\x_n(k)\end{pmatrix}+\begin{pmatrix}0\\0\\\vdots\\b_0\end{pmatrix}u(k) \quad (25.2\text{-}55)$$

$$\boldsymbol{y}(k)=(b_0,b_1,\cdots,b_{n-1})\begin{pmatrix}x_1(k)\\x_2(k)\\\vdots\\x_n(k)\end{pmatrix} \quad (25.2\text{-}56)$$

或写成矩阵形式

$$\begin{cases} \boldsymbol{x}(k+1)=\boldsymbol{G}\boldsymbol{x}(k)+\boldsymbol{H}u(k) \\ \boldsymbol{y}(k)=\boldsymbol{C}\boldsymbol{x}(k) \end{cases} \tag{25.2-57}$$

4.3.2　离散系统的传递矩阵

由多输入、多输出系统的状态方程和输出方程可求出系统的 z 传递矩阵。对于单输入、单输出系统求出的是 z 传递函数。设多输入、多输出离散系统的状态方程和输出方程为式（25.2-57）所示，对其做 Z 变换得

$$\begin{cases} z\boldsymbol{X}(z)-z\boldsymbol{x}(0)=\boldsymbol{G}\boldsymbol{X}(z)+\boldsymbol{H}\boldsymbol{U}(z) \\ \boldsymbol{Y}(z)=\boldsymbol{C}\boldsymbol{X}(z) \end{cases} \tag{25.2-58}$$

如果 $\boldsymbol{x}(0)=0$，则式（25.2-58）可写为

$$\boldsymbol{X}(z)=(z\boldsymbol{I}-\boldsymbol{G})^{-1}\boldsymbol{H}\boldsymbol{U}(z) \tag{25.2-59}$$

将式（25.2-59）代入式（25.2-58）中，得

$$\boldsymbol{Y}(z)=\boldsymbol{C}(z\boldsymbol{I}-\boldsymbol{G})^{-1}\boldsymbol{H}\boldsymbol{U}(z)=\boldsymbol{W}(z)\boldsymbol{U}(z) \tag{25.2-60}$$

式中

$$\boldsymbol{W}(z)=\boldsymbol{C}(z\boldsymbol{I}-\boldsymbol{G})^{-1}\boldsymbol{H} \tag{25.2-61}$$

式（25.2-61）是系统的传递矩阵。

5　系统框图

一个系统可由若干环节按一定的关系组成，将这些环节以方框表示，其间用相应的变量及信号流向联系起来，就构成了系统的框图，又称为控制系统结构图。系统框图具体而形象地表示了系统内部各环节的数学模型、各变量之间的相互关系以及信号流向。事实上它是系统数学模型的一种图解表示方法，提供了系统动态性能的有关信息，并且可以提示和评价每个组成环节对系统的影响。

5.1　画框图的规则

框图用图的形式表示系统中各组成部分的功能和信号（或变量）传递关系，它的每一个方框表示组成部分的一种功能，箭头的方向表示信号（或变量）的传递方向。框图中的 4 种基本符号见表 25.2-5。

表 25.2-5　框图中的 4 种基本符号

符号	说　明
信号线	即带箭头的直线，箭头方向表示信号传递的方向，线上字母标记信号的时间函数，如图 25.2-11a 所示
引出点	又称分支点，如图 25.2-11b 所示，它表示信号引出或测量的位置，从同一位置引出的信号线在数据和性质方面是完全相同的
比较点	又称综合点，如图 25.2-11c 所示，图中圆圈表示两个以上信号进行加减运算，"+"号表示相加，"-"号表示相减。"+"号可以省略
方框	如图 25.2-11d 所示，箭头进入方框的信号称为输入信号，箭头离开方框的信号称为输出信号。框图中的每个方框为系统或元件的传递函数，它反映了各个环节间的因果关系

显然，方框的输出变量等于方框的输入变量与传递函数之积，即

$$X_o(s)=G(s)X_i(s) \tag{25.2-62}$$

5.2　框图的基本连接方式与等效变换规则

实际系统可以有各种各样的框图，但任何一种复杂的框图都是由串联、并联和反馈这三种基本形式组成的。框图基本连接方式与等效变换规则见表 25.2-6。

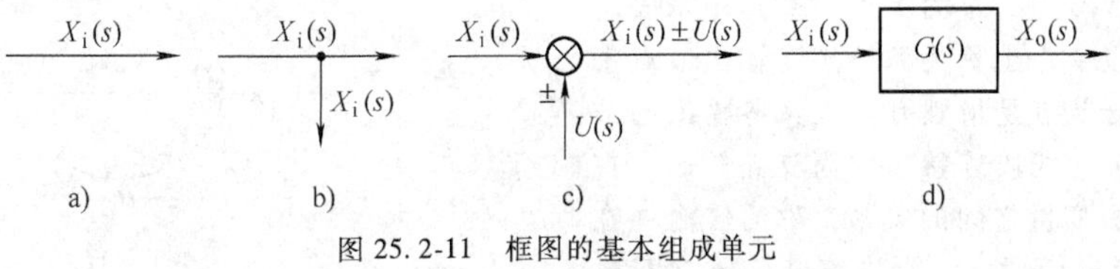

图 25.2-11　框图的基本组成单元

表 25.2-6　框图基本连接方式与等效变换规则

典型环节	等效变换规则	变　换　前	变　换　后
串联环节简化	环节串联时等效传递函数等于各串联环节的传递函数之积	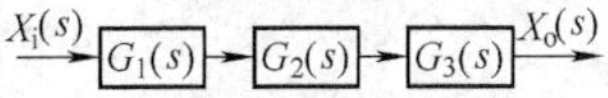	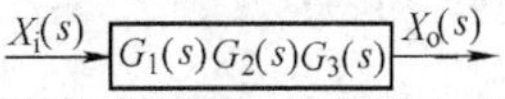
并联环节简化	环节并联时等效传递函数等于各并联环节的传递函数之和	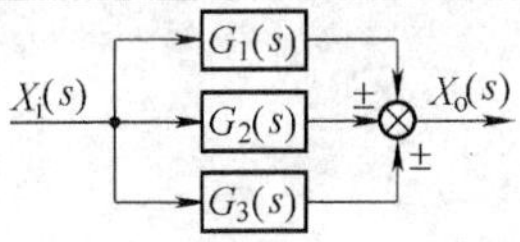	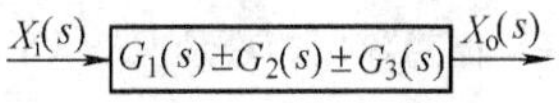
反馈环节简化	如果系统或环节的输出量反馈到输入端，与输入量进行比较，就构成了反馈连接	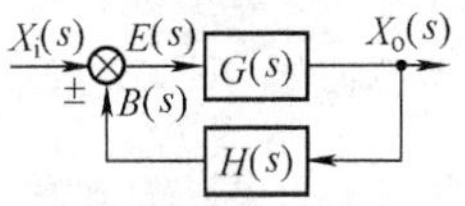	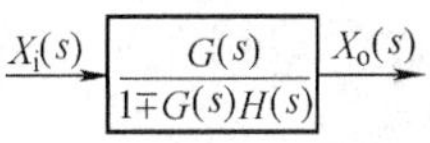

5.3　框图的简化

一个复杂的系统，其方框的连接也是复杂的，为了通过框图求取系统的传递函数，必须将复杂的结构简单化。简化的原则是将多环节的、互相交叉的框图简化为单环节的简单形式，而简化前后系统的传递函数不变。框图的等效简化以表 25.2-7 中所示的典型情况最为常用。

表 25.2-7　典型框图的等效简化

典型环节	等效变换规则	变　换　前	变　换　后
干扰环节的反馈		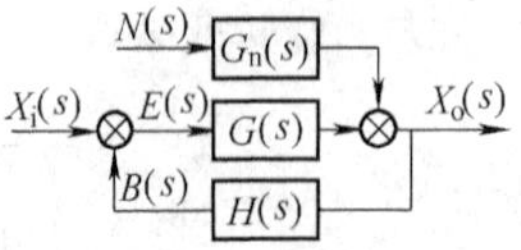	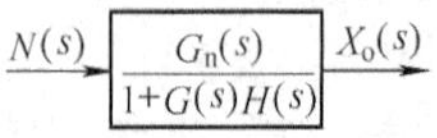
比较点移动	比较点从函数方框前移到函数方框后，应该在比较点移动支路中串接一个与比较点所越过的方框具有相同传递函数的函数方框	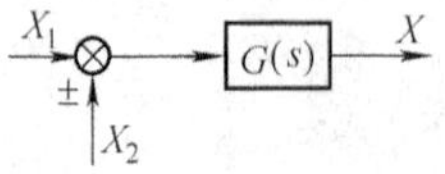	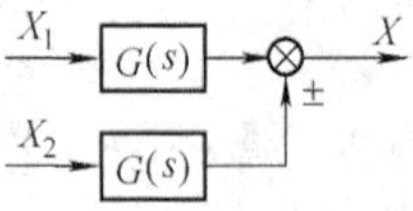
	比较点从函数方框后移到函数方框前，应该在比较点移动支路中串接一个与比较点所越过的方框传递函数成倒数的函数方框	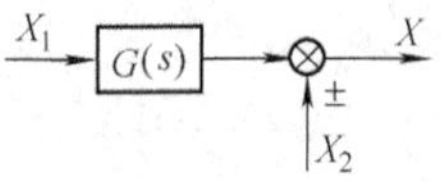	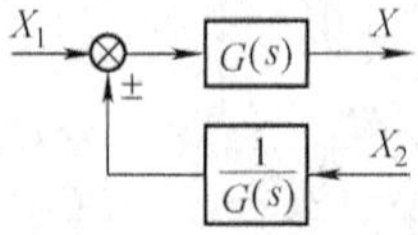
引出点移动	引出点从函数方框后移动到函数方框前，必须在分出支路中串接具有相同传递函数的函数方框	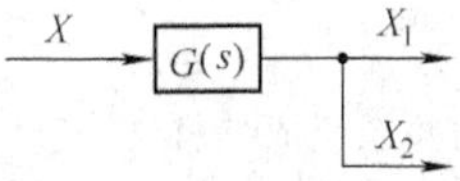	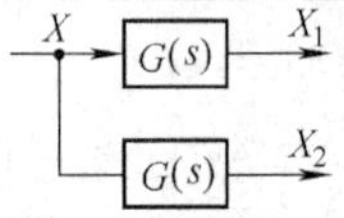
	引出点从函数方框前移到函数方框后的等效移动，必须在分出支路中串接与方框传递函数成倒数的函数方框	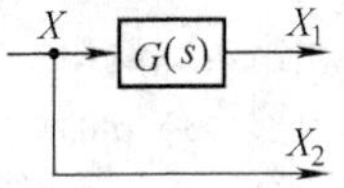	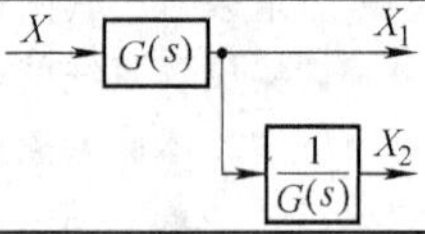

6　信号流图

信号流程图，简称信号流图。在信号流图中，用符号“○”表示变量，称为节点。节点用来表示变量或信号，输入节点也称为源节点，输出节点也称为汇节点，混合节点是指既有输入又有输出的节点。节点之间用单向线段连接，称为支路。通常在支路上标明前后两变量之间的关系，称为传输（在控制系统中就是传递函数）。沿支路箭头方向穿过各相连支路的路径称为通路，起点与终点重合且与任何节点相交不多于一次的通路称为回路，如图 25.2-12 所示。

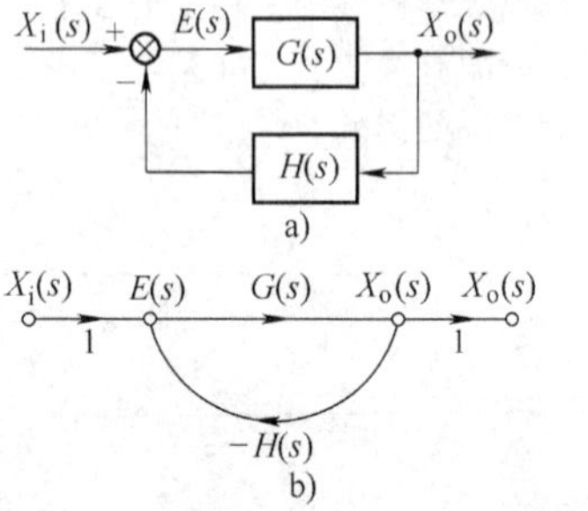

图 25.2-12　反馈系统的框图和信号流图

a）框图　b）信号流图

6.1　信号流图的性质

信号流图的性质见表 25.2-8。

6.2　信号流图的简化

信号流图的简化规则可扼要归纳，见表 25.2-9。

6.3　梅逊公式及其应用

对于比较复杂的控制系统，框图或信号流图的变换和简化方法都显得繁琐费时，这时可以根据梅逊公式直接求得系统的传递函数。梅逊公式为

$$T = \frac{1}{\Delta}\sum_{k=1}^{n} P_k \Delta_k \qquad (25.2\text{-}63)$$

式中　T——系统的总传递函数；

P_k——第 k 条前向通道的传递函数；

n——从输入节点到输出节点前向通道总数；

Δ——信号流图的特征式；

Δ_k——特征式的余子式，即从 Δ 中除去与第 k 条前向通道相接触的回路后，余下部分的特征式。

$$\Delta = 1-\sum L_1+\sum L_2-\sum L_3+\cdots+(-1)^m L_m \tag{25.2-64}$$

式中　$\sum L_1$——所有不同回路的传递函数之和；

$\sum L_2$——任何两个互不接触回路传递函数的乘积之和；

$\sum L_3$——任何三个互不接触回路传递函数的乘积之和；

L_m——任何 m 个互不接触回环传输的乘积之和。

表 25.2-8　信号流图的性质

序号	性　质
1	以节点代表变量，源节点代表输入量，汇节点代表输出量。混合节点表示的变量是所有流入该点信号的代数和，而从节点流出的各支路信号均为该节点的信号
2	以支路表示变量或信号的传输和变换过程，信号只能沿支路的箭头方向传输。在信号流图中每经过一条支路，相当于在框图中经过一个用方框表示的环节
3	增加一个具有单位传输的支路，可以把混合节点化为汇节点
4	对于同一个系统，信号流图的形式不是唯一的

表 25.2-9　信号流图的简化规则

简化规则	简　化　前	简　化　后
串联支路的总传输等于各支路传输之积	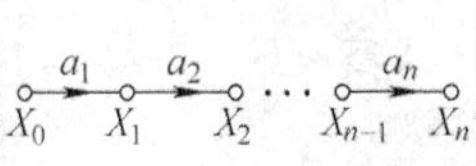	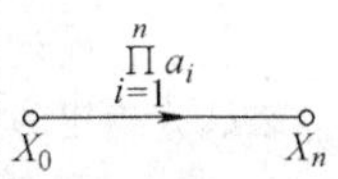
并联支路的总传输等于各支路传输之和	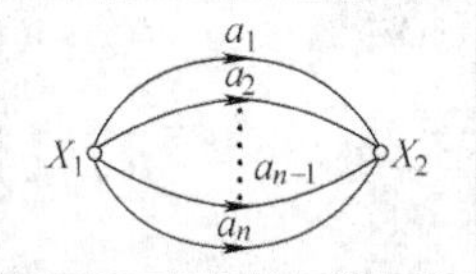	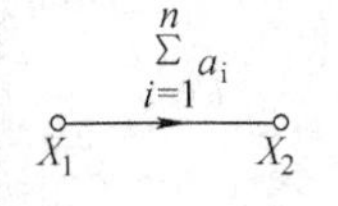
混合节点可以通过移动支路的方法消去	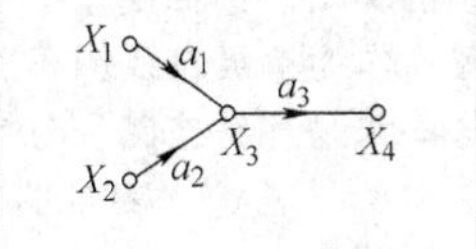	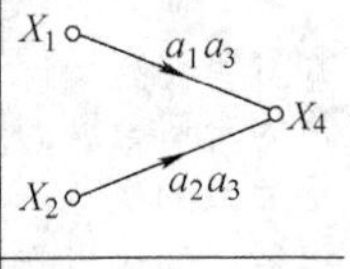
回环可以根据反馈连接的规则简化为等效支路	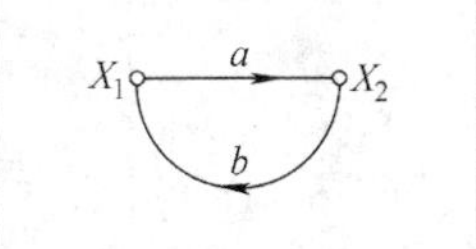	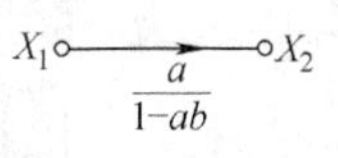

7　非线性系统线性化

所谓线性化，就是在一定条件下做某种近似，或者缩小一些工作范围，将非线性微分方程近似地作为线性微分方程来处理。切线法是常用的线性化方法，即用切线代替原来的非线性曲线，从而把非线性问题线性化。

系统线性化就是将变量的非线性函数展开成泰勒级数，分解成这些变量在某工作状态附近的小增量表达式，然后略去高于一次小增量的项，就可获得近似的线性函数。

对于以一个自变量作为输入量的非线性函数 $y=f(x)$，在平衡工作点（x_0，y_0）附近展开成泰勒级数，则有

$$y=f(x)=f(x_0)+\frac{\mathrm{d}f(x_0)}{\mathrm{d}x}(x-x_0)+\frac{1}{2!}\frac{\mathrm{d}^2f(x_0)}{\mathrm{d}x^2}(x-x_0)^2+\frac{1}{3!}\frac{\mathrm{d}^3f(x_0)}{\mathrm{d}x^3}(x-x_0)^3+\cdots \tag{25.2-65}$$

略去高于一次增量 $\Delta x=x-x_0$ 的项，便有

$$y=f(x)=f(x_0)+\frac{\mathrm{d}f(x_0)}{\mathrm{d}x}(x-x_0) \tag{25.2-66}$$

或

$$y-y_0=\Delta y=K\Delta x \tag{25.2-67}$$

式中

$$K=\frac{\mathrm{d}f(x_0)}{\mathrm{d}x}$$

$$y_0=f(x_0)$$

式（25.2-66）或式（25.2-67）就是非线性系统的线性化数学模型，式（25.2-67）为增量方程。

线性化时要注意如下几点：

1）必须明确系统处于平衡状态的工作点，因为不同的工作点所得线性化方程的系数不同，即非线性曲线上各点的斜率（导数）不同。

2）如果变量在较大范围内变化，则用这种线性化方法建立的数学模型除工作点外的其他工况就会有较大的误差，所以非线性模型线性化是有条件的，即变量偏离预定工作点很小。

3）对于某些典型的本质非线性，如果非线性函数是不连续的，则在不连续点附近不能得到收敛的泰勒级数，这时就不能线性化。

4）线性化后的微分方程是以增量为基础的增量方程。

例 25.2-2　单级直线倒立摆控制系统建模。如图 25.2-13 所示为单级直线倒立摆控制系统，其控制目的是在尽量使倒立摆保持垂直的同时，也要使台车在水平方向保持某一基准位置。系统的输入为施加在台车水平方向上的控制力 u，而输出为台车的位置 y 和倒立摆的转角 ψ。

分析：如图 25.2-13 所示，倒立摆为一长度为 $2L$、质量为 m 的刚性棒（惯性矩为 I），台车质量为 M，其

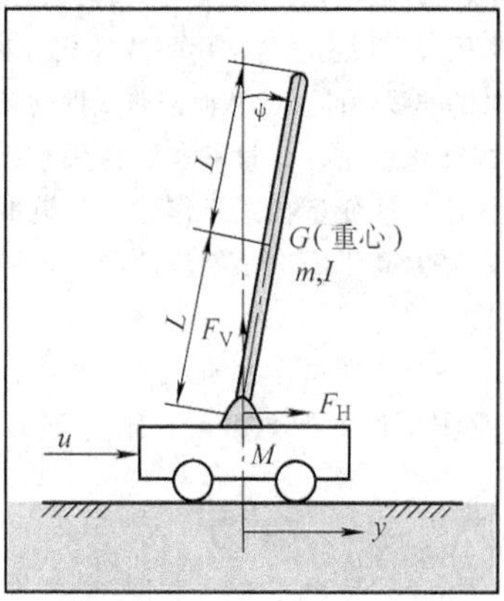

图 25.2-13 单级直线倒立摆控制系统

中央的支撑点与倒立摆之间的摩擦不计，台车与轨道之间的摩擦也不计，建立该系统的数学模型就是建立控制力 u 与倒立摆转动角度 ψ、台车位置 y 之间的关系。而图中倒立摆支点的力分为水平力 F_H 和垂直力 F_V，它们均为建立该系统数学模型过程的中间变量。

根据牛顿第二定律和力/力矩平衡原理可得如下方程：

$$\begin{cases} I\dfrac{d^2\psi}{dt^2} = F_V L\sin\psi - F_H L\cos\psi \\ F_H = m\dfrac{d^2}{dt^2}(y + L\sin\psi) \\ F_V - mg = m\dfrac{d^2}{dt^2}(L\cos\psi) \\ u - F_H = M\dfrac{d^2 y}{dt^2} \end{cases} \tag{25.2-68}$$

三角函数 $\sin\psi$ 和 $\cos\psi$ 是非线性函数，因此，方程（25.2-68）表达的单级直线倒立摆系统的数学模型是非线性的。

必须将系统的非线性模型线性化，才能应用线性控制理论。对于本系统，摆的转角 ψ 应当是较小的，如果较大，显然不可能实现控制目的。

当 $\psi<10°$ 时，$\sin\psi\approx\psi$，$\cos\psi\approx 1$，利用这一关系，非线性方程（25.2-68）就可简化为如下线性方程：

$$\begin{cases} I\ddot{\psi} = F_V L\psi - F_H L \\ F_H = m\ddot{y} + mL\ddot{\psi} \\ F_V - mg = 0 \\ u - F_H = M\ddot{y} \end{cases} \tag{25.2-69}$$

当摆的转角 $\psi<10°$ 时，单级直线倒立摆系统可以用此模型较精确地描述。将用微分方程表达的数学模型式（25.2-69）转换成状态空间表达式时，首先应消去中间变量 F_H 和 F_V，再将最高阶微分变量变成显式

$$\begin{cases} \ddot{\psi} = \dfrac{mL(m+M)g}{I(m+M)+mML^2}\psi - \dfrac{mL}{I(m+M)+mML^2}u \\ \ddot{y} = -\dfrac{m^2L^2g}{I(m+M)+mML^2}\psi + \dfrac{I+mL^2}{I(m+M)+mML^2}u \end{cases} \tag{25.2-70}$$

式（25.2-70）是二元联立二阶常微分方程，由此可知该单级直线倒立摆系统是四阶系统，因此状态变量也必须是 4 个。最合适的状态变量选择为

$$\boldsymbol{x} = \begin{pmatrix} x_1 \\ x_2 \\ x_3 \\ x_4 \end{pmatrix} = \begin{pmatrix} \psi \\ \dot{\psi} \\ y \\ \dot{y} \end{pmatrix} \tag{25.2-71}$$

显然，这 4 个状态变量为摆的角度和角速度以及台车的位置和速度。这样二阶微分方程组（25.2-70）可写成如下一阶微分方程组的形式：

$$\begin{cases} \dot{x}_1 = x_2 \\ \dot{x}_2 = \dfrac{mL(m+M)g}{I(m+M)+mML^2}x_1 - \dfrac{mL}{I(m+M)+mML^2}u \\ \dot{x}_3 = x_4 \\ \dot{x}_4 = -\dfrac{m^2L^2g}{I(m+M)+mML^2}x_1 + \dfrac{I+mL^2}{I(m+M)+mML^2}u \end{cases} \tag{25.2-72}$$

若将上式改写成向量和矩阵的形式，就成为线性系统的状态方程：

$$\dot{\boldsymbol{x}} = \begin{pmatrix} 0 & 1 & 0 & 0 \\ a & 0 & 0 & 0 \\ 0 & 0 & 0 & 1 \\ b & 0 & 0 & 0 \end{pmatrix}\boldsymbol{x} + \begin{pmatrix} 0 \\ c \\ 0 \\ d \end{pmatrix}u \tag{25.2-73}$$

式中，$\dot{\boldsymbol{x}}$ 是四维的状态向量，参数 a、b、c、d 为下列表达式确定的常数：

$$a = \frac{mL(m+M)g}{I(m+M)+mML^2} \qquad c = -\frac{mL}{I(m+M)+mML^2}$$
$$b = -\frac{m^2L^2g}{I(m+M)+mML^2} \qquad d = \frac{I+mL^2}{I(m+M)+mML^2} \tag{25.2-74}$$

下面分析系统的输出。选择倒立摆的倾斜角度 ψ 和台车的水平位置 y 作为单级直线倒立摆系统的输出最为合适，因为这些都是容易检测且与控制目标有直接关系的变量。ψ 和 y 对应状态变量的 x_1 和 x_3，所以系统的输出方程可写为

$$\boldsymbol{y} = \begin{pmatrix} \psi \\ y \end{pmatrix} = \begin{pmatrix} 1 & 0 & 0 & 0 \\ 0 & 0 & 1 & 0 \end{pmatrix}\begin{pmatrix} x_1 \\ x_2 \\ x_3 \\ x_4 \end{pmatrix} = \boldsymbol{Cx} \tag{25.2-75}$$

式（25.2-73）和式（25.2-75）合称为单级直线倒立摆系统的状态空间表达式。

第3章　控制系统分析方法

1　频率特性分析法

频率特性分析的重要性如下：

1）由于可以将周期信号分解为叠加的频谱离散的谐波信号，将非周期信号分解为叠加的频谱连续的谐波信号，所以，可以通过分析系统的频率特性，分析系统在各种输入信号作用下的响应特性。

2）对于无法用分析法求得传递函数或微分方程的系统，可以先通过实验求出系统的频率特性，进而求出该系统的传递函数。即使对于能用分析法求出传递函数的系统，也要通过实验求出频率特性来对传递函数加以检验和修正。

1.1　频率特性的基本概念

对一个传递函数为 $G(s)$ 的线性系统，若输入一正弦信号 $x_i(t)=X_i\sin\omega t$，其时间响应的稳态部分是同一频率的正弦信号 $x_0(t)=X_o(\omega)\sin[\omega t+\varphi(\omega)]=X_iA(\omega)\sin[\omega t+\varphi(\omega)]$，$A(\omega)$ 和 $\varphi(\omega)$ 都是频率 ω 的函数，分别为系统的幅频特性和相频特性。

幅频特性 $A(\omega)$ 和相频特性 $\varphi(\omega)$ 总称为系统的频率特性，记作 $A(\omega)\cdot\angle\varphi(\omega)$ 或 $A(\omega)\cdot e^{j\varphi(\omega)}$。也就是说，频率特性定义为 ω 的复变函数，其幅值为 $A(\omega)$，相位为 $\varphi(\omega)$。

1.2　频率特性的求法

1）将传递函数 $G(s)$ 中的 s 换为 $j\omega$（$s=j\omega$）求取。现输入一谐波信号

$$x_i(t)=X_ie^{j\omega t} \tag{25.3-1}$$

并假定系统是稳定的，则由微分方程解的理论可知，其稳态输出为

$$x_o(t)=X_oe^{j[\omega t+\varphi(\omega)]} \tag{25.3-2}$$

将 $G(s)$ 中 s 用 $j\omega$ 取代，故

$$G(j\omega)=\frac{X_o}{X_i}e^{j\varphi(\omega)} \tag{25.3-3}$$

式中，$G(j\omega)$ 是 ω 的复变函数，其幅值和相位分别为 X_o/X_i 和 $\varphi(\omega)$，是系统的幅频特性与相频特性，即

$$|G(j\omega)|=\frac{X_o}{X_i}=A(\omega) \tag{25.3-4}$$

$$\angle G(j\omega)=\varphi(\omega) \tag{25.3-5}$$

利用频率特性 $G(j\omega)$ 求出系统的频率响应，则有

$$x_o(t)=X_i|G(j\omega)|\sin[\omega t+\angle G(j\omega)] \tag{25.3-6}$$

2）用实验方法求取。根据频率特性定义，首先改变输入谐波信号 $X_ie^{j\omega t}$ 的频率 ω，并测出与此相应的输出幅值 X_o 与相位 $\varphi(\omega)$，然后做出幅值比 X_o/X_i 对频率 ω 的函数曲线，即幅频特性曲线，再做出相位 $\varphi(\omega)$ 对频率 ω 的函数曲线，即相频特性曲线。

3）利用关系式 $x_o(t)=L^{-1}[G(s)X_i(s)]$ 求取。

1.3　频率特性的图示法

1.3.1　极坐标图

极坐标图又称乃奎斯特图（Nyquist 图）。将频率特性画在复平面或极坐标平面上，则该图称为极坐标图。频率特性 $G(j\omega)$ 是一复变函数，当 ω 取某一定值 ω_1 时，它代表复平面上的一个复矢量，模长为 $|G(j\omega_1)|$，而幅角为 $\angle G(j\omega_1)$。当 ω 从 $0\to\infty$ 时，该矢量的末端形成一条曲线，这条曲线就称为频率特性的极坐标图。如图 25.3-1 所示为某一惯性环节频率特性的极坐标图，图中 ω 的箭头方向为 ω 从小到大的方向。

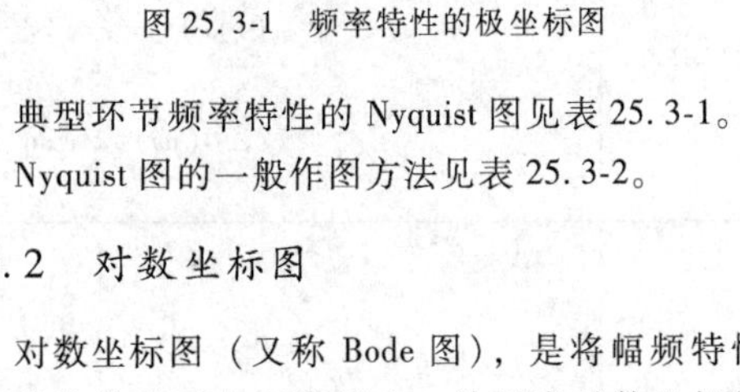

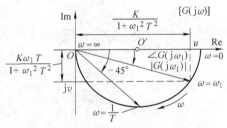

图 25.3-1　频率特性的极坐标图

典型环节频率特性的 Nyquist 图见表 25.3-1。Nyquist 图的一般作图方法见表 25.3-2。

1.3.2　对数坐标图

对数坐标图（又称 Bode 图），是将幅频特性和相频特性分别画在两张图上，并用半对数坐标纸绘制。频率坐标按对数分度，幅值和相位坐标则按线性分度。幅频特性图的纵坐标（线性分度）表示 $G(j\omega)$

表 25.3-1 典型环节频率特性的 Nyquist 图

典型环节	幅频特性	相频特性	Nyquist 图
比例环节	$\lvert G(j\omega)\rvert = K$	$\angle G(j\omega)=0°$	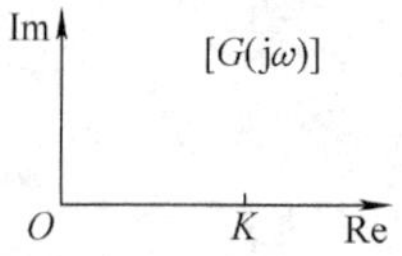
积分环节	$\lvert G(j\omega)\rvert = 1/\omega$	$\angle G(j\omega)=-90°$	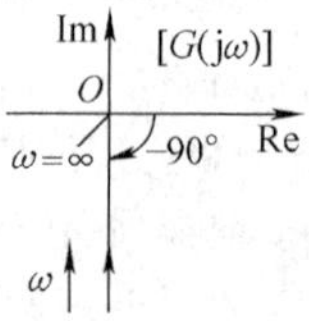
微分环节	$\lvert G(j\omega)\rvert = \omega$	$\angle G(j\omega)=90°$	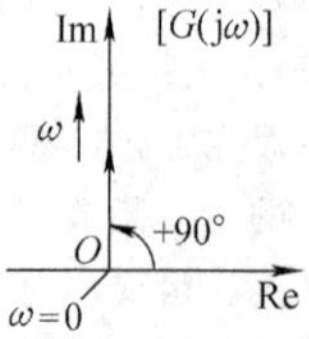
惯性环节	$\lvert G(j\omega)\rvert = \dfrac{K}{\sqrt{1+T^2\omega^2}}$	$\angle G(j\omega)=-\arctan T\omega$	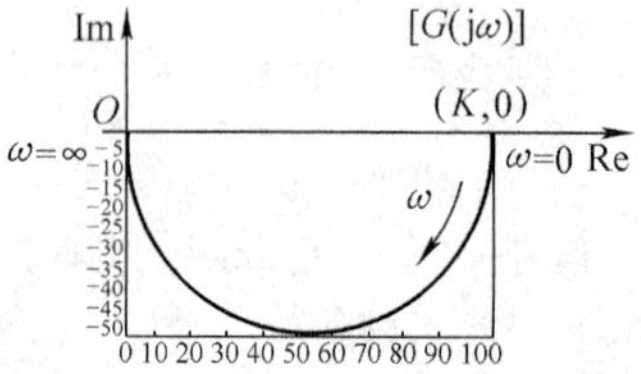
导前环节（一阶微分环节）	$\lvert G(j\omega)\rvert = \sqrt{1+T^2\omega^2}$	$\angle G(j\omega)=\arctan T\omega$	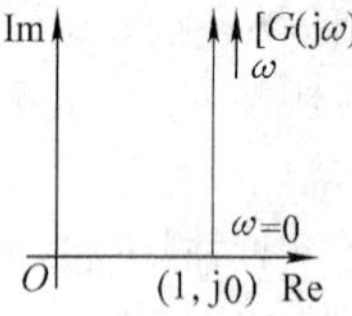
振荡环节	$\lvert G(j\omega)\rvert = \dfrac{1}{\sqrt{(1-\lambda^2)^2+4\xi^2\lambda^2}}$	$\angle G(j\omega)=-\arctan\dfrac{2\xi\lambda}{1-\lambda^2}$	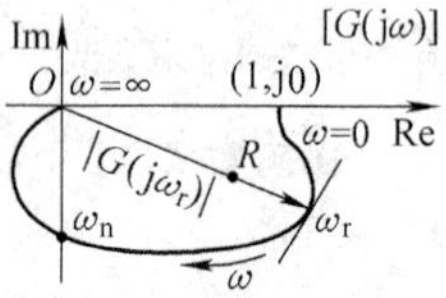
二阶微分环节	令 $\lambda=\dfrac{\omega}{\omega_n}$, $G(j\omega)=-\dfrac{\omega^2}{\omega_n^2}+2j\xi\dfrac{\omega}{\omega_n}+1$ $G(j\omega)=-\dfrac{\omega^2}{\omega_n^2}+2j\xi\dfrac{\omega}{\omega_n}+1$ $\angle G(j\omega)=\arctan\dfrac{2\zeta\lambda}{1-\lambda^2}$		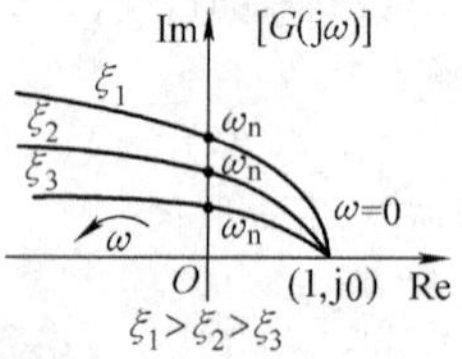
延时环节	$\lvert G(j\omega)\rvert = 1$	$\angle G(j\omega)=-\tau\omega$	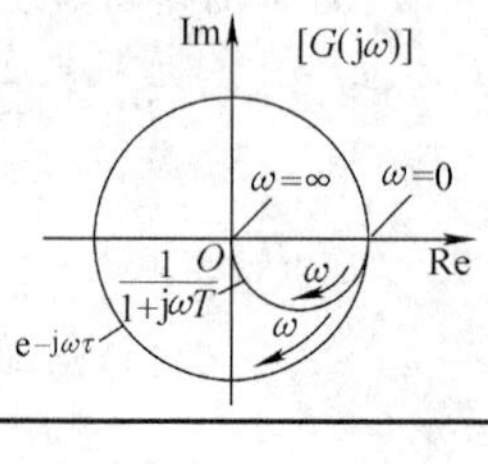

表 25.3-2　Nyquist 图的作图步骤

步骤序号	内　容
1	写出系统幅频特性 $\lvert G(\mathrm{j}\omega)\rvert$ 和相频特性 $\angle G(\mathrm{j}\omega)$ 的表达式
2	分别求出 $\omega=0$ 和 $\omega=+\infty$ 时的 $\lvert G(\mathrm{j}\omega)\rvert$ 和 $\angle G(\mathrm{j}\omega)$
3	求极坐标图与实轴的交点,交点可利用 $\mathrm{Im}[G(\mathrm{j}\omega)]=0$ 的关系式求出,也可利用关系式 $\angle G(\mathrm{j}\omega)=n\cdot180°$(其中 n 为整数)求出
4	求极坐标图与虚轴的交点,交点可利用 $\mathrm{Re}[G(\mathrm{j}\omega)]=0$ 的关系式求出,也可利用关系式 $\angle G(\mathrm{j}\omega)=n\cdot90°$(其中 n 为整数)求出
5	必要时画出极坐标图中间几点
6	勾画出大致曲线

的幅值，单位是分贝（dB）；横坐标（对数分度）表示 ω 值，单位是弧度/秒或秒$^{-1}$（rad/s 或 s^{-1}）。相频特性图的纵坐标（线性分度）表示 $G(\mathrm{j}\omega)$ 的相位，单位是度（°）；横坐标（对数分度）表示 ω 值，单位是弧度/秒或秒$^{-1}$（rad/s 或 s^{-1}）。这两张图分别叫作对数幅频特性图和对数相频特性图，合称为频率特性的对数坐标图。

为了方便，其横坐标虽然是对数分度，但习惯上其刻度值不标 $\lg\omega$ 值，而标真数 ω 值，对数幅频特性图纵坐标的单位是分贝（dB）。

注意，当 $\lvert G(\mathrm{j}\omega)\rvert=1$ 时，其分贝数为零，即 0dB 表示输出幅值等于输入幅值。

典型环节的 Bode 图见表 25.3-3。

Bode 图绘制的一般步骤见表 25.3-4。

表 25.3-3　典型环节的 Bode 图

典型环节	对数幅频特性、对数相频特性	Bode 图
比例环节	$\lvert G(\mathrm{j}\omega)\rvert=K$ $\angle G(\mathrm{j}\omega)=0°$ $20\lg\lvert G(\mathrm{j}\omega)\rvert=20\lg K$	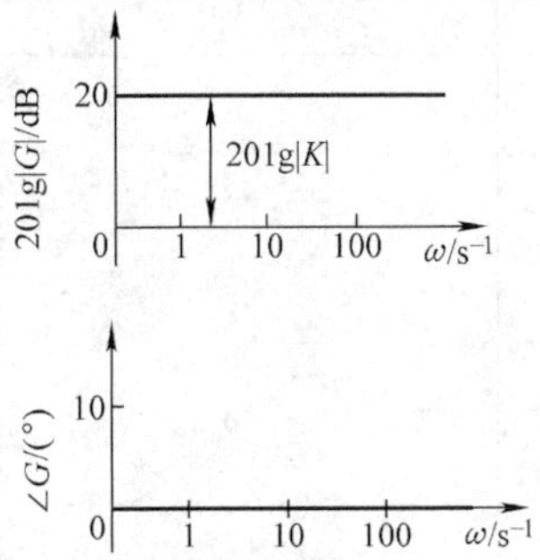
积分环节	$\lvert G(\mathrm{j}\omega)\rvert=1/\omega$ $\angle G(\mathrm{j}\omega)=-90°$ $20\lg\lvert G(\mathrm{j}\omega)\rvert=-20\lg\omega$	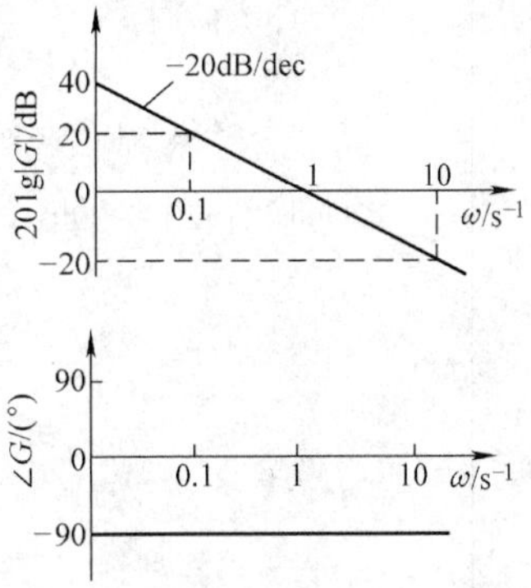
微分环节	$\lvert G(\mathrm{j}\omega)\rvert=\omega$ $\angle G(\mathrm{j}\omega)=90°$ $L(\omega)=20\lg\lvert G(\mathrm{j}\omega)\rvert=20\lg\omega$	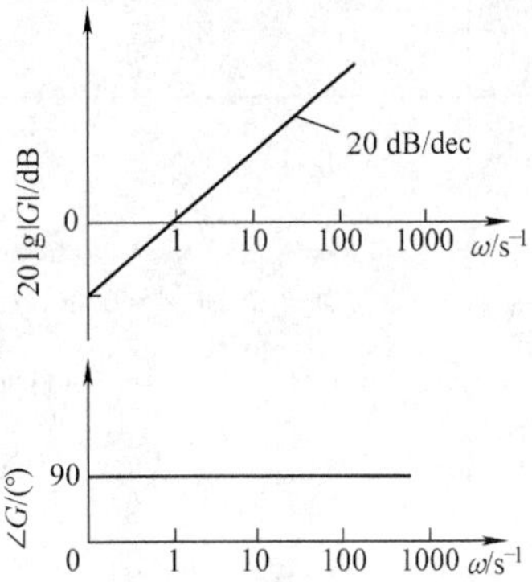

（续）

典型环节	对数幅频特性、对数相频特性	Bode 图
惯性环节	$\left\lvert G(j\omega)\right\rvert=\dfrac{\omega_T}{\sqrt{\omega_T^2+\omega^2}}$ $\angle G(j\omega)=-\arctan\dfrac{\omega}{\omega_T}$ $20\lg\left\lvert G(j\omega)\right\rvert=20\lg\omega_T-20\lg\sqrt{\omega_T^2+\omega^2}$	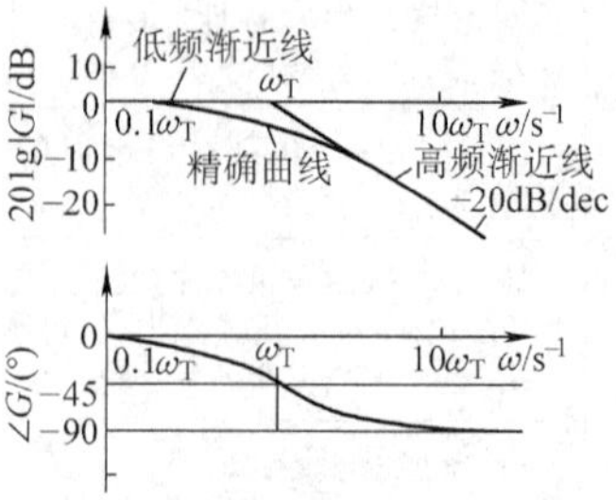
导前环节（一阶微分环节）	$\left\lvert G(j\omega)\right\rvert=\dfrac{\sqrt{\omega_T^2+\omega^2}}{\omega_T}$ $\angle G(j\omega)=\arctan\dfrac{\omega}{\omega_T}$ $20\lg\left\lvert G(j\omega)\right\rvert=20\lg\sqrt{\omega_T^2+\omega^2}-20\lg\omega_T$	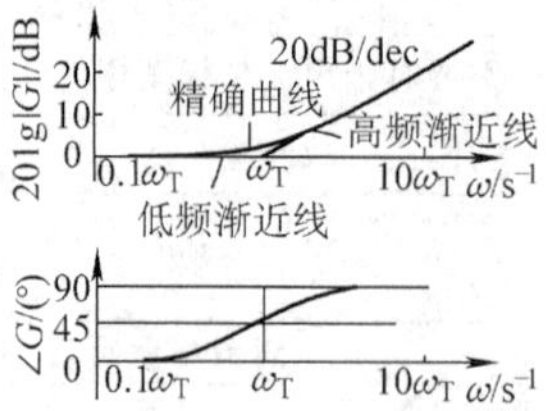
振荡环节	$\left\lvert G(j\omega)\right\rvert=\dfrac{1}{\sqrt{(1-\lambda^2)^2+4\xi^2\lambda^2}}$ $\angle G(j\omega)=-\arctan\dfrac{2\xi\lambda}{1-\lambda^2}$ $20\lg\left\lvert G(j\omega)\right\rvert=-20\lg\sqrt{(1-\lambda^2)^2+4\xi^2\lambda^2}$	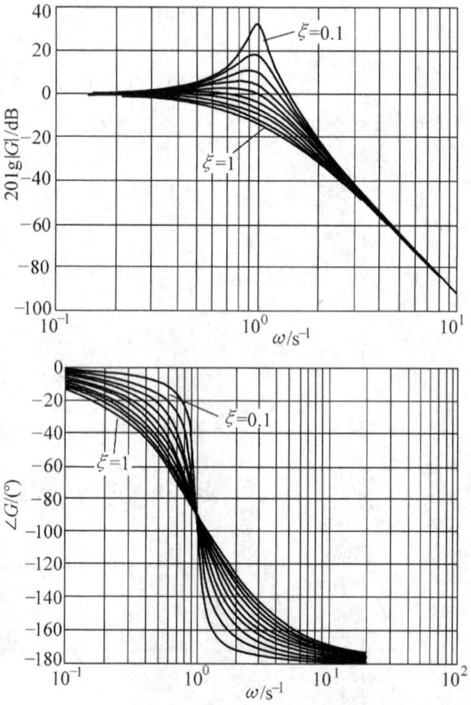
二阶微分环节	$20\lg\left\lvert G(j\omega)\right\rvert=20\lg\sqrt{(1-\lambda^2)^2+4\xi^2\lambda^2}$ $\angle G(j\omega)=\arctan\dfrac{2\xi\lambda}{1-\lambda^2}$	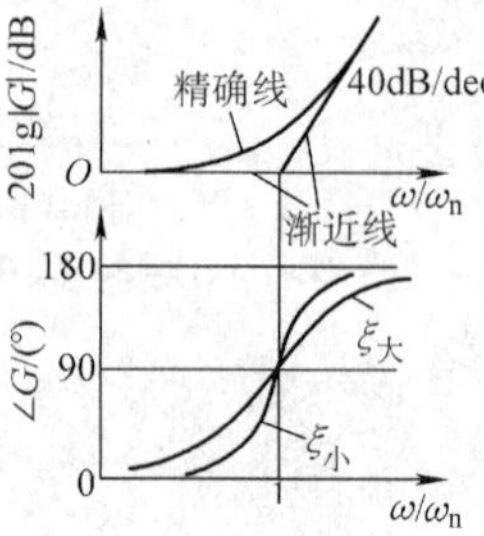

（续）

典型环节	对数幅频特性、对数相频特性	Bode 图
延时环节	$\lvert G(j\omega)\rvert = 1$ $\angle G(j\omega) = -\tau\omega$ $20\lg\lvert G(j\omega)\rvert = 0\text{dB}$	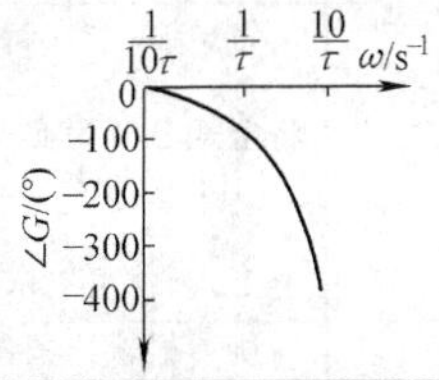

注：dec 为 10 倍频程。

表 25.3-4　Bode 图的绘制步骤

步骤序号	内　容
1	由传递函数求出频率特性 $G(j\omega)$
2	将 $G(j\omega)$ 转化为若干典型环节频率特性相乘的形式
3	找出各典型环节的转角频率
4	作出各环节对数幅频特性的渐近线
5	若要求出精确曲线，则需根据误差修正曲线对渐近线进行修正，得出各环节对数幅频特性的精确曲线
6	将环节对数幅频特性叠加（不包括系统总的增益 K）
7	将叠加后的曲线垂直移动 $20\lg K$，得到系统的对数幅频特性
8	做各环节的对数相频特性，然后叠加而得到系统总的对数相频特性
9	有延时环节时，对数幅频特性不变，对数相频特性应加上 $-\tau\omega$

使用对数坐标图的优点如下：

1）可以展宽频带，频率是以 10 倍频表示的，因此可以清楚地表示出低频、中频和高频段的幅频和相频特性。

2）可以将乘法运算转化为加法运算。

3）所有典型环节的频率特性都可以用分段直线（渐进线）近似表示。

2　根轨迹分析法

2.1　根轨迹定义

根轨迹是指闭环系统特征根随开环增益变化的轨迹。通过根轨迹可以分析系统性能随开环增益变化而变化的规律。

2.2　根轨迹的幅值条件和相角条件

根轨迹的幅值条件和相角条件分别为

$$\lvert H(s)G(s)\rvert = 1 \tag{25.3-7}$$

$$\angle H(s)G(s) = \pm 180° \times (2K+1) \quad (K = 0, 1, 2, \cdots) \tag{25.3-8}$$

在 s 平面上，凡是同时满足这两个条件的点就是系统的特征根，就必定在根轨迹上，所以这两个条件是绘制根轨迹的重要依据。

2.3　绘制根轨迹的基本规则

绘制根轨迹的基本规则见表 25.3-5。

表 25.3-5　绘制根轨迹的基本规则

规则	规 则 内 涵
根轨迹的条数	n 阶系统的特征方程为 n 次方程，有 n 个根。这 n 个根在复平面内连续变化，形成 n 条根轨迹，所以根轨迹的条数等于系统阶数
根轨迹的对称性	系统特征根不是实数就是成对的共轭复数，而共轭复数对称于实轴，所以由特征根形成的根轨迹必定对称于实轴
根轨迹的起点和终点	系统的 n 条根轨迹始于系统的 n 个开环极点。系统有 m 条根轨迹的终点，为系统的 m 个开环零点
实轴上的根轨迹	在实轴的某一段上存在根轨迹的条件为：在这一线段右侧的开环极点与开环零点的个数之和为奇数
根轨迹的渐近线	如果开环零点个数 m 小于开环极点个数 n，则系统根轨迹增益 $K_g \to \infty$ 时，共有 $n-m$ 条根轨迹趋向无穷远处，它们的方位可由渐近线决定 1）根轨迹中 $n-m$ 条趋向无穷远处的分支渐近线倾角为 $\varphi = \pm\dfrac{180°(2k+1)}{n-m} \quad k = 0, 1, 2, \cdots, n-m-1$ 2）根轨迹中 $n-m$ 条趋向无穷远处的分支渐近线与实轴的交点坐标为（σ_a，j0）。其中 若 $H(s)G(s) = K\dfrac{\prod\limits_{i=1}^{n}(s-z_i)}{\prod\limits_{i=1}^{n}(s-p_i)}$ $\sigma_a = \dfrac{\sum\limits_{i=1}^{n}p_i - \sum\limits_{j=1}^{m}z_j}{n-m}$

（续）

规则	规 则 内 涵
确定根轨迹与虚轴的交点	将 $s=j\omega$ 带入特征方程,则有 $$1+G(j\omega)H(j\omega)=0$$ 将上式分解为实部和虚部两个方程,即 $$\begin{cases}\mathrm{Re}[1+G(j\omega)H(j\omega)]=0\\ \mathrm{Im}[1+G(j\omega)H(j\omega)]=0\end{cases}$$ 解上式,就可以求得根轨迹与虚轴的交点坐标 ω,以及此交点相对应的 K_g
根轨迹的出射角和入射角	所谓根轨迹的出射角(或入射角),指的是根轨迹离开开环复数极点处(或进入开环复数零点处)的切线方向与实轴正方向的夹角 出射角为 $$\theta_{p_r}=\pm180°(2k+1)-\sum_{j=1,j\neq r}^{n}\arg(p_r-p_j)+\sum_{i=1}^{m}\arg(p_r-z_i)$$ 入射角为 $$\theta_{z_r}=\pm180°(2k+1)+\sum_{j=1}^{n}\arg(z_r-p_j)-\sum_{i=1,i\neq r}^{m}\arg(z_r-z_i)$$ 其中,arg(·)表示复数的相角(幅角)
根轨迹上的分离点坐标	根轨迹上的分离点:当有两条或两条以上的根轨迹分支在 s 平面上相遇又立即分开的点称为分离点。可见,分离点就是特征方程出现重根的点。分离点的坐标 d 可用下列方程之一解得 $$\frac{d}{ds}[G(s)H(s)]=0,\frac{dK}{ds}=0$$ 其中 $$K=-\frac{\prod_{j=1}^{n}(s-p_j)}{\prod_{i=1}^{m}(s-z_i)}$$ $$\sum_{j=1}^{m}\frac{1}{d-z_j}=\sum_{i=1}^{n}\frac{1}{d-p_i}$$ 根据根轨迹的对称性法则,根轨迹的分离点一定在实轴上或以共轭形式成对出现在复平面上

2.4 在开环传递函数中增加极点、零点的影响

一般来说，控制系统的控制器设计问题可以看成是研究在开环传递函数中增加极点和零点对根轨迹产生何种影响的问题。

(1) 在开环传递函数中加入极点

在开环传递函数中加入极点将使根轨迹向 s 平面的右半平面移动。

例 25.3-1 考虑函数

$$G(s)H(s)=\frac{K}{s(s+a)}\quad(a>0)\tag{25.3-9}$$

图 25.3-2a 所示为画出了 $1+G(s)H(s)=0$ 的根轨迹，现在若引入一个新极点 $s=-b$，其中 $b>a$，这时，传递函数变成

$$G(s)H(s)=\frac{K}{s(s+a)(s+b)}\tag{25.3-10}$$

式（25.3-10）的根轨迹如图 25.3-2b 所示，图示表明极点 $s=-b$，使得根轨迹的复数部分向 s 平面的右半平面弯曲。渐近线与虚轴的夹角从±90°变化到±60°，渐近线与实轴的交点从 $-a/2$ 移动到 $-(a+b)/2$，图中 $b\to\infty$ 表示忽略 $-b$ 极点时的根轨迹。当 K 超出稳定的临界值时，具有图 25.3-2b 所示的根轨迹的系统将不稳定，而具有图 25.3-2a 所示的根轨迹的系统对于所有 $K>0$ 的系统始终是稳定的。如图 25.3-2c 所示，如果在 $G(s)H(s)$ 中继续加入一个极点 $s=-c$，其中 $c>b$，则此时系统变为四阶系统，两个复数根轨迹会向右弯曲得更厉害。这两个复数根轨迹的渐近线交角为±45°，这时，四阶系统的稳定条件比前面的三阶系统要更敏感。如图 25.3-2d 所示，在传递函数式（25.3-9）中加入一对共轭复极点也会产生类似的影响。因此，可以得到这样一个结论：在开环传递函数 $G(s)H(s)$ 中，加入极点将使根轨迹的主要部分向 s 平面的右半部分移动。

(2) 在开环传递函数中加入零点

在 $G(s)H(s)$ 中加入零点通常会使根轨迹向 s 平面的左半平面移动和弯曲。

例 25.3-2 图 25.3-3a 所示为在式（25.3-9）中 $G(s)H(s)$ 加入一个零点 $s=-b(b>a)$ 时的根轨迹。原系统根轨迹的共轭复根部分向左弯曲形成一个圆环，因此，在系统中增加零点会改进系统的相对稳定性。图 25.3-3b 所示为在式（25.3-9）中加入一对共轭复根零点，也会得到类似的结论。图 25.3-3c 所示为在式（25.3-10）中增加一个零点 $s=-c$ 时的根轨迹。

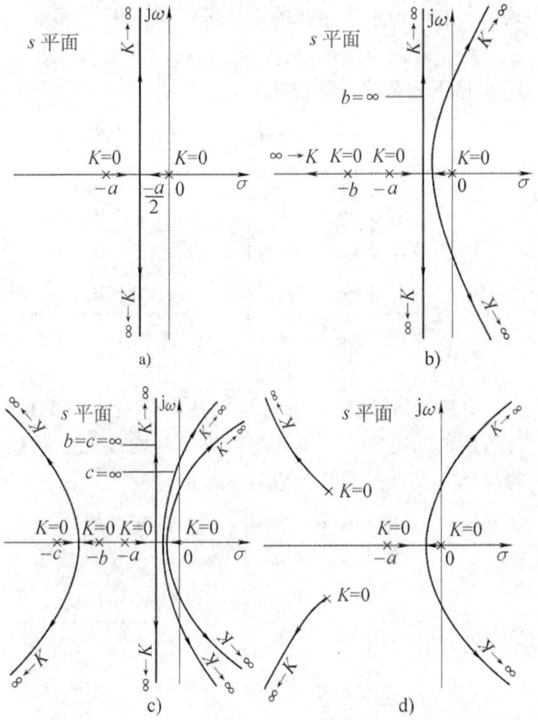

图 25.3-2　$G(s)H(s)$ 中增加极点的根轨迹图

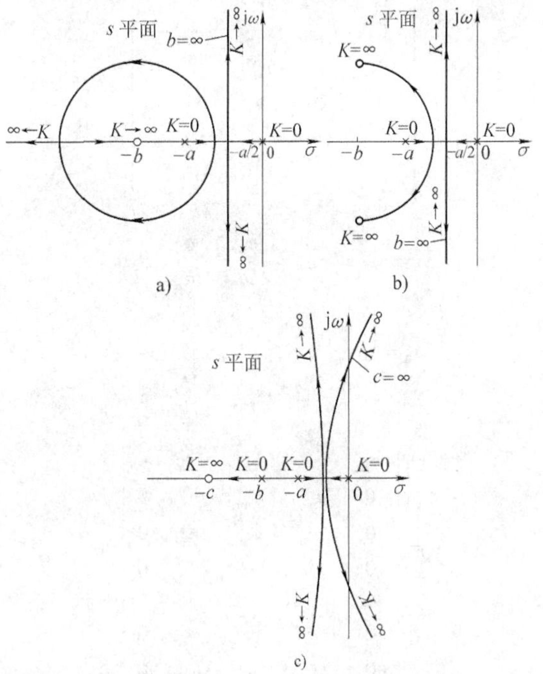

图 25.3-3　$G(s)H(s)$ 中增加零点的根轨迹图

3　系统稳定性

3.1　系统稳定性的基本概念

控制系统在实际工作过程中，不可避免地会受到各种类型的扰动，因此，不稳定的控制系统显然无法正常工作。稳定性是系统去掉扰动后本身自由运动的性质，是系统的一种固有特性。

（1）系统稳定性的定义

设线性系统在零初始条件下输入一个理想脉冲函数 $\delta(t)$，相当于系统在零位置平衡状态时受到一个脉冲扰动。系统输出为单位脉冲响应函数 $x_o(t)$。如果 $x_o(t)$ 随着时间的推移趋于零，即 $\lim\limits_{t\to\infty} x_o(t)=0$，则系统稳定；若 $\lim\limits_{t\to\infty} x_o(t)=\infty$，则系统不稳定。

（2）系统稳定的充分必要条件

不论系统的特征根是否相同，若系统所有特征根 s_i 的实部均为负值，这样的系统就是稳定的。也就是说，若系统传递函数 $G(s)$ 的全部极点均位于［s］平面的左半平面，则系统稳定；若有部分闭环极点位于虚轴上，而其余极点全部位于［s］平面的左半部时，便会出现临界稳定状态。系统处于临界稳定状态时，从数学角度看，系统处于等幅振荡状态；从系统设计角度看，这样的系统是不可取的，因为这样的系统实际上是无法正常工作的，并且也很容易转化成不稳定系统。

为了判断系统的稳定性，除了直接求出系统特征根外，还有许多其他判断系统稳定性的方法，用这些方法不必解出特征根就能确定系统的稳定性。

3.2　线性系统的代数稳定性判据

3.2.1　赫尔维茨判据

设线性系统的特征方程为

$$D(s)=a_n s^n+a_{n-1}s^{n-1}+\cdots+a_1 s+a_0=0,\ (a_n>0) \tag{25.3-11}$$

系统稳定的充分必要条件是：

1）系统特征方程（25.3-11）的各项系数全部为正值，即 $a_i>0$（$i=0, 1, 2, \cdots, n$）。

2）由系统特征方程各项系数所构成的赫尔维茨行列式（25.3-12）的各阶主子式行列式（25.3-13）的值全部为正。

$$\begin{pmatrix} a_{n-1} & a_{n-3} & a_{n-5} & \cdots & 0 \\ a_n & a_{n-2} & a_{n-4} & \cdots & 0 \\ 0 & a_{n-1} & a_{n-3} & \cdots & 0 \\ 0 & a_n & a_{n-2} & \cdots & 0 \\ 0 & 0 & \cdots & 0 & 0 \\ \vdots & \vdots & & \vdots & \vdots \\ 0 & \cdots & \cdots & a_1 & 0 \\ 0 & \cdots & \cdots & a_2 & a_0 \end{pmatrix} \quad (25.3\text{-}12)$$

$$\Delta_1 = a_{n-1} > 0, \Delta_2 = \begin{vmatrix} a_{n-1} & a_{n-3} \\ a_n & a_{n-2} \end{vmatrix} > 0,$$

$$\Delta_3 = \begin{vmatrix} a_{n-1} & a_{n-3} & a_{n-5} \\ a_n & a_{n-2} & a_{n-4} \\ 0 & a_{n-1} & a_{n-3} \end{vmatrix} > 0, \cdots,$$

$$\Delta_n = \begin{vmatrix} a_{n-1} & a_{n-3} & a_{n-5} & \cdots & 0 \\ a_n & a_{n-2} & a_{n-4} & \cdots & 0 \\ 0 & a_{n-1} & a_{n-3} & \cdots & 0 \\ 0 & a_n & a_{n-2} & \cdots & 0 \\ 0 & 0 & \cdots & 0 & 0 \\ \vdots & \vdots & & \vdots & \vdots \\ 0 & \cdots & \cdots & a_1 & 0 \\ 0 & \cdots & \cdots & a_2 & a_0 \end{vmatrix} > 0 \quad (25.3\text{-}13)$$

已经证明，如果满足 $a_i>0$ 条件，且所有奇次顺序赫尔维茨行列式的主子式为正，则所有偶次顺序赫尔维茨行列式的主子式必为正；反之亦然。

3.2.2　劳斯判据

将线性定常单输入、单输出系统的特征方程写成如下形式：

$$D(s) = a_n s^n + a_{n-1} s^{n-1} + \cdots + a_1 s + a_0 = 0 \quad (25.3\text{-}14)$$

式中，所有的系数均为实数。这个方程的根没有正实部的必要（但并非充分）条件为：

1）方程各项系数的符号一致。

2）方程各项系数非零。

要判断特征根是否全部具有负实部的充要条件，首先列出下面的劳斯表：

$$\begin{array}{c|ccccc} s^n & a_n & a_{n-2} & a_{n-4} & a_{n-6} & \cdots \\ s^{n-1} & a_{n-1} & a_{n-3} & a_{n-5} & a_{n-7} & \cdots \\ s^{n-2} & b_1 & b_2 & b_3 & b_4 & \cdots \\ s^{n-3} & c_1 & c_2 & c_3 & c_4 & \cdots \\ \vdots & \vdots & \vdots & \vdots & \vdots & \\ s^2 & e_1 & e_2 & & & \\ s^1 & f_1 & & & & \\ s^0 & g_1 & & & & \end{array}$$

式中，前两列中不存在的系数可以填“0”，元素 b_1，b_2，b_3，b_4，…，c_1，c_2，c_3，c_4，…，e_1，e_2，f_1，g_1 根据下列公式计算得出：

$$b_1 = -\frac{1}{a_{n-1}} \begin{vmatrix} a_n & a_{n-2} \\ a_{n-1} & a_{n-3} \end{vmatrix} = -\frac{a_n a_{n-3} - a_{n-1} a_{n-2}}{a_{n-1}}$$

$$b_2 = -\frac{1}{a_{n-1}} \begin{vmatrix} a_n & a_{n-4} \\ a_{n-1} & a_{n-5} \end{vmatrix} = -\frac{a_n a_{n-5} - a_{n-1} a_{n-4}}{a_{n-1}}$$

$$b_3 = -\frac{1}{a_{n-1}} \begin{vmatrix} a_n & a_{n-6} \\ a_{n-1} & a_{n-7} \end{vmatrix} = -\frac{a_n a_{n-7} - a_{n-1} a_{n-6}}{a_{n-1}}$$

$$\vdots$$

计算 b_i 时所用二阶行列式是由劳斯表右侧前两行组成的二行阵的第 1 列与第 $i+1$ 列构成的。系数 b 的计算一直进行到其余值为零时止。

$$c_1 = -\frac{1}{b_1} \begin{vmatrix} a_{n-1} & a_{n-3} \\ b_1 & b_2 \end{vmatrix} = -\frac{a_{n-1} b_2 - b_1 a_{n-3}}{b_1}$$

$$c_2 = -\frac{1}{b_1} \begin{vmatrix} a_{n-1} & a_{n-5} \\ b_1 & b_3 \end{vmatrix} = -\frac{a_{n-1} b_3 - b_1 a_{n-5}}{b_1}$$

$$c_3 = -\frac{1}{b_1} \begin{vmatrix} a_{n-1} & a_{n-7} \\ b_1 & b_4 \end{vmatrix} = -\frac{a_{n-1} b_4 - b_1 a_{n-7}}{b_1}$$

$$\vdots$$

显然，计算 c_i 时所用的二阶行列式是由劳斯表右侧第二、三行组成的二行阵的第 1 列与第 $i+1$ 列构成的。同样，系数 c 的计算一直进行到其余值为零时止。d_i、e_i 等系数的求法依此类推。在计算出劳斯表之后，判据的最后一步就是根据表第一列各项系数的正负符号来判断系统是否稳定。

如果劳斯表第一列各项元素的正负符号一致，则方程的根均在复平面的左半平面。第一列元素符号的改变次数等于方程在复平面右半平面的根个数。

在应用劳斯判据进行稳定性判断时，有时会遇到一些特殊情况，而无法得到完整的劳斯表格，一般有以下两种情况：

1）劳斯表任意一行的第一项元素为零，其他项元素均为非零。

2）劳斯表某一行元素全为零。

在第一种情况下，某一行第一项元素为零，则后续行的各项元素为无穷，这样就无法继续计算劳斯表。为了克服这一困难，将等于零的那一项元素替换为任意小的正数 ε，即可继续计算劳斯表后续行元素了。

第二种特殊情况是在劳斯表正常结束前某一行元素全部为零，这往往意味着存在下列一种或多种情形：

1）方程至少有一对实根，数值相同但符号相反。

2）方程至少有一对或多对虚根。

3）方程有成对关于复平面原点对称的复共轭根，如 $s=-1\pm j$，$s=1\pm j$。

可以用辅助方程的方法来解决整行零元素的情形，辅助方程可以用劳斯表中整行零元素的上一行各项元素系数来得到。辅助方程的根也是原方程的根。因此，求解辅助方程的根可以得到原方程的部分根。当劳斯表中出现整行零元素时，可以采用下面步骤：

第一步，用零元素行的上一行元素写出辅助方程 $A(s)=0$。

第二步，计算辅助方程对 s 的导数，即 $\mathrm{d}A(s)/\mathrm{d}s=0$。

第三步，用 $\mathrm{d}A(s)/\mathrm{d}s=0$ 各项系数替换零元素行。

第四步，用替换零元素行得到的元素行继续计算劳斯表。

第五步，根据劳斯表中第一列各元素的符号改变情况判断系统的稳定性。

需要指出的是，赫尔维茨判据的局限性是只适用于判断特征方程的根是位于复平面的左半平面还是右半平面，而劳斯判据可以解决处于临界稳定的情况。

3.2.3　谢绪恺判据

若系统特征方程为

$$a_0x^n+a_1x^{n-1}+\cdots+a_n=0 \quad (25.3\text{-}15)$$

系统稳定的必要条件为

$$a_ia_{i+1}>a_{i-1}a_{i+2} \quad (i=1,2,\cdots,n-2) \quad (25.3\text{-}16)$$

系统稳定的充分条件为

$$\frac{1}{3}a_ia_{i+1}>a_{i-1}a_{i+2} \quad (i=1,2,\cdots,n-2) \quad (25.3\text{-}17)$$

后来，聂义勇推广了这个必要条件，提出了另一个充分条件，并定义了“判定系数”：

$$a_j=a_{i-1}a_{i+2}/a_ia_{i+1} \quad (i=1,2,\cdots,n-2) \quad (25.3\text{-}18)$$

1973 年，聂义勇证明了 $a_j\leqslant 0.4655$，即系统稳定的充分条件为

$$0.4655a_ia_{i+1}\geqslant a_{i-1}a_{i+2} \quad (i=1,2,\cdots,n-2,n\geqslant 5) \quad (25.3\text{-}19)$$

放宽了充分条件，因而进一步提高了它的实用价值。此判据被称为“谢绪恺判据”。

式（25.3-19）表明，系统稳定的充分条件是：多项式特征方程的任意相邻两项系数乘积的 0.4655 倍大于或等于此两项前后系数的乘积。

上面判据的优点是形式简单，便于记忆。事实上，只要满足上式，就能立即肯定系统是稳定的，但它仅是必要条件，聂义勇证明了当 $1>a_j>0.5$ 时就能构造出非稳定多项式。可见，当 $0.5>a_j>0.4655$ 时也可能是稳定的。

3.3　李亚普诺夫稳定性判据

采用系统状态二次型函数作为李亚普诺夫函数来判断系统稳定性，这种方法不仅简单，还可作为解参数优化及系统设计问题的基础。

设线性定常系统为

$$\dot{\boldsymbol{x}}=\boldsymbol{A}\boldsymbol{x} \quad (25.3\text{-}20)$$

如果采用二次型函数作为李亚普诺夫函数，即

$$V(\boldsymbol{x})=\boldsymbol{x}^{\mathrm{T}}\boldsymbol{P}\boldsymbol{x} \quad (25.3\text{-}21)$$

式中，$\boldsymbol{P}$ 是正定实对称矩阵，对上式求导得

$$\dot{V}(\boldsymbol{x})=\dot{\boldsymbol{x}}^{\mathrm{T}}\boldsymbol{P}\boldsymbol{x}+\boldsymbol{x}^{\mathrm{T}}\boldsymbol{P}\dot{\boldsymbol{x}} \quad (25.3\text{-}22)$$

将式（25.3-20）代入式（25.3-22）得

$$\dot{V}(\boldsymbol{x})=\boldsymbol{x}^{\mathrm{T}}\boldsymbol{A}^{\mathrm{T}}\boldsymbol{P}\boldsymbol{x}+\boldsymbol{x}^{\mathrm{T}}\boldsymbol{P}\boldsymbol{A}\boldsymbol{x}=\boldsymbol{x}^{\mathrm{T}}(\boldsymbol{P}\boldsymbol{A}+\boldsymbol{A}^{\mathrm{T}}\boldsymbol{P})\boldsymbol{x} \quad (25.3\text{-}23)$$

显然，通过 $\dot{V}(\boldsymbol{x})$ 引入了系统矩阵 $\boldsymbol{A}$，即进入了特定的系统，令

$$-\boldsymbol{Q}=\boldsymbol{P}\boldsymbol{A}+\boldsymbol{A}^{\mathrm{T}}\boldsymbol{P} \quad (25.3\text{-}24)$$

将式（25.3-24）代入式（25.3-23）得

$$\dot{V}(\boldsymbol{x})=-\boldsymbol{x}^{\mathrm{T}}\boldsymbol{Q}\boldsymbol{x} \quad (25.3\text{-}25)$$

从式（25.3-25）可见，要判断 $\dot{V}(\boldsymbol{x})$ 是否负定，只要判断 $\boldsymbol{Q}$ 是否正定即可。

由上可知，在判断线性定常系统的稳定性时，可选定一个实对称矩阵 $\boldsymbol{P}$，按式（25.3-24）计算 $\boldsymbol{Q}$，如果 $\boldsymbol{Q}$ 是正定的，则可以由式（25.3-21）表示的李亚普诺夫函数证明系统是稳定的。

在实际应用此法时常常先选一正定矩阵 $\boldsymbol{Q}$，如取 $\boldsymbol{Q}=\boldsymbol{I}$，然后按式（25.3-24）计算 $\boldsymbol{P}$，再用 Sylvester 法检验 $\boldsymbol{P}$ 是否正定。如果 $\boldsymbol{P}$ 是正定的，则系统是渐近稳定的。如果 $\dot{V}(\boldsymbol{x})=-\boldsymbol{x}^{\mathrm{T}}\boldsymbol{Q}\boldsymbol{x}$ 沿任意一条轨迹不恒等于零，那么 $\boldsymbol{Q}$ 可取半正定的。

3.4　乃奎斯特稳定性判据

3.4.1　乃奎斯特判据

（1）用系统闭环传递函数表示的乃奎斯特（Nyquist）判据

当已知系统有 Z 个零点时，系统传递函数可以表示为

$$G_{\mathrm{b}}(s)=\frac{(s-z_1)(s-z_2)\cdots(s-z_Z)}{a_ns^n+a_{n-1}s^{n-1}+\cdots+a_1s+a_0} \quad (25.3\text{-}26)$$

绘制出乃奎斯特路径 L_s，由 $G_b(s)$ 映像的曲线绕原点按顺时针转的周数 N 来判断系统的稳定性，当 $N=Z$ 时，系统是稳定的；当 $N<Z$ 时，系统是不稳定的（注意：不可能出现 $N>Z$ 的情况）。

（2）用闭环系统的开环传递函数表示的乃奎斯特判据

当开环传递函数 $G_k(s)=G(s)H(s)$ 在复平面 [s] 的右半平面内没有极点时，闭环系统稳定性的充要条件为：$G(s)H(s)$ 平面上的映射围线 L_{GH} 不包围（-1，j0）点。如果 $G_k(s)=G(s)H(s)$ 在复平面 [s] 的右半平面有极点，则闭环控制系统稳定的充要条件为：$G(s)H(s)$ 平面上的映射围线 L_{GH} 沿逆时针方向包围（-1，j0）点的周数等于 $G(s)H(s)$ 在复平面 [s] 的右半平面内极点的个数，即由 $N=-P$，得 $Z=0$。

在 $L(s)$ 平面上的乃奎斯特稳定判据为：如果系统开环传递函数 $G_k(s)$ 在复平面 [s] 的右半平面有 P 个极点，当 ω 由 $-\infty$ 到 $+\infty$ 时，$G(s)H(s)$ 平面上的映射围线 L_{GH} 绕点（-1，j0）逆时针转 P 圈，则闭环系统是稳定的。

关于乃奎斯特判据的两点说明如下：

1）乃奎斯特判据的证明虽较复杂，但应用简单。由于一般系统的开环传递函数多为最小相位传递函数（$P=0$），故只要看开环乃奎斯特轨迹是否包围（-1，j0）点，若不包围，系统就稳定。当开环传递函数为非最小相位传递函数（$P\neq 0$）时，先求出 P，再看开环乃奎斯特轨迹包围点（-1，j0）的圈数，若是逆时针包围点（-1，j0）转 P 圈，则系统稳定。

2）在 $P=0$ 时，即 $G_k(s)$ 在复平面 [s] 的右半平面无极点时，则为开环稳定；在 $P\neq 0$ 时，即开环传递函数在复平面 [s] 的右半平面有极点时，则为开环不稳定。开环不稳定，闭环仍可能稳定；开环稳定，闭环也可能不稳定。开环不稳定而其闭环却能稳定的系统，在实用上有时是不太可靠的。

3.4.2　乃奎斯特判据的应用

（1）含有积分环节时的稳定性分析

当系统中串联有积分环节时，开环传递函数 $G_k(s)$ 有位于复平面 [s] 坐标原点处的极点。如前所述，应用乃奎斯特判据时，由于 $G_k(s)$ 平面上的乃奎斯特轨迹 L_s 不能经过 $G_k(s)$ 的极点，故应以半径为无穷小的圆弧（$r\to 0$）逆时针绕过开环极点所在的原点，如图 25.3-4 所示。这时开环传递函数在复平面 [s] 右半平面上的极点数已不再包含原点处的极点。

设开环传递函数为

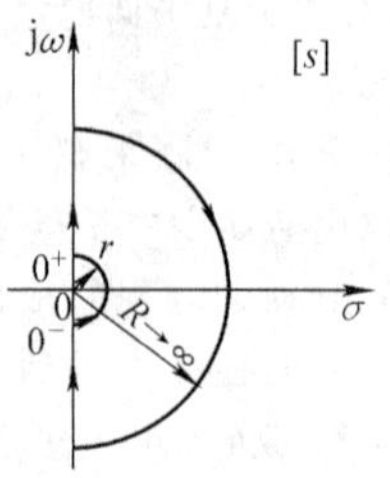

图 25.3-4　不包围原点的乃奎斯特路径

$$G_k(s)=\frac{K\prod_{j=1}^{m}(T_js+1)}{s^{\lambda}\prod_{i=1}^{m}(T_is+1)} \tag{25.3-27}$$

式中，λ 为系统中串联积分环节的个数。当 s 沿无穷小半圆逆时针方向移动时，有

$$s=\lim_{r\to 0} re^{j\theta} \tag{25.3-28}$$

映射到 [$G_k(s)$] 平面上的乃奎斯特轨迹为

$$G_k(s)\Big|_{s=\lim\limits_{r\to 0} re^{j\theta}}=\left.\frac{K\prod_{j=1}^{m}(T_js+1)}{s^{\lambda}\prod_{i=1}^{m}(T_is+1)}\right|_{s=\lim\limits_{r\to 0} re^{j\theta}}=\lim_{r\to 0}\frac{K}{r^{\lambda}}e^{j\lambda\theta} \tag{25.3-29}$$

因此，当 s 沿小半圆从 $\omega=0^-$ 变化到 $\omega=0^+$ 时，θ 角从 $-\pi/2$ 经 0 变化到 $\pi/2$。这时 [$G_k(s)$] 平面上的乃奎斯特轨迹将沿无穷大半径按顺时针方向从 $\lambda\pi/2$ 转到 $-\lambda\pi/2$。

（2）具有延时环节的稳定性分析

在机械工程的许多系统中存在着延时环节。延时环节的存在将给系统的稳定性带来不利的影响。通常延时环节串联在闭环系统的前向通道中。

图 25.3-5 所示为一具有延时环节的系统框图，其中 $G_1(s)$ 是除延时环节以外的开环传递函数。系统的开环传递函数为

$$G_k(s)=G_1(s)e^{-\tau s} \tag{25.3-30}$$

其开环频率特性、幅频特性和相频特性分别为

$$G_k(j\omega)=G_1(j\omega)e^{-j\tau\omega} \tag{25.3-31}$$

$$|G_k(j\omega)|=|G_1(j\omega)| \tag{25.3-32}$$

$$\angle G_k(j\omega)=\angle G_1(j\omega)-\tau\omega \tag{25.3-33}$$

由此可见，延时环节不改变原系统的幅频特性，而仅仅使相频特性发生变化。

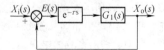

图 25.3-5　含有延时环节的闭环系统

3.5　根据 Bode 图判断系统的稳定性

对数频率特性稳定性判据实质上是乃奎斯特稳定性判据的另一种形式，即利用系统开环 Bode 图来判别闭环系统的稳定性。

如果系统开环是稳定的（即 $P=0$，通常是最小相位系统），则在 $L(\omega)\geqslant 0$ 的所有频率值 ω 下，相角 $\varphi(\omega)$ 不超过 $-\pi$ 线或正负穿越之差为零，那么闭环系统是稳定的。如果系统在开环状态下的特征方程式有 P 个根在复平面的右侧（即为非最小相位系统），它在闭环状态下稳定的充要条件是：在所有 $L(\omega)\geqslant 0$ 的频率范围内，相频特性曲线 $\varphi(\omega)$ 在 $-\pi$ 线上的正负穿越之差为 $P/2$。

3.6　系统的相对稳定性

由于最小相位系统开环传递函数在复平面［s］的右半平面无极点，如果闭环系统是稳定的，则其开环传递函数的相轨迹不包围［$L(s)$］平面上的点（−1，j0），并且相轨迹离点（−1，j0）越远，系统的稳定性越高，或者说系统的稳定裕度越大。通常，用相位稳定裕度和幅值稳定裕度描述相轨迹离点（−1，j0）的远近，进而描述系统稳定的程度。

3.6.1　相位稳定裕度

（1）幅值交界频率

在［$L(s)$］平面上，系统开环传递函数 $L(s)$ 的像轨迹与复平面上以原点为中心的单位圆相交的频率称为幅值交界频率，用 ω_c 表示。交点的矢量与负实轴的夹角为相位稳定裕度，即

$$\gamma = 180° + \varphi(\omega_c) \tag{25.3-34}$$

显然，γ 在第二象限为负，在第三象限为正，分别如图 25.3-6a 和图 25.3-6b 所示。$\gamma>0$ 时，系统稳定；$\gamma<0$ 时，系统不稳定。由图 25.3-6a 可见，γ 越大，像轨迹离点（−1，j0）越远，系统的稳定裕度越大；γ 越小，像轨迹离点（−1，j0）越近，系统的稳定裕度越小。

（2）剪切频率

［$L(s)$］平面上的单位圆对应 Bode 图上的零分贝线，所以系统开环传递函数 $L(s)$ 的 Nyquist 图与单位圆的交点对应其幅频曲线与零分贝线的交点。在 Bode 图上幅值交界频率 ω_c 常称为剪切频率。在相频特性图上，相位稳定裕度 γ 是相频特性在 $\omega=\omega_c$ 时与 −180°的相位差，如图 25.3-6c 和图 25.3-6d 所示。

3.6.2　幅值稳定裕度

在［$L(s)$］平面上，$L(s)$ 的 Nyquist 图与负实轴相交的频率称为相位交界频率，用 ω_g 表示。

$$\varphi(\omega_g) = -180° \tag{25.3-35}$$

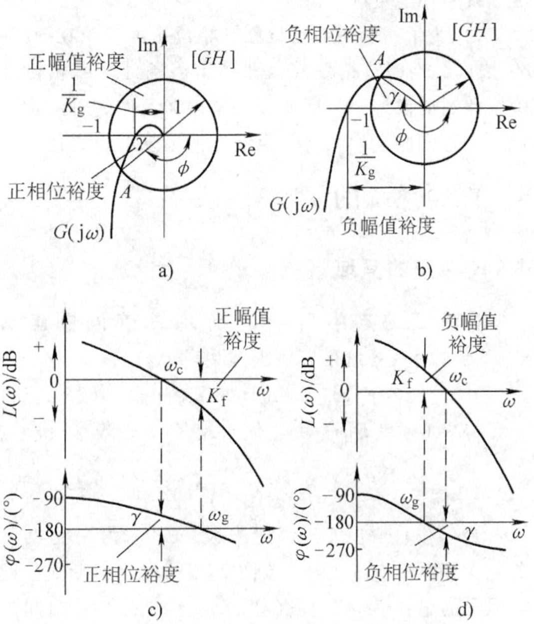

图 25.3-6　稳定裕度

a）稳定系统　b）不稳定系统

c）稳定系统　d）不稳定系统

交点处幅值的倒数称为幅值稳定裕度，用 K_g 表示，即

$$K_g = \frac{1}{|G(j\omega_g)H(j\omega_g)|} \tag{25.3-36}$$

如图 25.3-6a 和图 25.3-6b 所示。

在 Bode 图上，幅值稳定裕度以分贝表示时，记为 K_f，如图 25.3-6c 和图 25.3-6d 所示。用公式表示为

$$K_f = 20\lg K_g = 20\lg\frac{1}{|G(j\omega_g)H(j\omega_g)|} = -20\lg|G(j\omega_g)H(j\omega_g)| \tag{25.3-37}$$

对于最小相位开环系统，若相位稳定裕度 $\gamma>0$，且幅值稳定裕度 $K_f>0$，则对应的闭环系统稳定；否则，不一定稳定。在工程实践中，对于开环最小相位系统，应选取 $30°<\gamma<60°$，$6\text{dB}<K_f<20\text{dB}$。

3.6.3　关于相位裕度和幅值裕度的几点说明

1）控制系统的相位裕度和幅值裕度是 Nyquist 图对（−1，j0）点靠近程度的度量。因此，可以用这两个裕度值来作为设计准则。为了确定系统的相对稳定性，两个值必须同时给出。

2）对于最小相位系统，只有当相位裕度和幅值裕度都是正值时，系统才是稳定的，负的稳定裕度表

示系统是不稳定的。

3）为了得到满意的性能，相位裕度应当在30°~60°之间，而幅值裕度应大于6dB。当对最小相位系统按此数值设计时，即使开环增益和元件的时间常数在一定范围内发生变化，也能保证系统的稳定性。

4 控制系统的误差

4.1 系统的复域误差

如图25.3-7中所示的反馈通道传递函数 $H(s)=1$ 时，系统的复域误差为

$$E(s) = X_i(s) - X_o(s) \quad (25.3\text{-}38)$$

将 $X_o(s)=E(s)G(s)$ 代入式（25.3-39），得

$$E(s) = \frac{1}{1+G(s)}X_i(s) \quad (25.3\text{-}39)$$

当 $H(s)\neq 1$ 时［一般来说，$H(s)$ 为一比例常数］，可将图25.3-7改画成图25.3-8所示的形式。此时框图的输出为 $H(s)X_o(s)$，是与输入量纲相同的物理量，因而它可以和输入进行比较。$H(s)X_o(s)$ 是检测到的实际输出，在此意义下，系统的复域误差可以表示为

$$E(s) = \frac{1}{1+H(s)G(s)}X_i(s) \quad (25.3\text{-}40)$$

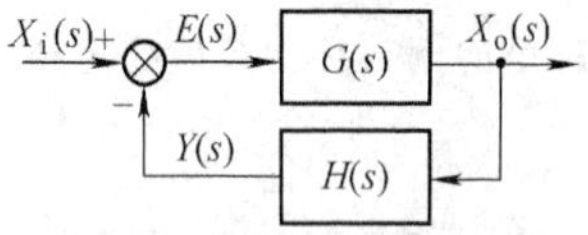

图25.3-7 系统误差信号框图

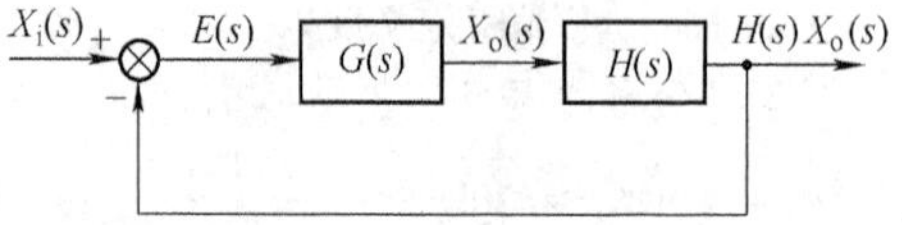

图25.3-8 变换后的框图

4.2 系统时域稳态误差

当 $t\to\infty$ 时，如果误差 $e(t)$ 有极限存在，则系统时域稳态误差定义为

$$e_{ss} = \lim_{t\to\infty} e(t) \quad (25.3\text{-}41)$$

可利用拉氏变换的终值定理来计算稳态误差。若满足 $sE(s)$ 的所有极点都在 s 平面的左半部分，则有

$$e_{ss} = \lim_{t\to\infty} e(t) = \lim_{s\to 0} sE(s) \quad (25.3\text{-}42)$$

则由输入信号引起的系统稳态误差为

$$e_{ss} = \lim_{s\to 0} sE(s) = \lim_{s\to 0}\frac{sX_i(s)}{1+G(s)H(s)} \quad (25.3\text{-}43)$$

4.3 系统稳态误差的计算

4.3.1 系统的类型

一般系统的开环传递函数 $G(s)H(s)$ 可以写成如下形式：

$$G(s)H(s) = \frac{K\prod_{i=1}^{m}(\tau_i s+1)}{s^{\lambda}\prod_{j=1}^{n-\lambda}(T_j s+1)} \quad (25.3\text{-}44)$$

式中 K——系统的开环增益；

τ_i（$i=1, 2, \cdots, m$），T_j（$j=1, 2, \cdots, n-\lambda$）——各环节的时间常数；

λ——开环系统中积分环节的个数。

由于稳态误差与系统开环传递函数中所含积分环节的数量密切相关，所以将系统按开环传递函数所含积分环节的个数进行如下分类：

1）$\lambda=0$，无积分环节，称为0型系统。

2）$\lambda=1$，有一个积分环节，称为Ⅰ型系统。

3）$\lambda=2$，有两个积分环节，称为Ⅱ型系统。

依此类推，一般 $\lambda>2$ 的系统难以稳定，实际上很少见。

4.3.2 系统的误差传递函数

在图25.3-8中，以误差（偏差）信号 $E(s)$ 为输出量，以 $X_i(s)$ 为输入量的误差传递函数称为误差传递函数，以 $\Phi_e(s)$ 表示为

$$\Phi_e(s) = \frac{E(s)}{X_i(s)} = \frac{1}{1+G(s)H(s)} \quad (25.3\text{-}45)$$

对于单位负反馈系统，误差传递函数为

$$\Phi_e(s) = \frac{E(s)}{X_i(s)} = \frac{1}{1+G(s)} \quad (25.3\text{-}46)$$

4.3.3 稳态误差系数与稳态误差

（1）位置误差系数 K_p

系统对单位阶跃输入的稳态误差称为静态位置误差，即

$$e_{ss} = \lim_{s\to 0} s\cdot\frac{1}{1+G(s)H(s)}\cdot\frac{1}{s} = \frac{1}{1+\lim_{s\to 0}G(s)H(s)} \quad (25.3\text{-}47)$$

位置误差系数 K_p 的定义为

$$K_p = \lim_{s\to 0}G(s)H(s) \quad (25.3\text{-}48)$$

于是，将 K_p 代入单位阶跃输入时的稳态误差，则得

$$e_{ss} = \frac{1}{1+K_p} \quad (25.3\text{-}49)$$

0 型系统的位置误差系数 K_p 就是系统的开环放大倍数 K，Ⅰ型或高于Ⅰ型的系统 $K_p=\infty$，对于单位阶跃输入，稳态误差 e_{ss} 可以概括如下：

对于 0 型系统：$e_{ss}=\frac{1}{1+K}$。

对于Ⅰ型或高于Ⅰ型的系统：$e_{ss}=0$。

（2）速度误差系数 K_v

系统对单位斜坡输入时引起的误差称为静态速度误差，此时

$$e_{ss}=\lim_{s\to 0}s\cdot\frac{1}{1+G(s)H(s)}\cdot\frac{1}{s^2}=\frac{1}{\lim\limits_{s\to 0}sG(s)H(s)} \tag{25.3-50}$$

若定义速度误差系数 K_v 为

$$K_v=\lim_{s\to 0}sG(s)H(s) \tag{25.3-51}$$

则

$$e_{ss}=\frac{1}{\lim\limits_{s\to 0}sG(s)H(s)}=\frac{1}{K_v} \tag{25.3-52}$$

对于 0 型系统，$K_v=0$；对于Ⅰ型系统，$K_v=K$；对于Ⅱ型或高于Ⅱ型的系统，$K_v=\infty$。

在单位斜坡输入时，稳态误差可以概括如下：

对于 0 型系统：$e_{ss}=\frac{1}{K_v}=\infty$。

对于Ⅰ型系统：$e_{ss}=\frac{1}{K_v}=\frac{1}{K}$。

对Ⅱ型系统或高于Ⅱ型的系统：

$$e_{ss}=\frac{1}{K_v}=0。$$

（3）加速度误差系数 K_a

系统对加速度输入引起的稳态误差称为静态加速度误差，即

$$e_{ss}=\lim_{s\to 0}s\cdot\frac{1}{1+G(s)H(s)}\cdot\frac{1}{s^3}=\frac{1}{\lim\limits_{s\to 0}s^2G(s)H(s)} \tag{25.3-53}$$

若定义加速度误差系数 K_a 为

$$K_a=\lim_{s\to 0}s^2G(s)H(s) \tag{25.3-54}$$

则可得静态加速度误差为

$$e_{ss}=\lim_{s\to 0}s\cdot\frac{1}{1+G(s)H(s)}\cdot\frac{1}{s^3}=\frac{1}{\lim\limits_{s\to 0}s^2G(s)H(s)}=\frac{1}{K_a} \tag{25.3-55}$$

对于 0 型和Ⅰ型系统，$K_a=0$；对于Ⅱ型系统，$K_a=K$；对于Ⅲ型或高于Ⅲ型的系统，$K_a=\infty$。

在单位加速度输入时，稳态误差可以概括如下：

对于 0 型和Ⅰ型系统：$e_{ss}=\infty$。

对于Ⅱ型系统：　$e_{ss}=\frac{1}{K}$。

对于Ⅲ型或高于Ⅲ型的系统：$e_{ss}=0$。

表 25.3-6 概括了 0 型、Ⅰ型和Ⅱ型系统在各种输入量作用下的稳态误差。

表 25.3-6　典型输入信号下各型系统的稳态误差

系统类型 \ 输入信号	单位阶跃输入	单位等速输入	单位等加速输入
0 型系统	$e_{ss}=\frac{1}{1+K_p}=\frac{1}{1+K}$	∞	∞
Ⅰ型系统	0	$e_{ss}=\frac{1}{K_v}=\frac{1}{K}$	∞
Ⅱ型系统	0	0	$e_{ss}=\frac{1}{K_a}=\frac{1}{K}$

4.4　扰动引起的误差

实际控制系统中，不仅存在给定输入信号 $X_i(s)$，还存在干扰作用 $N(s)$，如图 25.3-9 所示。此时，若要求出稳态误差，可利用叠加原理。首先，分别求出 $X_i(s)$ 和 $N(s)$ 单独作用时的稳态误差，然后，求其代数和就是总稳态误差。

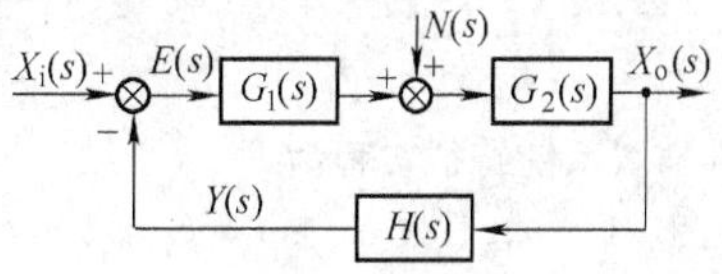

图 25.3-9　扰动信号产生的误差

1）仅考虑扰动信号 $N(s)$ 引起的稳态误差时，可将 $N(s)$ 作为输入，而不考虑 $X_i(s)$ 的影响，即令 $x_i(t)=0$，此时系统框图改成如图 25.3-10 所示的形式。由于 $X_i(s)=0$，根据图 25.3-10 可计算出由干扰信号引起的误差信号为

$$E(s)=-H(s)X_o(s)=-\frac{G_2(s)H(s)}{1+G_1(s)G_2(s)H(s)}\cdot N(s) \tag{25.3-56}$$

而稳态误差为

$$e_{ss}=\lim_{s\to 0}s\cdot\left[-\frac{G_2(s)H(s)}{1+G_1(s)G_2(s)H(s)}\cdot N(s)\right] \tag{25.3-57}$$

2）当输入信号与干扰信号同时作用时，总稳态误差是两信号分别作用时的稳态误差之和，即由输入信号 $x_i(t)$ 单独作用引起的稳态误差为

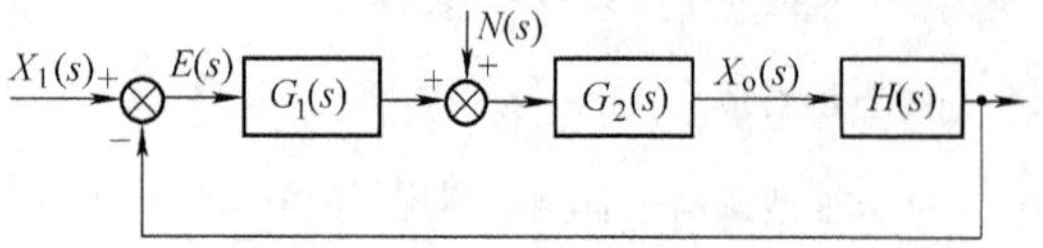

图 25.3-10　变换后的系统框图

$$e_{ss1}=\lim_{s\to 0} s\cdot\frac{1}{1+G_1(s)G_2(s)H(s)}X_i(s) \tag{25.3-58}$$

干扰信号 $n(t)$ 单独作用引起的稳态误差为

$$e_{ss2}=\lim_{s\to 0} s\cdot\left[-\frac{G_2(s)H(s)}{1+G_1(s)G_2(s)H(s)}\cdot N(s)\right] \tag{25.3-59}$$

因此，总稳态误差为

$$e_{ss}=e_{ss1}+e_{ss2} \tag{25.3-60}$$

5　离散系统的 Z 域分析

在得到离散系统的脉冲传递函数后，便可在 Z 域内对系统的稳定性、瞬时特性及稳态误差等进行分析。

5.1　离散系统的稳定性分析

(1) 离散系统极点的概念

线性离散系统脉冲传递函数为

$$G(z)=\frac{Y(z)}{X(z)}=\frac{b_0+b_1z^{-1}+\cdots+b_mz^{-m}}{1+a_1z^{-1}+\cdots+a_nz^{-n}},\ (n\geqslant m) \tag{25.3-61}$$

线性离散系统特征方程为

$$1+a_1z^{-1}+\cdots+a_nz^{-n}=0 \tag{25.3-62}$$

此方程的根称为特征方程的特征根，即离散系统脉冲传递函数的极点，简称离散系统极点。

(2) Z 平面与 s 平面间的映射关系

根据 Z 变换的定义为 $e^{Ts}=z$，如果 s 平面中的点为 $s=\sigma+j\omega$，则

$$z=e^{\sigma T}\cdot e^{j\omega T} \tag{25.3-63}$$

式 (25.3-63) 是复数 Z 的极坐标表达式，它可写成

$$|z|=e^{\sigma T},\ \angle z=\omega T \tag{25.3-64}$$

显然，当 $\sigma=0\to-\infty$ 时，$|z|=1\to 0$，它表明，s 的左半平面映射到 Z 平面中，是以原点为圆心的单位圆的内部，如图 25.3-11a 所示。在图 25.3-11b 中，在 s 平面上，直线 $s=\sigma_1$ 以左的半平面映射到 Z 平面上，其图像是以原点为圆心、以 $e^{\sigma_1 T}$ 为半径圆的内部。

由以上映射关系可见，如果离散系统极点位于单位圆内，则系统是稳定的；否则，系统不稳定。所以，离散系统稳定的充要条件可用式 (25.3-65) 表示，即如果离散系统特征根满足式 (25.3-65)，则系统是稳定的。

$$|z|<1 \tag{25.3-65}$$

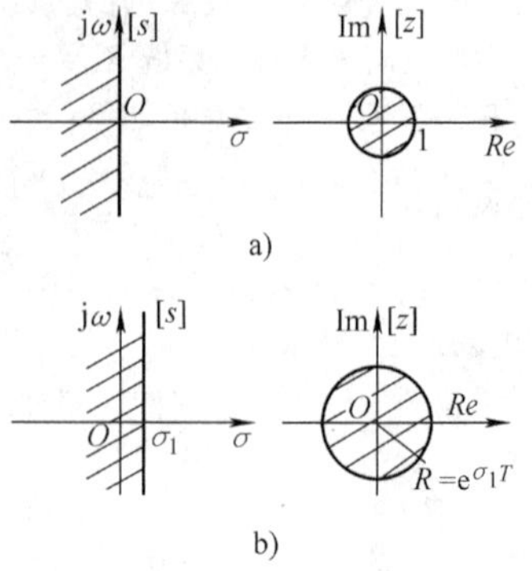

图 25.3-11　由 s 平面到 Z 平面的映射

当特征方程是高次方程时，用解方程的方法来判断系统的稳定性是很不方便的。可对 Z 平面做一次 w 变换。通过 w 变换，将 Z 平面中单位圆内部映射成为 w 平面左半平面，脉冲传递函数变为 w 传递函数。如果 w 传递函数的特征根均在 w 平面的左半平面，这相当于 Z 传递函数的特征根都在 Z 平面单位圆内部，那么系统是稳定的；否则，不稳定。由于经过 w 变换后，问题变成判别 w 特征根是否在 w 左半平面上，因而可用劳斯—赫尔维茨方法来进行判别。w 变换表达式为

$$w=\frac{z-1}{z+1}\quad 或\quad z=\frac{1+w}{1-w} \tag{25.3-66}$$

经过上述变换，将 Z 平面的单位圆内部映射成 w 平面的左半部。

5.2　极点分布与瞬态响应的关系

离散系统的极点相对于 Z 平面单位圆的位置对其瞬态响应有重要影响。设系统的输入为单位阶跃函数，则输出的 Z 变换为

$$Y(z)=G_b(z)X(z)=\frac{z}{z-1}G_b(z) \tag{25.3-67}$$

设 $G_b(z)$ 没有重复极点，将上式展开成部分分式，得到系统瞬态响应分量的 Z 变换为

$$Y(z)=\sum_{k=1}^{n}\frac{b_kz}{z-a_k} \tag{25.3-68}$$

式中，a_k 为系统的极点。如果 a_k 在实轴上，则 a_k 对应的瞬态响应分量为

$$y(n)=Z^{-1}\left(\frac{b_kz}{z-a_k}\right)=b_ka_k^n \tag{25.3-69}$$

根据极点 a_k 的位置，可有 6 种情况，如图 25.3-12 所示。

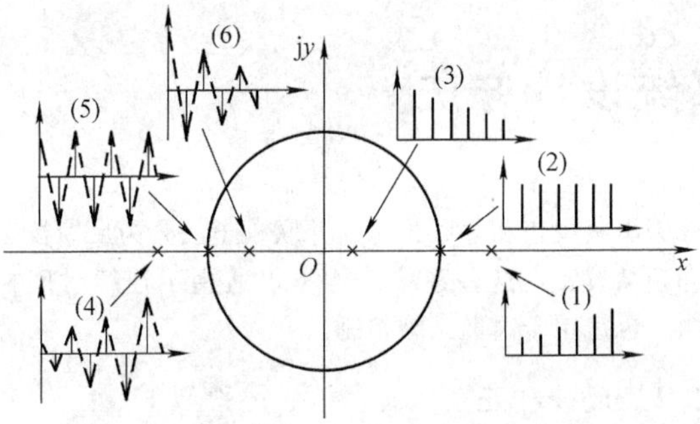

图 25.3-12　瞬态响应与极点 a_k 之间的关系

注：1. 当 $a_k>1$ 时，$y(n)$ 是发散序列。
2. 当 $a_k=1$ 时，$y(n)$ 是幅值为 b_k 的等幅脉冲序列。
3. 当 $0<a_k<1$ 时，$y(n)$ 是单调衰减序列，a_k 离原点越近，$y(n)$ 衰减越快。
4. 当 $a_k<-1$ 时，$y(n)$ 是交替变号的发散序列。
5. 当 $a_k=-1$ 时，$y(n)$ 是交替变号的幅值为 b_k 的等幅脉冲序列。
6. 当 $-1<a_k<0$ 时，$y(n)$ 是交替变号的衰减序列，a_k 离原点越近，$y(n)$ 衰减越快。

5.3　离散系统的稳态误差

如果离散系统是稳定的，那么其稳态误差可以用 Z 变换的终值定理来计算。设单位负反馈离散系统如图 25.3-13 所示。

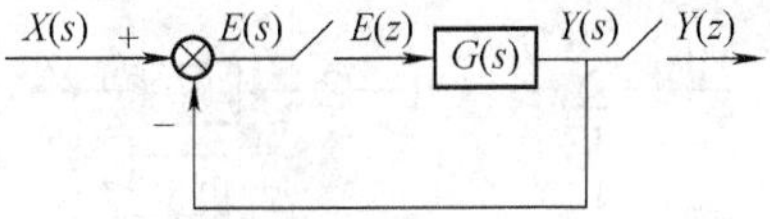

图 25.3-13　单位负反馈离散系统

系统开环脉冲传递函数为 $G(z)$，误差信号的 Z 变换 $E(z)$ 为

$$E(z)=\frac{X(z)}{1+G(z)} \tag{25.3-70}$$

利用 Z 变换终值定理，可得稳态误差

$$e_{ss}=\lim_{n\to\infty}e(nT)=\lim_{z\to1}(z-1)E(z)$$

$$=\lim_{z\to1}(z-1)\frac{X(z)}{1+G(z)} \tag{25.3-71}$$

由式（25.3-71）可知，稳态误差 e_{ss} 与系统的输入 $X(z)$ 有关，即不同类型的系统输入使系统产生不同的稳态误差。此外，稳态误差 e_{ss} 与系统的脉冲传递函数 $G(z)$ 有关。由于在式（25.3-71）中 $z\to1$，所以在 $G(z)$ 中，$z=1$ 的极点个数对稳态误差 e_{ss} 至关重要。离散系统的类型就是按系统中极点 $z=1$ 的个数划分的：如果 $G(z)$ 中没有 $z=1$ 的极点，则称为 0 型系统；如果在 $G(z)$ 中有一个 $z=1$ 的极点，则称为Ⅰ型系统；如果有两个 $z=1$ 的极点，则称为Ⅱ型系统；依此类推。

下面是几种典型输入信号下的不同类型系统的稳态误差。

（1）单位阶跃函数输入

位置误差系数

$$K_p=\lim_{z\to1}[1+G(z)] \tag{25.3-72}$$

对于 0 型系统：K_p 为有限值，稳态误差为 $e_{ss}=1/K_p$；

对于Ⅰ型以上系统：$K_p=\infty$，所以稳态误差 $e_{ss}=0$。

（2）单位斜坡函数输入

速度误差系数

$$K_v=\frac{1}{T}\lim_{z\to1}(z-1)G(z) \tag{25.3-73}$$

对于 0 型系统：$K_v=0$，$e_{ss}=\infty$；

对于Ⅰ型系统：K_v 为有限值，$e_{ss}=1/K_v$；

对于Ⅱ型系统：$K_v=\infty$，$e_{ss}=0$。

（3）单位抛物线函数输入

加速度误差系数

$$K_a=\frac{1}{T^2}\lim_{z\to1}(z-1)^2G(z) \tag{25.3-74}$$

对于 0 型及Ⅰ型系统：$K_a=0$，$e_{ss}=\infty$；

对于Ⅱ型系统：K_a 为有限值，$e_{ss}=1/K_a$。

第 4 章　控制系统设计方法

1　控制系统设计的基本原理

1.1　Bode 定理

在机械工程自动控制系统中，基本上都是最小相位系统，而 Bode 定理是关于最小相位系统 Bode 图与系统频率特性的关系的描述，对于系统性能校正很有用。Bode 定理主要内容如下：

1）相位最小系统的幅频特性与相频特性关于频率一一对应。具体地说，当给定整个频域上的精确对数幅频特性的斜率时，对数相频特性就唯一确定。同样，当给定整个频域上的精确对数相频特性时，对数幅频特性的斜率就唯一确定。

2）在某一频率上的相位移主要决定于同一频率上的对数幅频特性的斜率，它们的对应关系是：$\pm 20n$dB/dec的斜率对应大约$\pm n90°$的相位移，这里$n=0$，1，2，…。例如，在剪切频率 ω_c 上的系统开环幅频特性渐近线斜率为-20dB/dec，则 ω_c 上的相位移大约为$-90°$，系统将具有较大的稳定裕度；如果在剪切频率 ω_c 上的系统开环幅频特性渐近线斜率为-40dB/dec，则 ω_c 上的相位移大约为$-180°$，系统将具有较小的稳定裕度，或者不稳定。

为了使系统具有适当的稳定裕度，在设计系统开环频率特性时应具备以下条件：

1）幅频渐近线以-20dB/dec 的斜率穿越零分贝线。

2）此段渐近线的频率具有足够的宽度。为此，当 ω_c 右侧有最近的转折频率 ω_2 时，应使 $\omega_2 \geqslant 2\omega_c$；如果 ω_c 左侧有转折频率 ω_1，应让其与 ω_c 有足够的距离，可取 $2\omega_1 \leqslant \omega_c$。

一般来说，开环频率特性的低频段表征闭环系统的稳态性能，所以低频增益要足够大，以保证稳态精度的要求；中频段表征闭环系统的动态性能，中频段对数幅频特性曲线应以-20dB/dec 的斜率穿越零分贝线，并具有一定的宽度，以保证足够的相位裕度和幅值裕度，使系统具有良好的动态性能；高频段表征系统的复杂性及噪声抑制性能，高频增益应尽可能小，以便减小系统噪声影响。若系统原有高频段已符合要求，则校正时可保持高频段不变，以简化校正装置。

按照校正装置在系统中的接法不同，可以把校正分为串联校正和并联校正。并联校正又分为反馈校正和顺馈校正。这些系统结构不仅适用于连续时间控制，也适用于离散系统控制。

1.2　反馈校正

常利用反馈校正实现如下目的。

（1）利用反馈校正取代某一环节

在如图 25.4-1 所示的局部反馈回路中，若环节 $G_2(s)$的性能是不希望的，如存在非线性因素、结构参数易变、易受干扰等，现引入局部反馈校正环节 $G_c(s)$，拟用此局部回路消除环节 $G_2(s)$ 对系统的不良影响。此局部回路的频率特性为

$$G(j\omega) = \frac{G_2(j\omega)}{1 + G_c(j\omega)G_2(j\omega)} \tag{25.4-1}$$

如果在系统主要工作频率范围内，能使得 $|G_2(j\omega)G_c(j\omega)| \gg 1$，则式（25.4-1）可近似表示为

$$G(j\omega) = \frac{1}{G_c(j\omega)} \tag{25.4-2}$$

相当于局部回路的频率特性，完全取决于校正环节的频率特性，而与被包围环节 $G_2(j\omega)$ 无关。

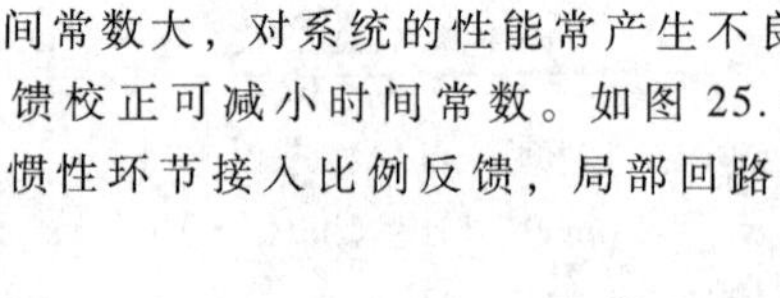

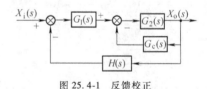

图 25.4-1　反馈校正

（2）减小时间常数

时间常数大，对系统的性能常产生不良影响，利用反馈校正可减小时间常数。如图 25.4-2a 所示，对惯性环节接入比例反馈，局部回路的传递函数为

$$G(s) = \frac{\dfrac{K}{Ts+1}}{1+\dfrac{KK_H}{Ts+1}} = \frac{\dfrac{K}{1+KK_H}}{\dfrac{T}{1+KK_H}s+1} \tag{25.4-3}$$

结果仍然是惯性环节，但时间常数由原来的 T 减少到 $T/(1+KK_H)$。反馈系数 K_H 越大，时间常数就会变得越小。

（3）对振荡环节接入速度反馈

对振荡环节接入速度反馈可以增大阻尼比，这对

小阻尼振荡环节减小谐振幅值有利。如图 25.4-2b 所示的局部回路传递函数为

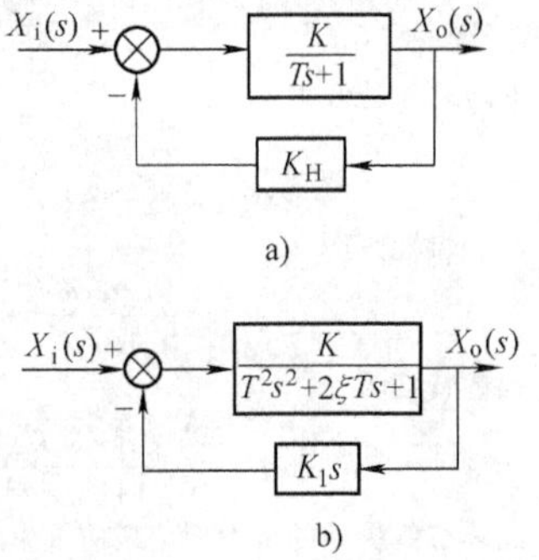

图 25.4-2 局部反馈回路

$$G(s)=\frac{K}{T^2s^2+(2\xi T+KK_1)s+1} \tag{25.4-4}$$

由上式可知，校正的结果仍为振荡环节，但阻尼比显著增大，无阻尼固有频率不变。

1.3 顺馈校正

在高精度控制系统中，在保证系统稳定的同时，还要减小甚至消除系统误差和干扰的影响，为此，在反馈控制回路中加上顺馈装置，组成一个复合校正系统，如图 25.4-3 所示。顺馈校正是一种输入补偿的校正，它不取决于系统的输出。下面以如图 25.4-3 所示的系统为例，说明顺馈校正的方法和作用。

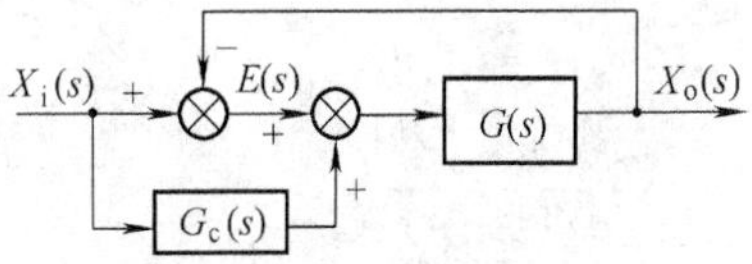

图 25.4-3 顺馈校正

由于此系统为单位负反馈系统，系统的误差与偏差相同，所以系统的误差可写为

$$E(s)=X_i(s)-X_o(s) \tag{25.4-5}$$

图 25.4-3 所示系统的输出为

$$X_o(s)=\frac{[1+G_c(s)]G(s)}{1+G(s)}X_i(s) \tag{25.4-6}$$

将式（25.4-6）代入式（25.4-5）中，得

$$E(s)=\frac{1-G_c(s)G(s)}{1+G(s)}X_i(s) \tag{25.4-7}$$

为使 $E(s)=0$，应使 $1-G_c(s)G(s)=0$，即

$$G_c(s)=\frac{1}{G(s)} \tag{25.4-8}$$

将式（25.4-8）代入式（25.4-6）中，得

$$X_o(s)=X_i(s) \tag{25.4-9}$$

式（25.4-9）表明，当顺馈校正环节 $G_c(s)$ 按式（25.4-8）设计时，系统的输出量在任何时刻都可以完全无误地复现输入量，具有理想的时间响应特性。这种顺馈校正实际上是在系统中增加一个输入信号 $G_c(s)X_i(s)$，它产生的误差抵消了原输入量 $X_i(s)$ 所产生的误差。但在工程实际中，$G(s)$ 常较复杂，故完全实现式（25.4-8）所表示的补偿条件较困难。

1.4 串联校正

最常见、最主要的串联校正就是在主通道上、比较环节后面串联校正环节，此校正环节称为控制器，如图 25.4-4 所示。

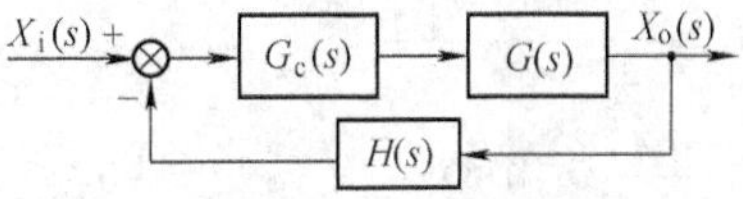

图 25.4-4 串联校正

串联校正后的系统开环传递函数为

$$G_{kh}(s)=G_c(s)G_{kq}(s) \tag{25.4-10}$$

式中 $G_{kh}(s)$——校正后的开环传递函数；

$G_{kq}(s)$——校正前的系统开环传递函数，即 $G_{kq}(s)=G(s)H(s)$；

$G_c(s)$——校正环节的传递函数。

串联校正后的系统开环频率特性为

$$G_{kh}(j\omega)=G_c(j\omega)G_{kq}(j\omega) \tag{25.4-11}$$

可见，加入校正环节就改变了系统的开环传递函数和闭环传递函数，由此就改变了系统的时域性能和频域性能。

1.5 控制器分类

按控制器相位分为相位超前、滞后、滞后-超前 3 种控制器。表 25.4-1 列出了它们的无源网络（即在网络中没有电源）、Bode 图、传递函数及特性分析。

采用无源网络作为校正环节，常常由于负载效应的影响而削弱校正作用，而且参数选择和网络计算较复杂，因而在实际控制系统中多采用有源校正装置。它们是由电阻、电容与运算放大器构成的网络。由于运算放大器是有源的，所以由它构成的校正装置称为有源校正装置。表 25.4-2 为相位超前、滞后、滞后-超前 3 种校正方式的有源网络、对数幅频特性及校正环节的传递函数。

表 25.4-1 3 种校正方式的无源网络、Bode 图、传递函数及特性分析

无源网络与传递函数	Bode 图	特性分析
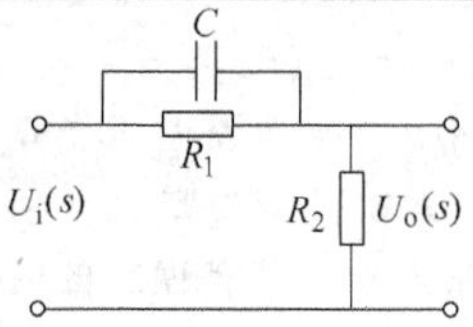 $G_c(s)=\dfrac{U_o(s)}{U_i(s)}$ $=\dfrac{R_2}{R_1+R_2}\cdot\dfrac{R_1Cs+1}{\dfrac{R_2}{R_1+R_2}R_1Cs+1}$ $R_1C=T,\ \dfrac{R_2}{R_1+R_2}=\alpha$ $G_c(s)=\alpha\dfrac{Ts+1}{Ts+1}\quad(\alpha<1)$	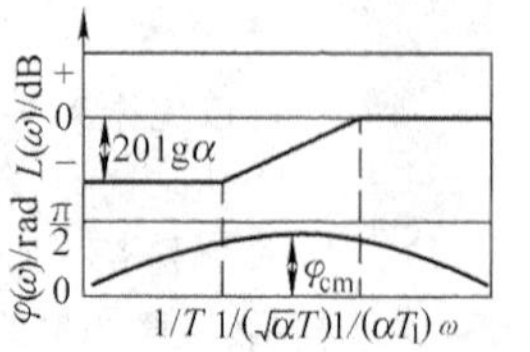 如果把它作为校正环节串联在主通道上，能使系统的相位稳定裕度增大	对应频率特性为 $G_c(j\omega)=\sqrt{\dfrac{1+\omega^2T^2}{1+\alpha^2\omega^2T^2}}e^{j\varphi_c(\omega)}$ 相频特性为 $\varphi_c(\omega)=\arctan\dfrac{(1-\alpha)\omega T}{1+\alpha\omega^2T^2}>0$ 幅频特性为 $\lvert G_c(j\omega)\rvert=\sqrt{\dfrac{1+\omega^2T^2}{1+\alpha^2\omega^2T^2}}$ 此环节能提供的最大相位超前量为 $\varphi_{cm}=\arctan\dfrac{1-\alpha}{2\sqrt{\alpha}}$
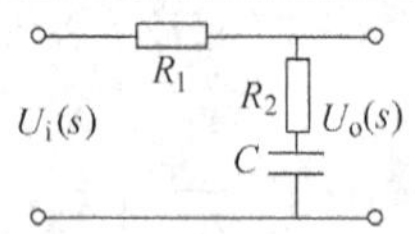 $G_c(s)=\dfrac{Ts+1}{\beta Ts+1}\quad(\beta>1)$ $T=R_2C$, $\beta=(R_1+R_2)/R_2>1$	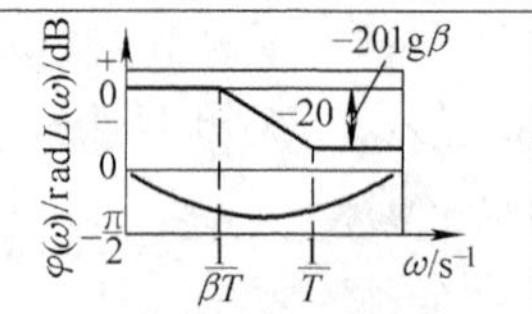 相位滞后环节在高频段幅值产生较大的衰减，而相位滞后作用较小。利用相位滞后环节的这一特性，使校正后的系统具有较大的相位稳定裕度	滞后环节的频率特性为 $\varphi_c(\omega)=\arctan\dfrac{\omega T(1-\beta)}{1+\beta\omega^2T^2}$ $\lvert G_c(j\omega)\rvert=\sqrt{\dfrac{1+\omega^2T^2}{1+(\beta\omega T)^2}}$ 校正后的频率特性为 $G_{kh}(j\omega)=\lvert G_k(j\omega)\rvert\cdot\lvert G_c(j\omega)\rvert e^{j[\varphi_k(\omega)+\varphi_c(\omega)]}$
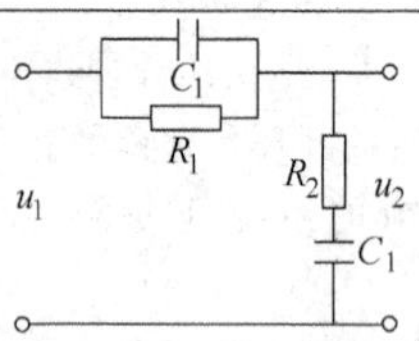 $G_c(s)=\dfrac{(R_1C_1s+1)(R_2C_2s+1)}{(R_1C_1s+1)(R_2C_2s+2)+R_1C_2s}$ $\alpha T_1=R_1C_1$ $T_1=\dfrac{R_1C_1}{\alpha}$ $\dfrac{T_2}{\alpha}=R_2C_2$ $T_2=\alpha R_2C_2$ $T_2>\dfrac{T_2}{\alpha}>\alpha T_1>T_1$	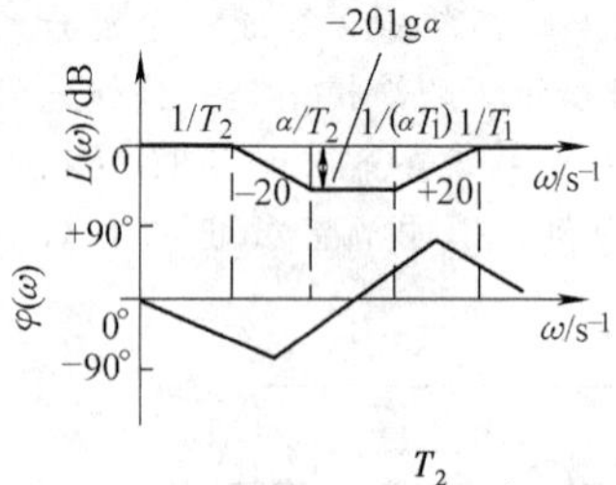 $G_c(s)=\dfrac{\alpha T_1s+1}{T_1s+1}\cdot\dfrac{\dfrac{T_2}{\alpha}s+1}{T_2s+1}$ 设 α>1，则$\dfrac{\alpha T_1s+1}{T_1s+1}$为相位超前环节的传递函数，$\dfrac{\dfrac{T_2}{\alpha}s+1}{T_2s+1}$为相位滞后环节的传递函数	

表 25.4-2 3 种校正方式的有源网络、对数幅频特性及校正环节的传递函数

校正方式	有源网络	对数幅频特性	传递函数
相位超前	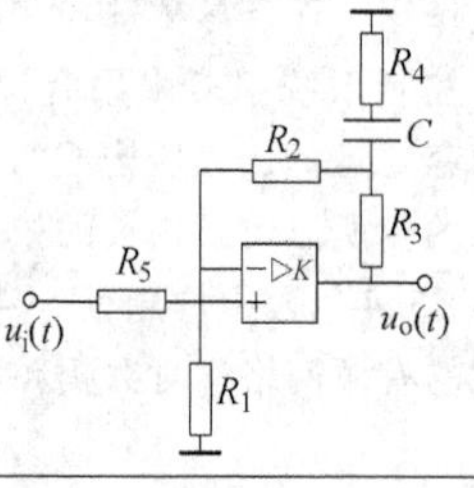 	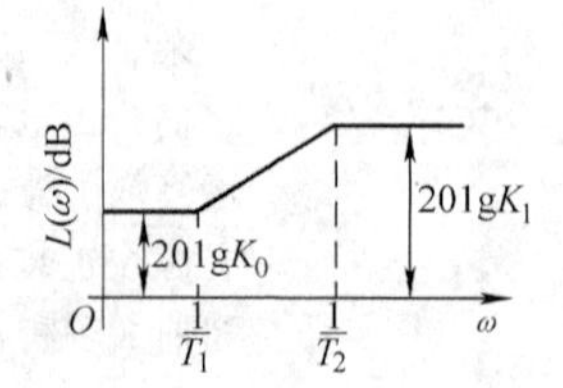 	$G_c(s)=-K_0\dfrac{T_1s+1}{T_2s+1}$ 式中，$K_0=\dfrac{R_1+R_2+R_3}{R_1}$，$T_1=(R_3+R_4)C$，$T_2=R_4C$，如果 $R_2\gg R_3\gg R_4$，则 $K_1=\dfrac{R_3(R_1+R_2)}{R_1R_4}$

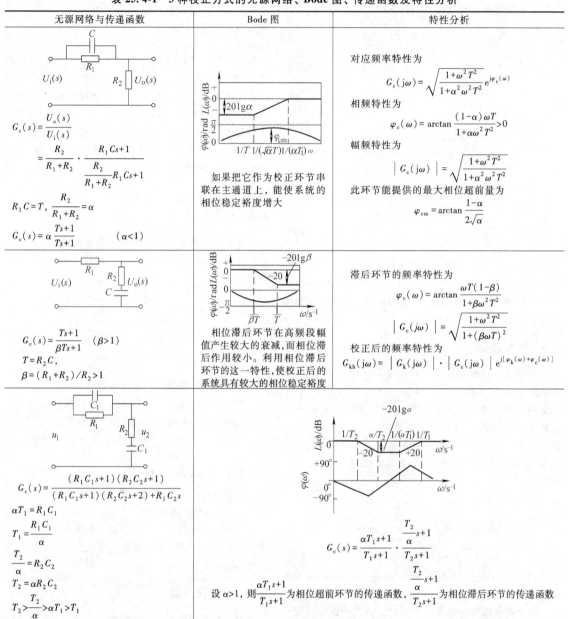

（续）

校正方式	有源网络	对数幅频特性	传递函数
相位滞后	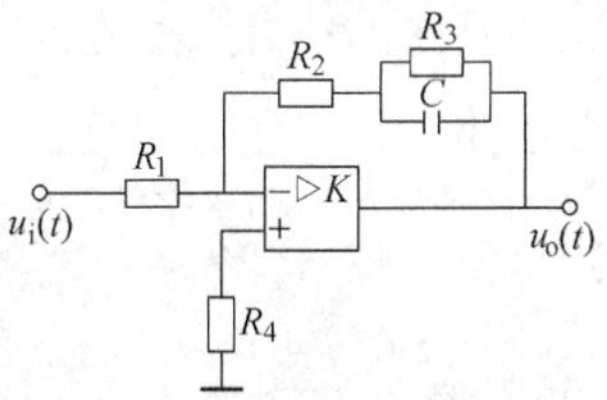	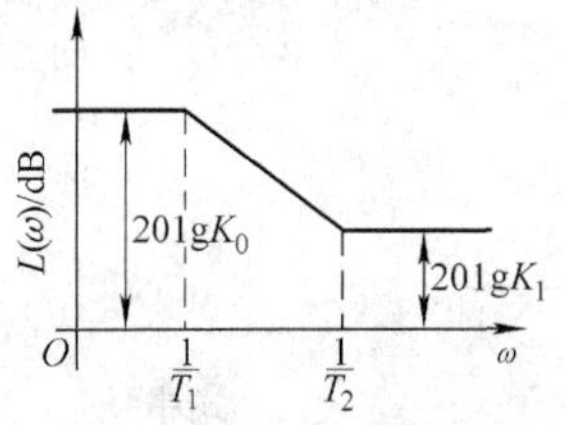	$G_c(s)=-K_0\frac{T_2s+1}{T_1s+1}$ 式中，$K_0=\frac{R_2+R_3}{R_1}$，$T_1=R_3C$，$T_2=\frac{R_2R_3}{R_2+R_3}C$，$K_1=\frac{R_2}{R_1}$
相位滞后-超前	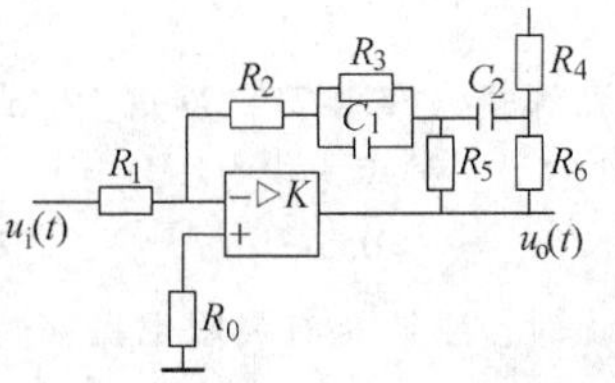	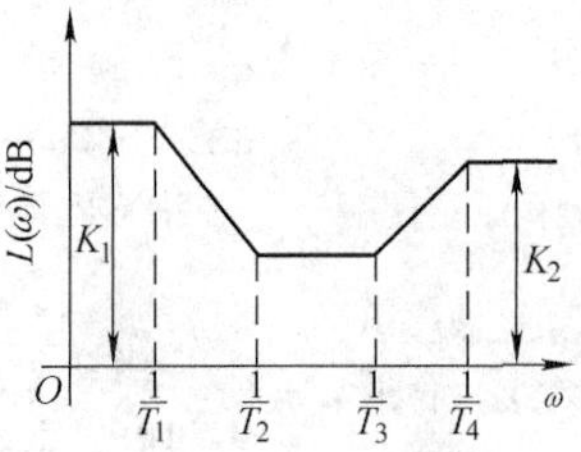	$G_c(s)=-K_0\frac{(T_2s+1)(T_3s+1)}{(T_1s+1)(T_4s+1)}$ 式中，$K_0=\frac{R_2+R_3+R_5}{R_1}$，$T_1=R_3C_1$，$T_2=\frac{R_3(R_2+R_5)}{R_2+R_3+R_5}$，$T_3=R_5C_2$，$T_4=\frac{R_4R_5C_2}{R_4+R_6}$，$K_1=20\lg K_0$，$K_2=20\lg\frac{(R_2+R_5)(R_4+R_6)}{R_1R_4}$，$R_2\gg R_5\gg R_6\gg R_4$

2　控制器设计方法

2.1　按希望特性设计控制器的基本原理

按希望特性设计控制器是一种常用的控制器设计方法。它的基本思路是：根据工程实际要求确定校正后系统应具有的希望特性（频率特性），比较原系统（校正前系统）的特性和希望特性，求出控制器的传递函数及参数。

由于0型系统存在稳态误差，Ⅲ型和Ⅲ型以上系统稳定性差，所以具有希望特性的系统为Ⅰ型和Ⅱ型系统。在工程中，具有希望特性的Ⅰ型系统和Ⅱ型系统分别称为典型Ⅰ型系统和典型Ⅱ型系统。

2.1.1　典型Ⅰ型系统（二阶希望特性系统）

因为典型Ⅰ型系统是二阶系统，故有时也称其为二阶希望特性系统。首先应对典型Ⅰ型系统的性质做充分的讨论，才能知道它是不是所希望的。典型Ⅰ型系统的开环传递函数为

$$G(s)=\frac{K}{s(Ts+1)} \tag{25.4-12}$$

图25.4-5a所示为其闭环系统结构框图。
根据式（25.4-12），可求出其开环频率特性为

$$G(j\omega)=\frac{-K(T\omega+j)}{\omega(T^2\omega^2+1)} \tag{25.4-13}$$

根据式（25.4-13）可求出其开环相频特性为

$$\varphi(\omega)=-180^\circ+\arctan\frac{1}{T\omega} \tag{25.4-14}$$

其幅频特性为

$$A(\omega)=\left|G(j\omega)\right|=\frac{K}{\omega\sqrt{T^2\omega^2+1}} \tag{25.4-15}$$

$$L(\omega)=20\lg\left|G(j\omega)\right|=20\lg\frac{K}{\omega\sqrt{T^2\omega^2+1}}=20(\lg K-\lg\omega-\lg\sqrt{T^2\omega^2+1}) \tag{25.4-16}$$

所以低频渐近线为

$$L(\omega)=20\lg K-20\lg\omega \tag{25.4-17}$$

高频渐近线为

$$L(\omega)=20\lg\frac{K}{T}-40\lg\omega \tag{25.4-18}$$

根据式（25.4-16）、式（25.4-17）和式（25.4-18），可分别画出其开环对数渐近幅频线和相频线，如图25.4-5b所示。

由对数幅频图图线可见，其中频段以-20dB/dec的斜率穿越零分贝线。若适当选择系统参数而使斜率为-20dB/dec的中频段有一定的宽度，则系统一定是稳定的，且有足够的稳定裕度。显然，若使中频段斜率为-20dB/dec，幅值剪切频率ω_c应满足$\omega_c<1/T$，即

$$1/(\omega_cT)>1 \tag{25.4-19}$$

由式（25.4-19）可知$\arctan[1/(\omega_cT)]>45^\circ$，则根据相位裕度定义和式（25.4-14）可得，相位裕度为

$$\gamma=180^\circ+\varphi(\omega_c)=\arctan[1/(\omega_cT)]>45^\circ \tag{25.4-20}$$

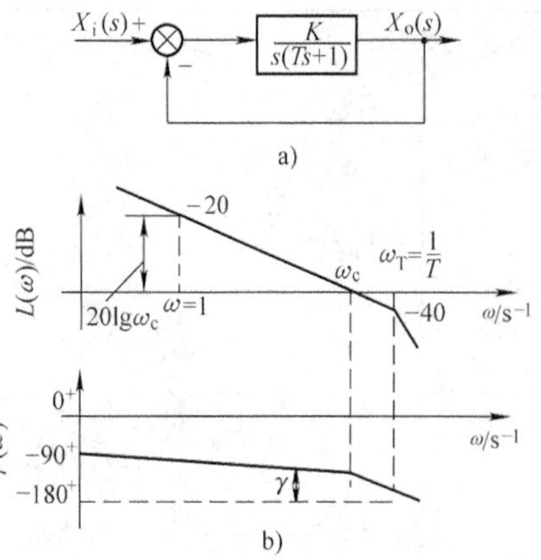

图 25.4-5 典型Ⅰ型系统框图及其伯德图

这说明典型Ⅰ型系统具有足够的相位稳定裕度。

由图 25.4-5b 所示的几何关系可知，在 $\omega=1$ 处，对数幅频特性的幅值为

$$L(\omega)\Big|_{\omega=1} = 20(\lg\omega_c - \lg 1) = 20\lg\omega_c \tag{25.4-21}$$

如果把 $\omega=1$ 代入式（25.4-17）中，可得

$$L(\omega)\Big|_{\omega=1} = 20\lg K \tag{25.4-22}$$

比较式（25.4-21）和式（25.4-22）可知：

$$K = \omega_c \tag{25.4-23}$$

将式（25.4-23）代入式（25.4-19）中，可得

$$KT < 1 \tag{25.4-24}$$

式（25.4-24）为构成典型Ⅰ型系统的必要条件。

由图 25.4-5a 可求出其闭环传递函数为

$$G_b(s) = \frac{K}{Ts^2 + s + K} = \frac{\omega_n^2}{s^2 + 2\xi\omega_n s + \omega_n^2} \tag{25.4-25}$$

式中

$$\omega_n = \sqrt{\frac{K}{T}} \tag{25.4-26}$$

$$\xi = \frac{1}{2\sqrt{KT}} \tag{25.4-27}$$

由式（25.4-24）和式（25.4-27）可知，构成典型Ⅰ型系统必要条件的另一种表达式为

$$\xi > 0.5 \tag{25.4-28}$$

当 $0.5<\xi<1$ 时，系统具有欠阻尼振荡特性；当 $\xi\geqslant1$时，系统处于临界阻尼或过阻尼状态，动态响应无振荡，但较慢。所以在允许超调的情况下，把系统设计成欠阻尼系统；当要求系统无超调时，把系统设计成临界阻尼，即 $\xi=1$。

利用上述公式可计算出系统参数与性能指标的数值对应关系。在工程实际中，典型Ⅰ型系统性能指标与参数的关系见表 25.4-3（表中 ω_c^* 为实际的幅值交界频率）。

表 25.4-3 典型Ⅰ型系统性能指标与参数的关系

参数关系 KT	0.25	0.39	0.5	0.69	1.0
阻尼比 ξ	1.0	0.8	0.707	0.6	0.5
最大超调量 M_p	0	1.5%	4.3%	9.5%	16.3%
调整时间 t_s	9.4T	6T	6T	6T	6T
上升时间 t_r	∞	6.67T	4.72T	3.34T	2.41T
相位裕度 γ	76.3°	69.9°	65.3°	59.2°	51.8°
谐振峰值 M_r	1	1	1	1.04	1.15
谐振频率 ω_r	0	0	0	0.44/T	0.707/T
闭环带宽 ω_b	0.32/T	0.54/T	0.707/T	0.95/T	1.27/T
幅值交界频率 ω_c^*	0.24/T	0.37/T	0.46/T	0.59/T	0.79/T
无阻尼固有频率 ω_n	0.5/T	0.62/T	0.707/T	0.83/T	1/T

由表 25.4-3 可见，当 $KT=0.5$，即 $\xi=0.707$ 时，系统的稳定性、快速性都很好，所以工程上称此系统为最佳二阶系统。

在设计控制系统时，画出此二阶最佳系统的对数幅频渐近线，作为校正后系统的对数幅频渐近线。二阶最佳系统的参数关系可表示为

$$K = 1/(2T) \tag{25.4-29}$$

由式（25.4-23）可知，系统对数幅频渐近线的剪切频率 ω_c 与开环增益 K 相等，所以二阶最佳系统的参数关系还可表示为

$$2\omega_c = 1/T \tag{25.4-30}$$

二阶最佳系统的对数幅频渐近线如图 25.4-6 所示。

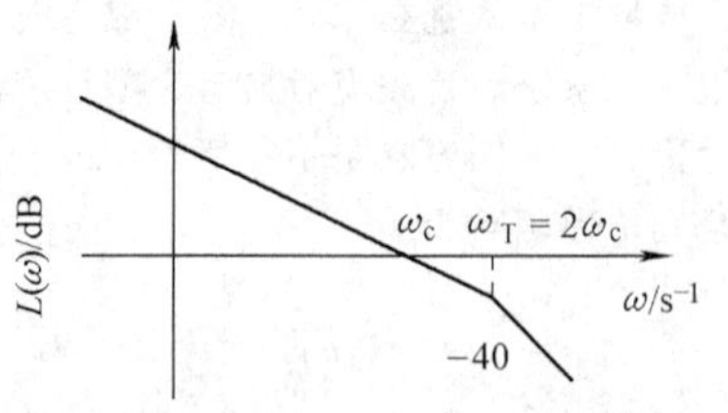

图 25.4-6 二阶最佳系统对数幅频渐近线

2.1.2 典型Ⅱ型系统（三阶希望特性系统）

典型Ⅱ型系统的开环传递函数为

$$G(s) = \frac{K(T_1 s + 1)}{s^2(T_2 s + 1)} \quad (T_1 > T_2) \tag{25.4-31}$$

其闭环结构框图如图 25.4-7a 所示。

根据式（25.4-31），可求出其开环频率特性为

$$G(j\omega)=\frac{-K(1+j\omega T_1)}{\omega^2(1+j\omega T_2)} \quad (25.4\text{-}32)$$

由式（25.4-32）可求出其相频特性为

$$\varphi(\omega)=-180^\circ+(\arctan\omega T_1-\arctan\omega T_2) \quad (25.4\text{-}33)$$

其相位裕度为

$$\gamma=180^\circ+\varphi(\omega_c)=\arctan\omega_c T_1-\arctan\omega_c T_2 \quad (25.4\text{-}34)$$

由式（25.4-34）可知，T_1 比 T_2 大得越多，相位裕度越大。

由式（25.4-32）可求出其幅频特性为

$$A(\omega)=|G(j\omega)|=\frac{K}{\omega^2}\sqrt{\frac{1+\omega^2T_1^2}{1+\omega^2T_2^2}} \quad (25.4\text{-}35)$$

所以对数幅频特性为

$$L(\omega)=20\lg|G(j\omega)|=20\lg\left(\frac{K}{\omega^2}\sqrt{\frac{1+\omega^2T_1^2}{1+\omega^2T_2^2}}\right)$$
$$=20\lg K-40\lg\omega+20\lg\sqrt{1+\omega^2T_1^2}-20\lg\sqrt{1+\omega^2T_2^2} \quad (25.4\text{-}36)$$

对数幅频特性的渐近线如下：

1）在低频段，即 $\omega<1/T_1$ 时，有

$$L(\omega)=20\lg K-40\lg\omega \quad (25.4\text{-}37)$$

2）在中频段，即 $1/T_1<\omega<1/T_2$ 时，有

$$L(\omega)=20\lg KT_1-20\lg\omega \quad (25.4\text{-}38)$$

3）在高频段，即 $\omega>1/T_2$ 时，有

$$L(\omega)=20\lg\frac{KT_1}{T_2}-40\lg\omega \quad (25.4\text{-}39)$$

根据式（25.4-37）～式（25.4-39）及式（25.4-35），可分别画出其对数幅频特性渐近线和相频特性图线，如图 25.4-7b 所示。

由图 25.4-7 可见，典型Ⅱ型系统有三个特征参数：$\omega_1=1/T_1$，$\omega_2=1/T_2$ 和 ω_c。为了让中频段以斜率-20dB/dec 穿越零分贝线，应使 $\omega_1<\omega_c<\omega_2$。图 25.4-7 中，$h$ 为中频宽，由其中的几何关系可知：

$$\lg h=\lg\omega_2-\lg\omega_1=\lg(\omega_2/\omega_1) \quad (25.4\text{-}40)$$

所以

$$h=\frac{\omega_2}{\omega_1}=\frac{T_1}{T_2} \quad (25.4\text{-}41)$$

当 T_2 一定时，可通过改变 T_1 来控制中频宽 h。

按典型Ⅱ型设计控制系统时，常采用谐振峰值最小的准则，即 $M_r=M_{rmin}$。可以证明，中频宽 h 一定时，如果

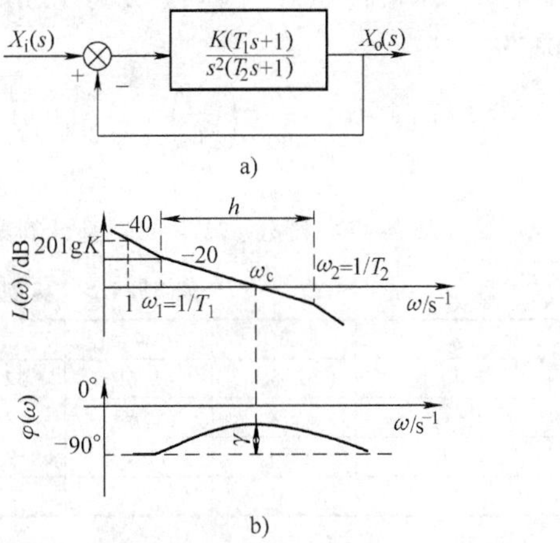

图 25.4-7　典型Ⅱ型系统

$$\frac{\omega_2}{\omega_c}=\frac{2h}{h+1} \quad (25.4\text{-}42)$$

或

$$\frac{\omega_c}{\omega_1}=\frac{h+1}{2} \quad (25.4\text{-}43)$$

则谐振峰值 M_r 有最小值

$$M_{rmin}=\frac{h+1}{h-1} \quad (25.4\text{-}44)$$

式（25.4-42）和式（25.4-43）称为最佳频比。

表 25.4-4 列出了一些中频宽 h 的最小谐振峰值和最佳频比。

表 25.4-4　一些中频宽 h 的最小谐振峰值和最佳频比

h	5	6	7	8	9	10
M_{rmin}	1.5	1.4	1.33	1.29	1.25	1.22
ω_2/ω_c	1.67	1.71	1.75	1.78	1.80	1.82
ω_c/ω_1	3.0	3.5	4.0	4.5	5.0	5.5

经验表明，M_r 在 1.2～1.5 之间取值，系统有较好的动态特性。由表 25.4-4 可知，h 取值越大，系统的稳定性越好，谐振峰值越小。实际设计时，常取 $h=8$。

当 h 和 T_2 确定以后，可根据式（25.4-41）计算 T_1

$$T_1=hT_2 \quad (25.4\text{-}45)$$

由式（25.4-37）表示的低频段幅频特性可知，当 $\omega=1$ 时，$L(\omega)=20\lg K$，如图 25.4-7b 所示。而由图中所示的几何关系可知：

$$20\lg K=40\lg\omega_1+20(\lg\omega_c-\lg\omega_1)=20\lg\omega_1\omega_c \quad (25.4\text{-}46)$$

所以

$$K=\omega_1\omega_c \quad (25.4\text{-}47)$$

由式（25.4-47）、式（25.4-41）及式（25.4-43）可推出

$$K=\omega_1\omega_c=\omega_1^2\cdot\frac{\omega_c}{\omega_1}=\left(\frac{1}{hT_2}\right)^2\cdot\frac{h+1}{2}=\frac{h+1}{2h^2T_2^2}\qquad(25.4\text{-}48)$$

式（25.4-47）和式（25.4-48）是计算典型Ⅱ型系统参数的公式。系统参数确定后，就可以计算出最大超调量 M_p、上升时间 t_r、调节时间 t_s 和振荡次数 N，计算结果见表 25.4-5。

由表 25.4-5 可知，典型Ⅱ型系统的超调量随 h 的增大而减小，但总体来说，大于典型Ⅰ型系统；调节时间 t_s 随 h 变化不是单调的，当 $h=5$ 时，调节时间最短。

表 25.4-5　典型Ⅱ型动态特性指标与中频宽 *h* 的关系

h	3	4	5	6	7	8	9	10
M_p	52.6%	43.6%	37.6%	33.2%	29.8%	27.2%	25.0%	23.3%
t_r/T_2	2.4	2.65	2.85	3.0	3.1	3.2	3.3	3.35
t_s/T_2	12.15	11.65	9.55	10.45	11.30	12.25	13.25	14.20
N	3	2	2		1	1	1	1

2.2　按希望特性设计控制器的图解法

进行系统设计时，可以根据原系统的情况和工程实际对控制系统的要求，选择其中一种典型系统作为系统校正后所构成的系统，然后确定典型系统的参数，再与原系统进行比较，设计系统控制器。这一过程可通过画系统幅频特性 Bode 图的方法进行，其步骤如下：

1）画出未校正系统的幅频特性 Bode 图（实际上是画其渐近线）。

2）根据原系统的幅频特性渐近线和所要求的系统性能指标绘制希望特性系统渐近线。

3）将希望特性系统渐近线减去原系统特性渐近线，画出控制器特性渐近线。

4）根据控制器特性渐近线写出其传递函数。

例 25.4-1　单位负反馈系统的开环传递函数为

$$G(s)=\frac{K}{s(0.05s+1)}$$

如果要求系统跟踪单位斜坡信号的稳态误差 $e_{ssv}\leqslant 0.02$，相位裕度 $\gamma\geqslant 60°$，上升时间 $t_r=0.1\text{s}$，试确定系统开环增益 K 的大小并设计控制器。

解：由于要求系统跟踪单位斜坡信号的稳态误差 $e_{ssv}\leqslant 0.02$，根据有关系统稳态误差知识可知，校正后的系统应为Ⅰ型系统，所以按典型Ⅰ型系统设计控制器。由于 $e_{ssv}=1/K\leqslant 0.02$，所以取 $K=50$ 就可以保证系统稳态性能，这时，原系统开环传递函数为

$$G(s)=\frac{50}{s(0.05s+1)}\qquad(25.4\text{-}49)$$

根据式（25.4-49）画出原系统的幅频特性曲线，如图 25.4-8 折线①所示。由图可见，折线①以斜率 -40dB/dec 穿越零分贝线，系统可能不稳定。校正后应以斜率 -20dB/dec 穿越零分贝线，并应提高剪切频率。

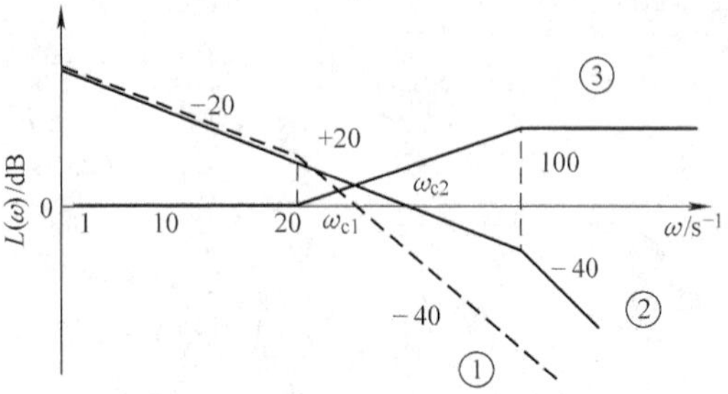

图 25.4-8　幅频特性曲线

按典型Ⅰ型系统绘制希望特性时，可延长原系统斜率为 -20dB/dec 的线，使其穿过零分贝线，直到 $\omega_1=100$。$\omega>100$ 部分的斜率仍为 -40dB/dec，如图 25.4-8 折线②所示，这样，$\omega_c=50$，$T=0.01$，$KT=0.5$。由表 25.4-3 可知，校正后系统的相位裕度 $\gamma=65.3°\geqslant 60°$，上升时间 $t_r=4.72T=4.72\times0.01\text{s}=0.0472\text{s}\leqslant0.1\text{s}$，均符合要求。

由图线②减去图线①，画出图线③，即为控制器的幅频特性曲线。根据图线③，可写出控制器的传递函数为

$$G_c(s)=\frac{0.05s+1}{0.01s+1}\qquad(25.4\text{-}50)$$

这是相位超前校正环节。

当原系统的阶数较高时，有时不便把它完全校正成上述典型Ⅰ型系统或典型Ⅱ型系统，这时可将系统分为低、中、高三个频率段，只需把中频段校正成典型Ⅰ型系统或典型Ⅱ型系统即可。确定频率段的方法是：当 ω 在 ω_c 附近时，为中频；当 $\omega\ll\omega_c$ 时，为低频段；当 $\omega\gg\omega_c$ 时，为高频段。在低频段，主要根据系统的稳态误差来确定开环增益；在高频段，一般保持原系统不变。在保证了各频率段的要求后，常需在相邻频率段间画上连接线。画连接线时需注意，应保证中频段的宽度和线段间斜率的变化不要过大。

2.3　按希望特性设计控制器的直接法

当系统可以设计成典型系统时，可直接根据对系统的要求选择系统类型，写出其最佳系统传递函数，再与原系统的传递函数比较，可直接得出校正装置的传递函数，而不必绘制它们的幅频特性图，这种方法称为按希望特性设计控制器的直接法。

典型Ⅰ型系统结构简单，超调量小，但抗干扰性能差；而典型Ⅱ型系统超调量较大，抗干扰能力较强。可根据工程实际对控制系统的要求，选择其中的一种。

根据对系统的要求和被校正系统的开环传递函数的形式，应用比例控制器（P）、比例积分控制器（PI）、比例微分控制器（PD）及比例积分微分控制器（PID），将控制系统设计成最佳典型Ⅰ型系统或典型Ⅱ型系统。如表 25.4-6 和表 25.4-7 所列出的关系是根据串联校正表达式（25.4-10）所得到的，可供参考。

表 25.4-6　校正成典型Ⅰ型系统时的调节器选择

校正对象 $G(s)$	$\dfrac{K}{(T_1s+1)(T_2s+1)}$ $T_1>T_2$	$\dfrac{K}{Ts+1}$	$\dfrac{K}{s(Ts+1)}$	$\dfrac{K}{(T_1s+1)(T_2s+1)(T_3s+1)}$ T_1 和 T_2 相近，T_3 较小
调节器 $G_c(s)$	（PI） $K_p\dfrac{T_is+1}{T_is}$	（PI） $\dfrac{K_p}{s}$	（P） K_p	（PID） $K_p\dfrac{(T_{i1}s+1)(T_{d2}s+1)}{T_{i1}s}$
参数间关系	$T_i=T_1$			$T_{i1}=T_1, T_{d2}=T_2$

表 25.4-7　校正成典型Ⅱ型系统时的调节器选择

校正对象 $G(s)$	$\dfrac{K}{s(Ts+1)}$	$\dfrac{K}{s(T_1s+1)(T_2s+1)}$ T_1 和 T_2 相近	$\dfrac{K}{(T_1s+1)(T_2s+1)}$ $T_1\gg T_2$
调节器 $G_c(s)$	（PI） $K_p\dfrac{T_is+1}{T_is}$	（PID） $K_p\dfrac{(T_{i1}s+1)(T_{d2}s+1)}{T_{i1}s}$	（PI） $K_p\dfrac{T_is+1}{T_is}$
参数间关系	$T_i=hT$	$T_{i1}=hT_1, T_{d2}=T_2$	$\dfrac{1}{T_1s+1}\approx\dfrac{1}{T_1s}$①，$T_i=hT_2$

① 在 $T_1\gg T_2$ 情况下，可做近似处理：$\dfrac{1}{T_1s+1}\approx\dfrac{1}{T_1s}$。

例 25.4-2　一单位负反馈自动控制系统在校正前的开环传递函数为

$$G(s)=\frac{2.15}{s(Ts+1)}$$

式中，T 为与速度反馈系数有关的待定系数。根据实际需要，系统应达到如下性能指标：$e_{ssv}=0$；$t_s\leqslant 3s$；$M_p\leqslant 30\%$。拟采用控制器进行校正，试选择控制器种类并确定控制器参数。

解： 由于要求稳态精度 $e_{ssv}=0$，故系统必须设计成典型Ⅱ型系统。选择 PI 控制器，其传递函数为

$$G_c(s)=\frac{K_p(T_is+1)}{T_is}$$

由表 25.4-7 第一列，可将上式改写为

$$G_c(s)=\frac{K_p(hTs+1)}{hTs}\tag{25.4-51}$$

实际上就是让 $T_i=hT$，其中 h 为典型Ⅱ型系统的中频带宽。

校正后，系统的开环传递函数可写为

$$G_h(s)=G_c(s)G(s)=\frac{K_p(hTs+1)}{hTs}\cdot\frac{2.15}{s(Ts+1)}$$

$$=\frac{2.15K_p}{hT}\cdot\frac{(hTs+1)}{s^2(Ts+1)}=\frac{K(hTs+1)}{s^2(Ts+1)}$$

式中

$$K=\frac{2.15K_p}{hT}\tag{25.4-52}$$

由表 25.4-5 可知，当 $h=8$ 时，$t_s/T_2=12.25$。对本题，$T_2=T$，所以 $t_s/T=12.25$。又因本题要求 $t_s\leqslant 3s$，故可解得 $T=0.25$。

又因为

$$K=\frac{h+1}{2h^2T^2}=\frac{8+1}{2\times8^2\times0.25^2}=1.125$$

由式（25.4-52）解得

$$K_p=\frac{hKT}{2.15}=\frac{8\times1.125\times0.25}{2.15}=1.05$$

将 K_p、h、T 的值代入式（25.4-51）中，得 PI 控制器的传递函数为

$$G_c(s)=\frac{1.05(2s+1)}{2s}$$

在实际工程中，原系统不可能都包含在表 25.4-6

及表 25.4-7 中，在这种情况下，可对原系统做些简化，使其成为表中所包含的形式。例如，在实际系统中，常有一些小时间常数的惯性环节，如果其中一个时间常数较其他时间常数小得多，则可将其忽略。

2.4　PID 控制器

连续 PID 控制的最一般形式为

$$u(t) = K_p e(t) + K_i \int_0^t e(\tau)\mathrm{d}\tau + K_d \frac{\mathrm{d}e(t)}{\mathrm{d}t} \tag{25.4-53}$$

传递函数为

$$G_c(s) = K_p + \frac{1}{T_i s} + T_d s \tag{25.4-54}$$

式中，K_p、K_i、K_d 分别是对系统误差信号及其积分与微分量的加权系数，控制器通过这样的加权就可以计算出控制信号，驱动被控对象。PID 控制器设计，就是根据对系统性能指标的要求确定这三个参数的过程。图 25.4-9 所示为模拟 PID 控制律的原理框图。

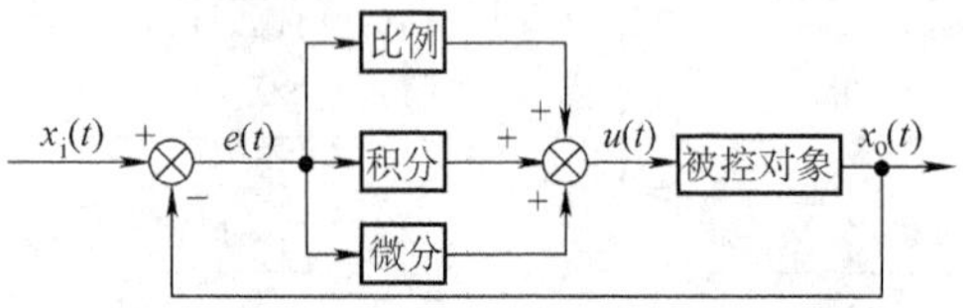

图 25.4-9　模拟 PID 控制律的原理框图

加权系数 K_p、K_i 和 K_d 具有如下明显的物理意义。

比例控制的输出与输入误差信号成比例关系，一旦发生误差，控制律立即发生作用，以减少偏差，其值越大，对误差的调节力度也越大。但 K_p 无限制地增大会使闭环系统不稳定。比例控制是一种最简单的控制方式。仅有比例控制时，系统存在稳态误差。

积分控制的输出与输入误差信号的积分成正比关系。通过对以往误差信号发生作用，积分控制能消除控制中的静态误差。但 K_i 的值增大可能增加系统的超调量，从而导致系统振荡。

微分控制的输出与输入误差信号的微分（即误差的变化率）成正比关系。有一定的预报功能，能在误差有大的变化趋势时施加合适的控制。K_d 的值增大能加快系统的响应速度，减小调节时间。但过大的 K_d 值会因系统噪声或被控对象的长时间延迟出现问题。微分作用主要用来减少动态超调，克服系统振荡，加快系统的动态响应，改善系统的动态特性。

PID 控制的三种作用（比例，积分，微分）是各自独立的，常结合使用，是并联的关系。但是积分控制和微分控制不能单独使用，必须和比例控制结合起来，形成 PI 控制或者 PD 控制。具有比例+微分的控制能够使减小误差的控制作用等于零，甚至为负值，从而避免了被控量的严重超调。所以对有较大惯性或滞后的被控对象，比例+微分（PD）控制能改善系统在调节过程中的动态特性。有源网络和传递函数见表 25.4-8。

实现 PID 控制器的核心问题是根据给定的被控对象，合理地选择控制参数 K_p、T_i 和 T_d。具有 PID 控制器的闭环系统框图如图 25.4-10 所示。由图可见，PID 控制器是一种串联校正装置。当被控对象的数学模型已知时，可以采用各种不同的设计方法确定控制器的参数，包括解析方法和阶跃响应曲线法等。但是，如果被控对象模型无法精确获得，则不能用解析方法去设计控制器。在这种情况下，只能借助于实验的方法来整定控制器的参数。此时采用 Z-N（Ziegler-Nichols）整定方法更能显示出它的实用价值。

表 25.4-8　常用 PID 控制的有源网络和传递函数

	有源网络	传递函数
比例控制器(P)	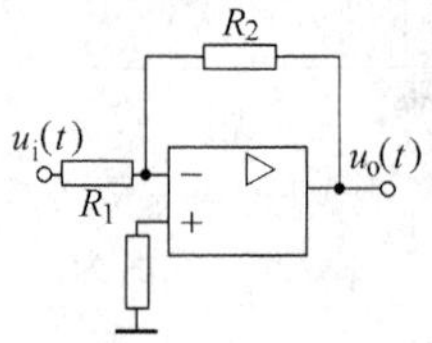	$G_c(s)=\frac{U_o(s)}{U_i(s)}=K_p$ 式中，$K_p=-R_2/R_1$
比例积分控制器(PI)	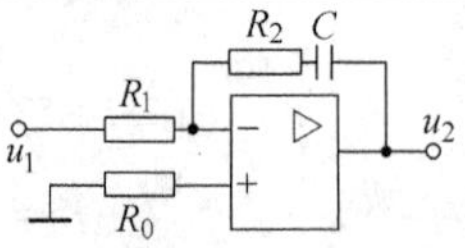	$G_c(s)=K_p+\frac{1}{T_i s}=\frac{T_i K_p s+1}{T_i s}$ 式中，$K_p=-R_2/R_1$，$T_i=-R_1 C$
比例微分控制器(PD)	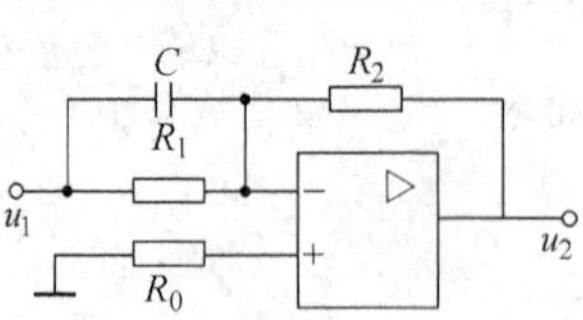	$G_c(s)=K_p+T_d s$ 式中，$K_p=-R_2/R$，$T_d=-R_2 C$

（续）

	有源网络	传递函数
比例积分微分控制器(PID)	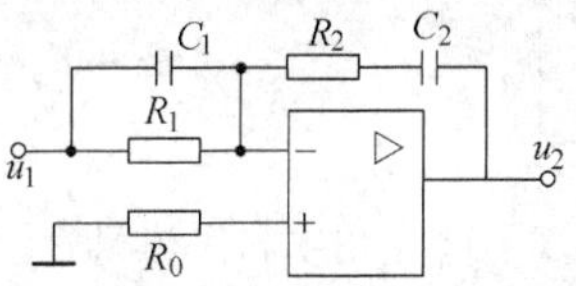	$G_c(s)=K_p+\frac{1}{T_i s}+T_d s$ 式中， $K_p=-\frac{R_1C_1+R_2C_2}{R_1C_2}, T_i=-R_1C_2, T_d=-R_2C_1$

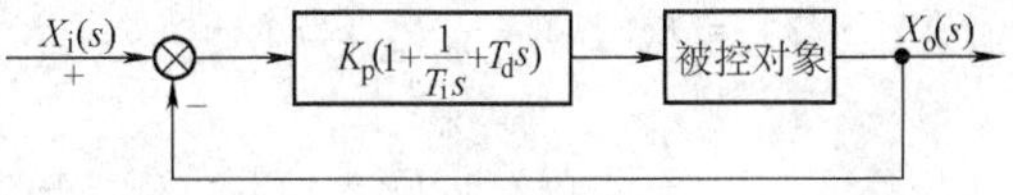

图 25.4-10　具有 PID 控制器的闭环系统框图

Z-N 整定方法有两种，它们共同的目标都是使系统阶跃响应的最大超调量不超过 25%。

1）第一种方法，也称响应曲线法，是在被控对象的输入端加一阶跃信号，然后测出输出的响应曲线。如果被控对象既无积分环节，又无共轭复数极点存在，则阶跃响应曲线呈 S 形。该曲线的特征可以用测得的延迟时间 τ 和时间常数 T 来表征，其相应的数学模型可以用下面的传递函数近似的描述（如果阶跃响应的曲线不是 S 形，则不能应用此方法）：

$$G(s)=\frac{K\mathrm{e}^{-\tau s}}{Ts+1} \tag{25.4-55}$$

根据实验测得 τ、T 参数，再按表 25.4-9 中的方法整定 PID 控制器的参数。

表 25.4-9　第一种 Z-N 整定方法

控制器类型	K_p	T_i	T_d
P	KT/τ	∞	0
PI	$0.9KT/\tau$	$\tau/0.3$	0
PID	$1.2KT/\tau$	2τ	0.5τ

根据表 25.4-9，若选择 PID 控制类型，则控制器的传递函数为

$$G_c(s)=K_p\left(1+\frac{1}{T_i s}+T_d s\right)=\frac{1.2KT}{\tau}\left(1+\frac{1}{2\tau s}+0.5\tau s\right)$$

$$=0.6T\frac{(s+1/\tau)^2}{s} \tag{25.4-56}$$

显然，PID 控制器有一个位于原点的极点和一对位于 $s=-1/\tau$ 的零点。

2）第二种方法，对于如图 25.4-10 所示的闭环系统，设 $T_i=\infty$，$T_d=0$，即只采用比例控制。令 K_p 从零逐渐增大，直至系统阶跃响应呈现持续的等幅振荡，记下此时输出曲线对应的临界增益值 K_c 和振荡周期 T_c（若无论怎样变化 K_p 值，系统都不会呈现持续振荡，则不能用此方法），再按表 25.4-10 给出的经验公式确定 K_p、T_i 和 T_d，这种方法又称为临界比例度法。表 25.4-10 中比例度 $\delta=1/K_p$，临界比例度 $\delta_k=1/K_c$。

表 25.4-10　第二种 Z-N 整定方法
（临界比例度法）

控制器类型	$\delta(\%)$	T_i	T_d
P	$2\delta_k$	∞	0
PI	$2.2\delta_k$	$0.833T_c$	0
PID	$1.7\delta_k$	$0.5T_c$	$0.125T_c$

根据表 25.4-10，若选择 PID 控制器的参数，则控制器的传递函数为

$$G_c(s)=K_p\left(1+\frac{1}{T_i s}+T_d s\right)$$

$$=0.6K_c\left(1+\frac{1}{0.5T_c s}+0.125T_c s\right)$$

$$=0.075K_cT_c\frac{(s+4/T_c)^2}{s}$$

因此，此 PID 控制器具有一个位于原点的极点和一对位于 $s=-4/T_c$ 的零点。

3　离散系统设计

离散控制系统的校正和设计是指设计一个数字控制器 $D(z)$，使系统达到一定的性能指标。数字控制器的功能是由计算机通过执行控制程序完成的，不是通过硬件实现的。由于在计算机控制系统中既存在连续信号，也存在离散信号，所以可以对系统在 Z 域上直接进行校正及设计，这种方法称为离散设计法。当采样频率远远大于系统工作频率时，也可以把离散系统近似看作连续系统进行设计。首先设计出模拟校正装置 $D(s)$，再将其转化成数字控制器的脉冲传递函数 $D(z)$，最后用数字控制器实现，这种方法称为模拟化设计法。

3.1　模拟化设计法

模拟化设计法适合采样频率远远大于系统工作频率的情况。将控制系统表示成如图 25.4-11 所示的形式，并将“A/D、$D^*(s)$、D/A”作为一个“连续校正环节”看待，其传递函数用 $D(s)$ 表示。这个“连续校正环节”的输入和输出都是连续量。

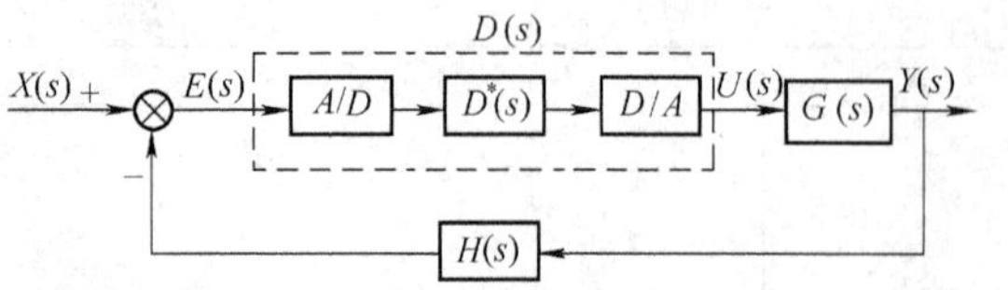

图 25.4-11 模拟化设计法的系统方框图

在 Z 变换中曾设 $z=e^{sT}$，应用泰勒级数展开可得

$$z=\frac{e^{Ts/2}}{e^{-Ts/2}}=\frac{1+Ts/2}{1-Ts/2}$$

由上式解出变换式

$$s=\frac{2}{T}\cdot\frac{z-1}{z+1}=\frac{2}{T}\cdot\frac{1-z^{-1}}{1+z^{-1}} \quad (25.4\text{-}57)$$

式（25.4-57）所表示的变换称为双线性变换法。在工程中，常采用此变换法将 $D(s)$ 转换成 $D(z)$。

3.2 离散设计法

在离散校正中，重要的是确定校正环节的脉冲传递函数 $D(z)$。如果根据离散系统的要求，已经确定出所希望的系统脉冲传递函数 $G_b(z)$，则可用倒推的方法求得控制器的脉冲传递函数 $D(z)$。将系统表示成如图 25.4-12 所示的形式。图中，$D(s)$ 为数字控制器脉冲传递函数，$G(s)$ 为保持器和被控对象的传递函数，$H(s)$ 为反馈通道的传递函数。

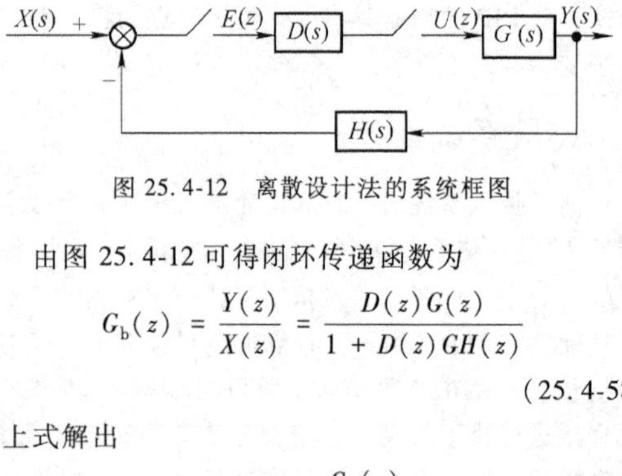

图 25.4-12 离散设计法的系统框图

由图 25.4-12 可得闭环传递函数为

$$G_b(z)=\frac{Y(z)}{X(z)}=\frac{D(z)G(z)}{1+D(z)GH(z)} \quad (25.4\text{-}58)$$

由上式解出

$$D(z)=\frac{G_b(z)}{G(z)-G_b(z)GH(z)} \quad (25.4\text{-}59)$$

将式（25.4-59）写成差分方程形式，由计算机实现这一差分方程的运算，便可完成校正装置的功能。

3.3 PID 数字控制器

PID 校正装置的传递函数为

$$G_c(s)=\frac{U(s)}{E(s)}=K_p+\frac{1}{T_is}+T_ds \quad (25.4\text{-}60)$$

式中，$U(s)$ 和 $E(s)$ 分别为校正装置的输出和输入；K_p、T_i 和 T_d 分别为比例增益、积分时间常数和微分时间常数。

式（25.4-60）对应的微分方程为

$$u(t)=K_pe(t)+\frac{1}{T_i}\int_0^t e(t)\mathrm{d}t+T_d\frac{\mathrm{d}e(t)}{\mathrm{d}t} \quad (25.4\text{-}61)$$

用求和代替积分，并用差分代替微分，将式（25.4-61）写成离散化形式，即

$$u(k)=K_pe(k)+\frac{T}{T_i}\sum_{n=0}^{k}e(n)+\frac{T_d}{T}[e(k)-e(k-1)] \quad (25.4\text{-}62)$$

对式（25.4-62）进行 Z 变换，得到数字 PID 控制器的脉冲传递函数为

$$\begin{aligned}D(z)&=\frac{U(z)}{E(z)}\\&=K_p+\frac{T}{T_i}\cdot\frac{1}{1-z^{-1}}+\frac{T_d}{T}(1-z^{-1})\\&=\frac{b_2+b_1z^{-1}+b_0z^{-2}}{1-z^{-1}}=\frac{b_0+b_1z+b_2z^2}{z(z-1)}\end{aligned} \quad (25.4\text{-}63)$$

式中

$$b_0=T_d/T,\ b_1=-K_p-2T_d/T,\ b_2=K_p+T/T_i+T_d/T \quad (25.4\text{-}64)$$

若采用数字 PI 控制器，令 $T_d=0$，由式（25.4-63）得出数字 PI 控制器的脉冲传递函数为

$$\begin{aligned}D(z)&=\frac{U(z)}{E(z)}=K_p+\frac{T}{T_i}\cdot\frac{1}{1-z^{-1}}\\&=\frac{b_1+b_0z^{-1}}{1-z^{-1}}=\frac{b_0+b_1z}{z-1}\end{aligned} \quad (25.4\text{-}65)$$

式中

$$b_0=-K_p,\ b_1=K_p+T/T_i \quad (25.4\text{-}66)$$

数字 PID 控制器的设计就是根据对系统的要求确定系数 b_0、b_1 和 b_2。

例 25.4-3 如图 25.4-13 所示为一离散控制系统。保持器为零阶保持器，被控对象传递函数为

$$G_p(s)=\frac{10}{(s+1)(s+2)}$$

设计数字 PID 控制器，以改善系统性能。

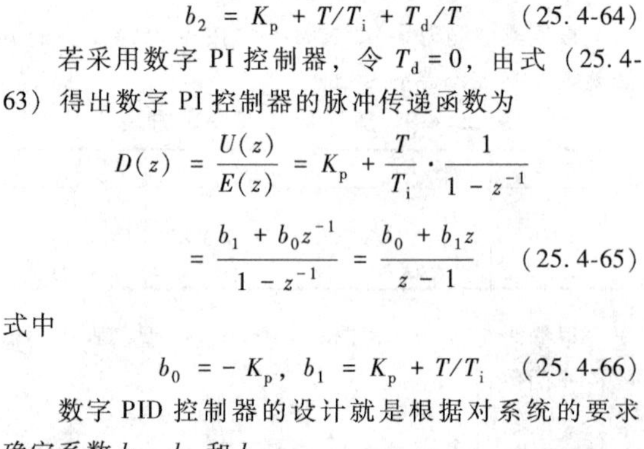

图 25.4-13 系统结构框图

解：选采样周期 $T=0.1$s，检查系统未校正时的稳态误差，由此，求出未校正时系统开环脉冲传递函

数为

$$G_k(z) = Z[G_h(s)G_p(s)]$$
$$= Z\left[\frac{1-e^{-Ts}}{s}\frac{10}{(s+1)(s+2)}\right]$$
$$= \frac{0.0453(z+0.904)}{(z-0.905)(z-0.819)}$$

单位阶跃输入时的位置误差系数

$$K_p = \lim_{z\to1}[1+G_k(z)] = 1+5.02 = 6.02$$

稳态位置误差为

$$e_{ss} = 1/K_p = 1/6.02 = 0.166$$

通过数字 PID 控制器，可消除稳态位置误差，并使速度误差系数达到一定的数值，如 $K_v=5$。采用数字 PID 控制器校正后的系统开环传递函数为

$$G_{ka}(z) = D(z)G_k(z)$$
$$= \frac{b_2z^2+b_1z+b_0}{z(z-1)}\cdot\frac{0.0453(z+0.904)}{(z-0.905)(z-0.819)}$$

由 $K_v=5$，得

$$K_v = \frac{1}{T}\lim_{z\to1}(z-1)G_{ka}(z)$$
$$= \frac{1}{0.1}(b_2+b_1+b_0)\frac{0.0453\times1.904}{0.095\times0.181}$$
$$= 50.16(b_2+b_1+b_0) = 5$$

所以

$$b_2+b_1+b_0 = 0.1 \qquad (25.4\text{-}67)$$

通过校正，可使 $G_{ka}(z)$ 分母中的两个因子消去，为此使

$$z^2+\frac{b_1}{b_2}z+\frac{b_0}{b_2} = (z-0.905)(z-0.819) \qquad (25.4\text{-}68)$$

解得

$$\frac{b_1}{b_2}=-1.724,\quad \frac{b_0}{b_2}=0.741$$

将结果代入式（25.4-67）中，解得

$$b_0=4.36,\ b_1=-10.1,\ b_2=5.88$$

所以控制器的脉冲传递函数为

$$D(z) = \frac{5.88(z-0.905)(z-0.819)}{z(z-1)}$$

校正后，系统开环和闭环的脉冲传递函数分别为

$$D_{ka}(z) = \frac{0.266(z+0.904)}{z(z-1)}$$

$$D_a(z) = \frac{0.266(z+0.904)}{z^2-0.734z+0.240}$$

如图 25.4-14 所示的曲线 a 为未校正系统的单位阶跃响应，曲线 b 为校正后系统的单位阶跃响应。

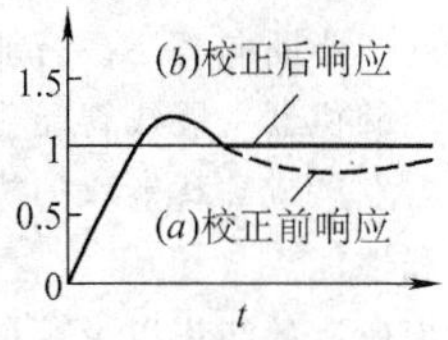

图 25.4-14　系统响应曲线图

第5章　先进控制理论基础

在机械工程发展过程中，不断提高机器自动化水平一直是人类追求的目标。然而，经典控制理论和现代控制理论都需要建立系统数学模型才能对系统进行分析和设计。在许多实际系统中，特别是现代科学技术中的复杂系统，常存在非线性、时变性、不确定性以及无法用确切的数学模型来描述，或者由于数学模型过于复杂而无法在实时控制中应用的情况。为解决这些问题，就出现了一些比普通经典控制理论和现代控制理论更为先进的控制理论，它们在控制过程中能通过自动调整以适应数学模型不精确、没有数学模型或者不断变化的工作环境，具有为达到目标进行规划、逻辑推理、判断或评估、学习及进化、记忆、经验积累等能力。智能机器就是具有智能控制系统的机器。通过智能优化设计，可以不断完善和提高智能机器的智能化程度，不断向高层次智能发展和完善；还可以将没有智能的机器发展成智能化的机器，将低层次智能化的机器发展成高智能化的机器，从而提高机械产品的功能和性能。

我们可以把所有的知识以及获取知识的方法注入智能控制系统中，也可以把人类的思维方法（对所获取信息的分析、特征提取、推理、判断、决策、经验的获取、积累与提高等）“教给”智能控制系统。智能控制理论，可以看成是自动控制、人工智能、信息论和运筹学的交叉学科，被认为是通向自主机器道路上自动控制的顶层。在自动控制的发展过程和通向智能控制的道路中，控制对象和控制系统的复杂性都在不断地增加。本章主要概述自动控制系统智能化，介绍最优控制、自适应控制、模糊控制、自学习控制及神经网络控制的基本原理。

1　系统智能化

智能化的对象是那些需要具有人工智能的、功能完善的高性能复杂机器。智能化设计的目标是最大限度地满足用户对智能机器功能和性能的要求。智能机器的功能和性能很大程度上取决于机器的控制系统，也就是说，机器的控制系统必须具有智能特性。具有智能特性的控制系统称为智能控制系统。智能控制系统所起的作用就像人的大脑，它能够根据工作任务进行分析、推理和规划，根据环境的变化或系统自身的变化独立进行判断和决策，具有处理变化的能力。因此智能控制系统必须具有实时监测、分析、决策和执行等能力。

智能化系统设计的关键是智能控制。智能控制是自动控制发展的高级阶段，是自动控制、人工智能、信息论和运筹学等多学科的交叉学科。当今国内外自动化学科中，智能控制是十分活跃和具有挑战性的领域，它不仅包含了自动控制、人工智能、信息论和运筹学的内容，而且还从生物学等学科汲取丰富的营养，是当今科学和技术发展的最新方向之一。

1.1　智能控制的产生背景

从控制理论学科发展的历程来看，该学科的发展经历了三个主要阶段。第一阶段为20世纪40~60年代的“经典控制理论”时期。经典控制理论以反馈理论为基础，是一种单回路线性控制理论，采用的分析方法主要有传递函数、频率特性、根轨迹分析等，主要研究开环控制和确定性反馈控制。第二阶段为20世纪60~70年代的“现代控制理论”时期。在该时期，J. M. Mendal于1966年首先提出将人工智能技术应用于飞船控制系统的设计，傅京逊于1971年首次提出智能控制这一概念，状态空间法、Bellman动态规划方法、Kalman滤波理论和Pontryagin极大值原理等方法相继出现，主要研究的问题也转变为具有高性能、高精度的多变量参数系统的最优控制问题。第三阶段为20世纪70年代至今的“智能控制理论”时期。由于现代控制理论过多地依赖对象的数学模型，其控制算法较为理想化，因此在面对难以用数学模型描述或者具有时变、非线性、不确定特性的复杂系统时，现代控制系统也显得无能为力。为了提高控制系统的品质和寻优能力，控制领域的研究人员把人工智能技术大量地用于控制系统。1982年，FOX等人实现加工车间调度专家系统；1987年，美国FOXBORO公布了新一代人工智能控制系统。这些标志着智能控制开始转入应用阶段。20世纪80年代后半期，神经网络的研究也大大促进了智能控制的发展，尤其是近些年，控制领域的研究人员把传统的控制理论与模糊逻辑、神经网络、遗传算法等智能算法相结合，充分利用人的经验知识对复杂系统进行控制，逐渐发展和完善了智能控制这一学科。

1.2　智能机器的智能级别

智能机器按智能化程度的不同可分为三级，即动作级、子任务级和总任务级。

动作级，是智能化程度最低的一级，指的是由人指定智能机器完成一项简单任务，仅在完成这个简单任务中体现出智能化，如步行挖掘机控制系统发展的第二阶段，即步行挖掘机的运动控制（包括行走运动和挖掘运动）智能化阶段。

子任务级，它的智能化程度处于中间一级，指的是智能机器能自主地完成一项子任务。如果要完成一项总任务，则需要人的辅助。例如，步行挖掘机控制系统发展的第三阶段，即具有视觉的自规划运动智能控制阶段，在这一阶段中，步行挖掘机可以根据任务的需要自动规划运动，并运动到工作现场。

总任务级，是智能程度的最高级，也是智能化的最高目标，指的是无需人的干预和辅助，就能自主地完成包含多个子任务的总体任务。例如，步行挖掘机控制系统发展的第四阶段，在这个阶段中，步行挖掘机具有视觉系统，能够识别环境，可以进行逻辑判断、推理和决策，步行挖掘机不需接受子任务指令，就能够自主地完成总任务的各个过程，这样的步行挖掘机就是一台总任务级智能机器。

智能化设计不断向更高级别智能化程度发展，随着科学技术的不断进步，特别是计算机处理器功能的逐步强大、传感技术的不断发展、加工技术手段的日益提高等，智能化程度会越来越高，智能化也有着巨大的发展空间。当然，每个智能化级别都有其相应的应用范围和适用领域，智能化的目标也不是单纯追求最高的智能化级别。智能化级别越高，相应的产品成本就越高，所以应根据具体的实际需要来确定智能化级别。

1.3　智能化系统的结构

智能化设计的关键是智能控制。智能控制是现代科学技术发展的综合产物，具有多学科交叉的特点。蔡自兴教授提出了四元智能控制结构，把智能控制看作自动控制、人工智能、信息论和运筹学 4 个学科的交叉，如图 25.5-1 所示。此结构在三元结构的基础上加入了信息论，其特点是强调了三元论中三级间的信息流通。信息在智能控制系统中的流通就像人类身体中的神经一样，智能控制也是靠信息将系统的各个部分连接起来成为一个智能整体。所以，四元结构更完整地描述了智能控制的特点，其关系式为

$$IC = AI \cap CT \cap IT \cap OR \qquad (25.5\text{-}1)$$

式中　IC——智能控制（Intelligent Control）；

AI——人工智能（Artificial Intelligence）；

CT——控制论（Control Theory）；

IT——信息论（Information Theory）；

OR——运筹学（Operation Research）。

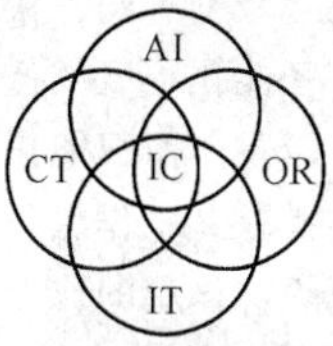

图 25.5-1　智能控制的四元结构

人工智能是一个知识处理系统，具有记忆、学习、信息处理、形式语言及启发式推理等功能，可以让机器帮助人做那些需要具有人智慧的事情，而这些功能都是通过人工智能应用程序完成的。运筹学是近几十年形成和发展起来的一门新兴应用性科学，它通过运用数学方法和技术，研究各种系统和实际问题的优化设计、决策、控制和管理途径及策略，为决策者或控制系统的决策环节提供科学决策的理论依据和实际操作手段与方法。控制论描述系统的动力学特性，通过前馈、反馈和各种对控制器的设计方法来改善系统性能。

无论是人工智能、控制论还是系统论，它们都与信息论息息相关。例如，一个具有高度自主制导能力的智能机器人系统，它对环境的感觉，对信息的获取、存储与处理，以及为适应各种情况而做出的决策、优化和动作等，都需要人工智能、控制论和运筹学参与作用，并相互渗透。信息观点已成为知识控制必不可少的思想。图 25.5-2 所示为钱学森提出的系统科学体系图的一部分。从图中可见，与系统论、控制论和运筹学一样，信息论也是系统学的重要组成部分。智能控制系统中的通信更离不开信息论的理论指导。

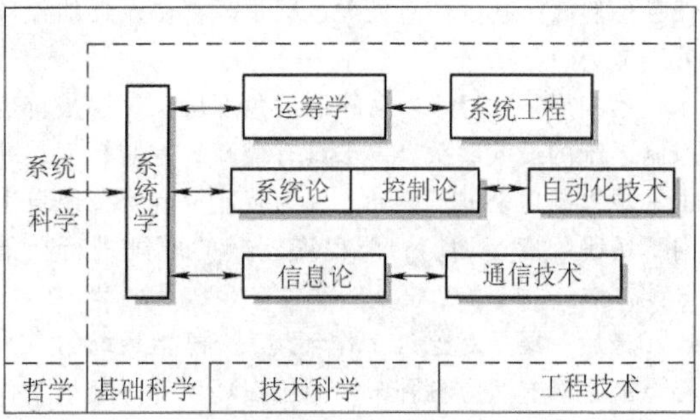

图 25.5-2　钱学森提出的系统科学体系图（部分）

根据 G. N. Saridis（美国）等人提出的分层递阶智能控制理论，可将智能系统的结构用图 25.5-3 表示，即由人、组织级、协调级、执行级和对象（工作环境）五个层次组成。智能系统分层递阶结构的第一层是人。基于目前智能机器发展的程度，即使是

最高级别的智能系统也需要人对它发出完成某项工作任务的指令。智能化级别不同，人参与的工作性质和任务量也不一样。智能化程度越低的机器，人参与的工作越具体，任务越重。而智能化程度高的机器，人只需发出高层次的指令，工作量很少。

第二层是组织级。该层的作用是针对给定的外部命令和任务，组织确定能够完成该任务的各项子任务，再将这些子任务送到下一级，即协调级。通过协调级处理，最终将具体的执行动作要求送至执行级去完成。

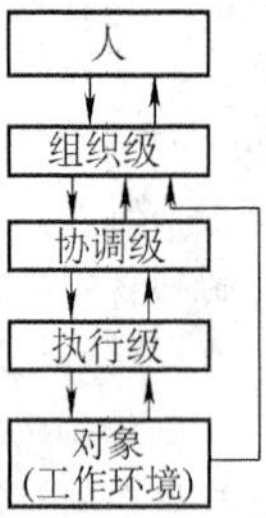

图 25.5-3　不同级别的智能系统的分层递阶

第三层是协调级。采用人工智能和运筹学的理论与方法，协调各个子任务的执行。协调级的任务是处理对控制器间的通信和协调问题，即由组织级为某些特定作业给定一系列基本任务后，应该由哪些控制器来执行任务，这些控制器工作的先后顺序应该是怎样的。协调器需要有以下功能：①通信能力，协调器能够接收和发送信息，沟通组织级与控制器之间的联系；②数据处理能力，描述组织级的命令信息和控制器的反馈信息，为协调器的决策单元提供信息；③任务处理能力，辨识要执行的任务，为相应的控制器选择合适的控制程序；④学习功能，当获得更多的执行任务经验时，减少信息处理过程，改善协调器的任务处理能力。

第四层是执行级。从控制的角度讲，该层是智能控制系统的最低层次，要求具有最高的控制精度，并由常规控制理论进行设计，因为智能控制是按照自上向下精确程度渐增、智能程度逐减的原则进行功能分配。

最后一层是对象（工作环境）。智能系统的最大特点就是具有适应各种未知的工作环境和时变的工作状况的能力，所以工作对象或工作环境也是智能大系统的重要组成部分。工作对象发生变化，上面各层都会做出相应的反应和变化。

根据智能机器的智能化程度分级和智能系统的分层递阶结构，绘出一个典型的总任务级智能机器分层递阶结构图，如图 25.5-4 所示。

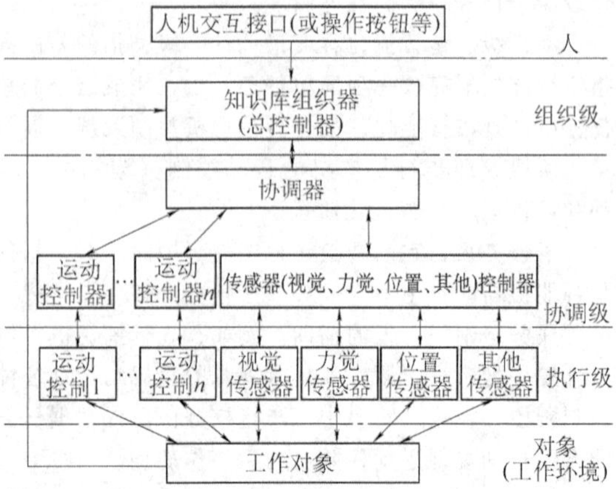

图 25.5-4　总任务级智能机器分层递阶结构图

把智能化机器与人相比拟，智能化机械设备的组成又可以分成感知系统、控制系统和执行系统三部分。其中，感知系统就像人的“五官神经”，随时对系统本身以及外界环境的基本状况进行监测；控制系统好比人类的“大脑”，根据感知系统反馈回的状态信号做出决策；而执行系统却如受大脑指挥工作的“手”和“脚”，完成必要的动作。

1.4　人工智能

1.4.1　人工智能的定义

人工智能（Artificial Intelligence，AI）是计算机科学、控制论、信息论、神经生理学、心理学、语言学、哲学等多种学科相互渗透而发展起来的一门交叉学科，是21世纪三大顶尖技术（基因工程、纳米科学、人工智能）之一。对于人工智能的含义，目前研究界尚无统一的定义，美国斯坦福大学人工智能研究中心尼尔逊教授提出如下定义：“人工智能是关于知识的学科——怎样表示知识以及怎样获得知识并使用知识的科学。”而麻省理工学院的温斯顿教授则认为：“人工智能就是研究如何使计算机去做过去只有人才能做的智能工作。”

1.4.2　人工智能的发展史

人工智能从诞生至2016年已有60年的历史，其发展大致可分为以下几个阶段，见表 25.5-1。

在人工智能的第一个兴旺阶段中，主要研究方向是机器翻译、定理证明、博弈等，并取得了一些成功，这使人工智能科学家认为可以研究和总结人类思维的普遍规律并用计算机模拟实现，乐观的预计可以创造一个万能的逻辑推理体系。当人们进行了比较深入的研究后，发现了诸多问题。例如，消解法在证明“连续函数之和仍连续”这一定理过程中，无法推出

表 25.5-1　人工智能发展的各个阶段、时间和事件

发展阶段	时间点	事件
诞生及第一个兴旺阶段（1956 年~1966 年）	1956 年夏	在美国 Dartmouth 大学举办的“侃谈会”上，第一次正式使用了人工智能（AI）这一术语
	1956 年	Newell 和 Simon 等人在定理证明工作中首先取得突破，开启了以计算机程序来模拟人类思维的道路
	1960 年	McCarthy 建立了人工智能程序设计语言 LISP
	1965 年	消解法（归结原理）被首次提出，但能力有限；世界冠军 Helmann 与 Samuel 的程序对弈了四局，仅有一个和局，其余 Helmann 全胜
萧条波折期（1967 年~20 世纪 70 年代初期）	20 世纪 60 年代中期~70 年代初期	经过比较深入的研究后，出现了许多难以逾越的障碍，人工智能因此受到了各种责难，进入了萧条波折期
第二个兴旺期（20 世纪 70 年代中期~80 年代末）	1976 年	斯坦福大学国际研究所的 R. O. Duda 等人开始研制用于地质勘探的专家系统 PROSPECTOR
	1977 年	第五届国际人工智能联合会会议上，Feigenbaum 教授提出了“知识工程”的概念，人工智能的研究又出现了转折点
	1982 年	斯坦福大学国际研究所的专家系统 PROSPECTOR 预测了华盛顿州的一个勘探地段的钼矿位置，价值超过了一亿美元
平稳发展期（20 世纪 90 年代至今）	20 世纪 90 年代	网络技术的发展使人工智能开始由单个智能主体研究转向基于网络环境下的分布式人工智能研究
	2006 年	Hinton 等人提出了深度学习，再掀起人工智能的新浪潮

确切结果；Samuel 的下棋程序获得州冠军之后没能进一步取得突破；最糟糕的还是机器翻译，最初采用的主要办法是依靠一部词典的词到词的简单映射方法，结果没有成功；从神经生理学角度研究人工智能的人也遇到了几乎是不可逾越的障碍，以电子线路模拟神经元及人脑都没有成功。这一切都说明：20 世纪 50 年代的估计盲目乐观，没有充分估计到其中的困难。因此，20 世纪 60 年代中期至 70 年代初期，人工智能受到了各种责难，进入了萧条波折期。20 世纪 70 年代中期至 80 年代末是人工智能的第二个兴旺期，该阶段由于知识工程的提出，理论研究和计算机软、硬件的飞速发展，各种专家系统、自然语言处理系统等人工智能实用系统开始商业化并进入市场，而且取得了较大的经济效益和社会效益，展示了人工智能应用的广阔前景。20 世纪 90 年代以来，专家系统兴起并用来模拟人类专家解决各个领域的问题。人工神经网络在诸多模型中也得到了广泛的应用。机器学习、计算智能、专家系统以及行为主义等的研究深入展开，不同观点的加速融合，都预示着人工智能将有重大突破。

1.4.3　人工智能的研究与应用

人工智能研究的一个主要目标是使机器能够胜任一些通常需要人类智慧才能完成的复杂工作。人工智能是计算机科学的一个分支，它的目的是了解智能的实质，并研究出能以与人类智能相似的方式处理问题的智能机器。目前人工智能主要应用在模式识别、专家系统和机器学习等领域。

（1）专家系统

专家系统 ES（Expert System）是人工智能领域最活跃和最广泛的领域之一。自从 1965 年第一个专家系统 Dendral 在美国斯坦福大学问世以来，经过 50 多年的开发，各种专家系统已遍布各个专业领域。

专家系统被定义为使用人类专家推理的计算机模型来处理现实世界中需要专家做出解释的复杂问题，并得出与专家相同的结论。专家系统可简单地视作“知识库”和“推理机”的结合。知识库是专家的知识在计算机中的映射，推理机是利用知识进行推理的能力在计算机中的映射，构造专家系统的难点也主要存在于这两个方面。为了更好地建立知识库，兴起了“知识表示”“知识获取”和“数据挖掘”等学科；为了更好地建立推理机，兴起了“机器推理”“模糊推理”和“人工神经网络”等学科。

随着近年来对专家系统的研究，目前人工智能技术已经能够有效应用，其中具有代表性的应用是：用户与专家系统进行“咨询对话”，如同其与专家面对面交流。当前的实验系统，如化学和地质数据分析、计算机系统结构、建筑工程以及医疗诊断等咨询任务方面，已达到了很高的水平。总的来说，专家系统是一种具有智能特性的软件，它所提供的求解方法是一种启发式方法。专家系统所要解决的问题一般无算法解，其与传统的计算机程序的不同之处在于，它要经

常需要在不完全、不精确或不确定的信息基础上做出结论。

（2）模式识别

模式识别是指对表征事物或现象的各种形式的（数值的、文字的和逻辑关系的）信息进行处理和分析，以对事物或现象进行描述、辨认、分类和解释的过程，是信息科学和人工智能的重要组成部分。计算机人工智能所研究的模式识别是指采用计算机代替人类或帮助人类进行模式感知，其主要的研究对象是计算机模式识别系统，也就是让计算机系统能够模拟人类通过感觉器官对外界产生各种感知的能力。

模式识别主要应用在文字识别、语音识别和生物特征识别等领域。文字识别是利用计算机自动识别字符的技术，是模式识别应用的一个重要领域。文字识别一般包括文字信息的采集、信息的分析与处理、信息的分类判别等几个部分，常用的方法有模板匹配法和几何特征抽取法。语音识别技术所涉及的领域包括：信号处理、概率论、信息论、发声机理和听觉机理等。其中，该技术中的声纹识别技术以其独特的方便性、经济性和准确性等优势受到世人瞩目，并日益成为人们日常生活和工作中重要且普及的识别方式。生物识别技术主要是指通过可测量的身体或行为等生物特征进行身份认证的一种技术。生物特征是指可以测量或可自动识别和验证的生理特征或行为方式。具体来说，生物特征识别技术就是通过计算机与光学、声学、生物传感器和生物统计学原理等高科技手段密切结合，利用人体固有的生理特性和行为特征来进行个人身份的鉴定。

作为一门新兴学科，模式识别在不断发展，其理论基础和研究范围也在不断深化。当前，模式识别正处于大发展的阶段，随着其应用范围的逐渐扩大及计算机科学的发展，模式识别技术将在今后有更大的发展，并且量子计算技术也将用于模式识别的研究。

（3）机器学习

机器学习（Machine Learning）是研究如何使用计算机模拟或实现人类的学习活动。它是继专家系统之后人工智能的又一重要应用领域，是使计算机具有智能的根本途径，也是人工智能研究的核心课题之一，它的应用遍及人工智能的各个领域。

20世纪80年代末期，用于人工神经网络的反向传播算法（Back Propagation，BP算法）的发明给机器学习带来了希望，掀起了基于统计模型的机器学习热潮，即第一次机器学习浪潮：浅层学习。浅层学习主要包括高斯混合模型、线性或非线性动力系统、条件随机场、最大熵模型、支持向量机、逻辑回归、核回归以及多层感知器等。以前，绝大多数机器学习和信号处理技术都利用浅层结构，这些结构一般包含最多一到两层的线性或非线性变换。浅层学习在解决很多简单问题或者约束很多的问题上效果明显，但是由于其建模和表示能力有限，在遇到实际生活中一些更复杂的涉及自然信号（如人类的声音、自然声音和语言、自然图像和视觉场景）的问题时就会遇到各种困难。

2006年，Hinton等人提出了深度学习，掀起了机器学习的又一次浪潮。深度学习的概念起源于对人工神经网络的研究。前馈神经网络或具有多隐层的多层感知器——也叫深度神经网络（Deep Neural Networks，DNN）——是深度结构模型中很好的范例。其他典型深度学习的方法主要有深度置信网络（Deep Belief Networks，DBN）、深度自编码（Deep Autoencoder）、受限玻尔兹曼机（Restricted Boltzmann Machine，RBM）、递归神经网络（Recurrent Neural Networks，RNN）、深度堆叠网络（Deep Stacking Networks，DSN）和卷积神经网络（Convolutional Neural Networks，CNN）等。深度学习的方法已成功应用于计算机视觉、语音识别、语音搜索、连续语音识别、语言与图像的特征编码、语义话语分类、自然语言理解、手写识别、音频处理、信息检索以及机器人学等领域。上述深度学习的应用还停留在预测上，然而2016年3月AlphaGo击败李世石证明了深度学习也可以应用于控制和决策上，特别是在处理动态数据和实时接收、处理反馈信息上有很大发展空间。

1.5　智能控制系统的特点

智能控制系统具有以下优点。

1）智能控制系统不但对自身的状态具有监测功能，而且对工作对象以及环境的变化具有感知功能。

智能机械系统与工作对象、周围工作环境组成大系统。为了实现智能化的工作性能，实时监测系统的运行状况，必须引用各种传感器。例如，在步进挖掘机前腿的各个关节以及安装后轮的摆臂关节上都安装有光电编码盘，通过光电编码盘测定各个关节的位置，从而测定支撑点的位置和步进机的姿态，为控制步进机的运动提供必要的反馈信息。控制系统的同时也能自动检测各个关节的力矩。为了进一步提高控制系统的智能程度，系统需要安装视觉系统，对地面状态和工作环境进行检测。这种几何参数的信息、视觉信息、力和力矩信息等构成了多传感器信息融合，大大增强了信息测量系统的功能和可靠性。

2）适应各种未知环境的变化，具有智能化的逻辑判断、推理和决策功能。

智能机器与非智能机器的根本区别就在于：当自

身的结构参数和环境状态发生变化时，能否像人一样做出判断、推理和决策。这里的判断主要表现在智能机器通过智能检测系统对系统自身或环境的变化具有认知能力；推理和决策表现在系统能灵活地运用智能算法，对所发生的状况变化采取正确的应对措施，如模糊控制算法、人工神经网络控制算法以及遗传算法等都能够对知识表示的非数学广义模型和以数学模型描述相结合的混合模型起有效的控制作用。智能控制系统融入人的知识和思维特性，拟人的逻辑判断、推理和决策的能力在控制中起着重要的作用。

3）具有自诊断和自修复的功能。

高级的智能机器应该拥有人一样的智慧，在系统运行过程中，必须实时监测系统运行和工作的状态，具有自诊断和自修复的能力，如果发现异常状况，能根据具体情况做出相应的决策。智能故障诊断时的思维逻辑过程为：观察症状——利用知识和经验推断故障——分析原因——提出对策。

智能化设计对设计者有很高的要求，因为每一项产品的设计都有一项或几项关键技术。能否突破这些关键技术，在很大程度上取决于设计者本身是否有扎实的设计理论基础，是否有类似的参考资料，是否有丰富的经验、不断创新的精神以及必要的实验设备和手段等。

智能控制方法的选择主要取决于智能化的目标，也就是取决于智能机器应具有的功能和性能。由图25.5-5所示的智能化设计内涵框图可以看出，各种智能控制方法的选择在智能化设计过程中所处的地位。不同的工作任务，其需要考虑的侧重点也不一样。例如，车削、铣削或磨削等各种需切削参数优化的智能系统，往往是以生产率最高、加工质量好为目标，它们的设计内容重点为工作参数智能控制与优化；再如参加表演的舞蹈机器人，它的设计重点自然是舞姿优美，动作协调等，即工作过程智能控制与优化；又如在相对恶劣的工作环境下工作的智能机器，状态监测和故障诊断一定是其设计的重点内容。

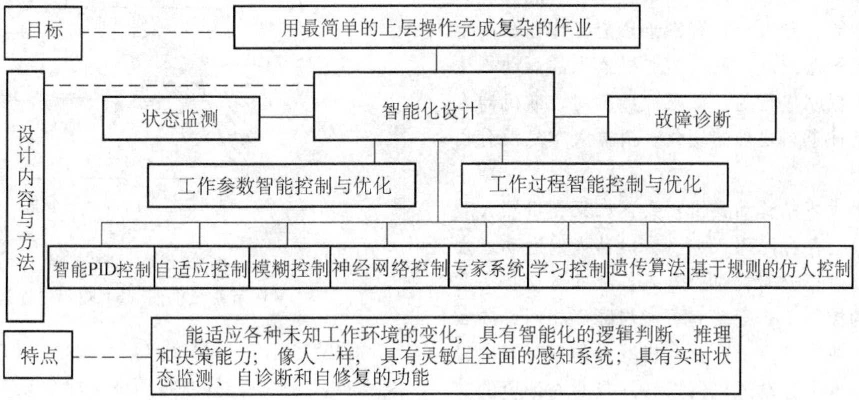

图 25.5-5　智能化设计内涵框图

1.6　运动状态的智能控制

一般来说，任何机器在工作时都有运动发生，机器的功能主要靠机器各种各样的运动来完成。智能机器要完成其具有人工智能的工作，就必须对其在工作过程中的运动状态进行智能控制。对智能机器运动状态的智能控制包括对工作过程中必要运动的智能控制和有害运动的抑制控制，如对运动过程中产生的有害振动的抑制控制。

1.6.1　交通工具运动状态的智能控制

所有的运输工具，如汽车、火车、飞机和运载火箭等，都是整体运动的机器，通过机器的整体运动完成运送人员或物品的工作。当然，其内部也存在相对整体机器运动的机械零部件。对于此类机器运动状态的智能控制主要体现在自动驾驶和安全系统动作的智能控制上。在汽车的自动驾驶过程中，主要根据道路的变化（如堵车、修路等）智能化地修改路线，根据天气和路面的情况变化行车速度等。智能化的安全气囊启动系统能够通过冲击信号快速分析并快速判断撞车是否发生，从而决定是否启动安全气囊。汽车还可以根据安装在前面和后面的距离传感器的反馈信号，控制车速和决定是否发生警报。对汽车在不平路面上高速行驶所产生的振动，需要根据多体动力学和非线性振动学理论，采用主动或半主动控制的方式，对产生的有害振动进行智能控制，以达到消除振动的目的，提高汽车乘坐的舒适性。

1.6.2　各种数控机床运动状态的智能控制

各种数控机床的工作运动是切削刀具和被加工零

件之间的相对运动。各种数控机床运动的智能控制，是指高档数控机床对被加工零件毛坯形状的尺寸自动检测过程的智能控制，根据成品形状、公称尺寸、尺寸公差、几何公差以及表面粗糙度的要求确定加工过程，决定每一过程所用的刀具、进给量和切削速度，以及为了实现某种切削速度，机床各转轴运动速度的配合和控制。

对数控机床运动的智能控制还体现在对加工过程中所产生的自动消除上。为此，智能控制系统要实时检测机床的振动信号，如果发现机床振动超标，影响加工精度，就要采取相应的措施，如减小进给速度、减小进给量或者更换刀具，直到振动减小到允许的程度。允许振动强度取决于对加工精度的要求和所处于的加工阶段。

1.6.3　机器人运动状态的智能控制

对机器人运动状态的智能控制是对智能机器运动控制的典型代表。能够对其运动状态进行智能控制的机器人属于智能机器人，它有别于目前工作在汽车生产线上的工业机器人。目前，工业机器人的运动是按预先编制好的程序进行的，如果被加工对象或机器人本身发生了某种意料之外的变化，机器人本身没有自行处理的能力。

无论固定式还是移动式机器人，如果在机器人肢体运动的路线上存在障碍，那么在机器人的运动过程中就要避开障碍。这时，对机器人各部的运动状态常常需要精确的控制，否则就有可能与障碍相撞，导致事故的发生。在这一点上，移动机器人的避障问题显得尤为突出。自主移动式机器人必须具有对环境的探测能力和自主规划运动路线的能力，否则它将到处碰壁，无法工作，所以这类机器人一般均拥有视觉系统。

机器人工作过程中的振动控制至关重要，它直接关系到机器人的工作质量和效率。例如，电焊机器人要保证电焊位置的准确和工作高效，必须从一个电焊位置快速准确地移动到另一个电焊位置。如果电焊头每到一个电焊位置都发生振动，就必须等到振动消失后才能实施焊接，工作的速度就取决于振动消失的快慢。如果不能控制振动快速消失，电焊工作几乎就无法进行。用机器人往印刷电路板上安插焊接电子元器件也会遇到同样的问题。快速消除机器人攻关过程中的振动，主要从两方面入手：一方面要从结构动力学的角度出发，对机器人结构进行优化设计，尽量减少机器人执行器和机器人前部手臂的质量，增加机器人臂的动态刚度；另一方面，从智能控制的角度出发，增加系统阻尼和系统动态刚度。

2　最优控制

最优控制的目的是使系统的某种性能指标达到最佳。对于不同的系统有不同的最优控制要求。例如，在机床加工中，可能要求加工精度与加工效率为最优；在导弹飞行控制中，可能要求燃料消耗最少；在截击问题中，要求到达目标的时间误差和位置误差最小等。最优控制的类型与性能指标的形式密切相关，因而可按性能指标的数学形式进行大致的区分。

2.1　最优性能指标

2.1.1　积分型最优性能指标

以图25.5-6a所示的单输入、单输出调节系统为例，被调节对象的输出过渡过程如图25.5-6b所示。

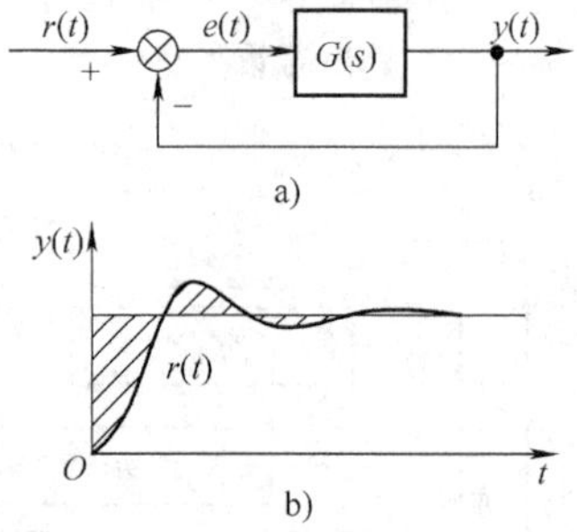

图25.5-6　调节系统
a）调节系统框图　b）输出过渡过程

调节系统的误差为 $e(t)=r(t)-y(t)$。我们希望误差 $e(t)$ 很小，从而希望取一个性能指标来表示误差 $e(t)$ 的大小。如图25.5-6b所示，取 $y(t)$ 与 $r(t)$ 所包围的阴影面积为性能指标，用 J 来表示，则有

$$J=\int_0^{\infty}\left|e(t)\right|\mathrm{d}t \tag{25.5-2}$$

J 最小即阴影面积最小，表示误差 $e(t)$ 在整个过渡过程中的误差最小。为了计算方便，取误差二次方的积分为性能指标，有

$$J=\int_0^{\infty}e^2(t)\mathrm{d}t \tag{25.5-3}$$

当 $J=0$ 时，表示输出 $y(t)$ 在整个过渡过程中无误差，即无延时地跟踪控制作用量 $r(t)$，这种情况在实际系统中是不存在的。式（25.5-3）中的 J 是积分型性能指标，又可称为代价函数。

将上面的误差推广至 n 维状态的偏差，设 n 维状态偏差为 $\boldsymbol{e}$，则积分型性能指标为

$$J=\int_0^{\infty}\boldsymbol{e}^{\mathrm{T}}\boldsymbol{Q}\boldsymbol{e}\mathrm{d}t \tag{25.5-4}$$

式中，$\boldsymbol{Q}$ 为对角矩阵，称为权矩阵，它表示 $\boldsymbol{e}$ 的各分量在指标中的重要程度，所以 $\boldsymbol{Q}$ 的对角线元素 $q_i \geqslant 0$（$i=1, 2, \cdots, n$）。$\boldsymbol{Q}$ 可以是正定的，也可以是半正定的。若 t_e 为终止时刻，积分指标可写为

$$J = \int_0^{t_e} \boldsymbol{e}^T \boldsymbol{Q} \boldsymbol{e} dt \quad (25.5\text{-}5)$$

J 又称为二次型性能指标。

2.1.2　末值型最优性能指标

末值型最优性能指标的数学描述为

$$J = \boldsymbol{S}[\boldsymbol{x}(t_e), t_e] \quad (25.5\text{-}6)$$

式中，S 是终了时刻 t_e 和末值状态 $\boldsymbol{x}(t_e)$ 的函数。末值型性能指标表示在控制过程结束后，对系统末了状态 $\boldsymbol{x}(t_e)$ 的要求。如当 $t=t_e$ 时，导弹系统具有最小的稳态误差、最准确的定位、最大的末速度或最大射程等，而对控制过程中的系统状态和控制作用不做任何要求。

2.1.3　综合最优性能指标

综合最优性能指标的目标函数定义为

$$J = \boldsymbol{S}[\boldsymbol{x}(t_e), t_e] + \int_{t_0}^{t_e} \boldsymbol{F}[\boldsymbol{x}(t), t] dt \quad (25.5\text{-}7)$$

式（25.5-7）表明，综合最优系统指标的目标函数是最一般的性能指标形式，表示对整个控制过程和末端状态都有要求，因此它包含二次型积分性能指标和末值型最优性能指标。

2.2　最优控制的约束条件

2.2.1　对系统的最大控制作用或控制容量的限制

在工程实际问题中，控制矢量往往不能取任意值。对于有 r 个输入的一般情况，这种约束的表达式为

$$|\boldsymbol{u}_i| \leqslant \boldsymbol{u}_{i\max} \quad (i=1,2,\cdots,r) \quad (25.5\text{-}8)$$

或写成

$$\boldsymbol{u} \in U \in \boldsymbol{R}^r \quad (25.5\text{-}9)$$

式中，“$\in$”表示所属，U 为闭域，R^r 为 r 维空间。

2.2.2　终了状态的约束条件

如果最优控制系统的终了时刻 t_e 是给定的，且终了状态 $\boldsymbol{x}(t_e)$ 也是给定的，则称为固定终了状态。相反，如果终了状态不是固定的，且满足 l 个约束方程

$$\boldsymbol{\Phi}_k[\boldsymbol{x}(t_e), t_e] = 0 \quad (k=1,2,\cdots,l) \quad (25.5\text{-}10)$$

式中，$\boldsymbol{\Phi} \in \boldsymbol{R}^l$，满足上述条件的终了状态的集合称为目标集。

2.2.3　系统的最优参数问题

设系统为

$$\dot{\boldsymbol{x}} = \boldsymbol{A}\boldsymbol{x} \quad (25.5\text{-}11)$$

初值为 $\boldsymbol{x}(0)$，二次型性能指标为

$$J = \int_0^{\infty} \boldsymbol{x}^T \boldsymbol{Q} \boldsymbol{x} dt \quad (25.5\text{-}12)$$

式中，$\boldsymbol{Q}$ 为正定或半正定实对称矩阵。

2.3　二次型最优控制

设线性定常系统的方程为

$$\begin{cases} \dot{\boldsymbol{x}} = \boldsymbol{A}\boldsymbol{x} + \boldsymbol{B}\boldsymbol{u} \\ \boldsymbol{y} = \boldsymbol{C}\boldsymbol{x} \end{cases} \quad (25.5\text{-}13)$$

初始时间为 t_0，初始条件为 $\boldsymbol{x}(0)$，终了时间为 t_e，采用二次型性能指标

$$J = \int_{t_0}^{t_e} (\boldsymbol{x}^T \boldsymbol{Q} \boldsymbol{x} + \boldsymbol{u}^T \boldsymbol{R} \boldsymbol{u}) dt \quad (25.5\text{-}14)$$

式中，$\boldsymbol{Q}$ 为正定或半正定实对称矩阵，$\boldsymbol{R}$ 为正定实对称矩阵。

状态变量与控制变量在性能指标中所占的比重由权矩阵 $\boldsymbol{R}$ 及 $\boldsymbol{Q}$ 来确定。所谓最优调节器问题就是确定使性能指标为最小的控制规律 $\boldsymbol{u}$。

如果采用线性状态反馈，即

$$\boldsymbol{u} = -\boldsymbol{K}\boldsymbol{x} \quad (25.5\text{-}15)$$

来实现最优控制，则系统结构如图 25.5-7 所示。

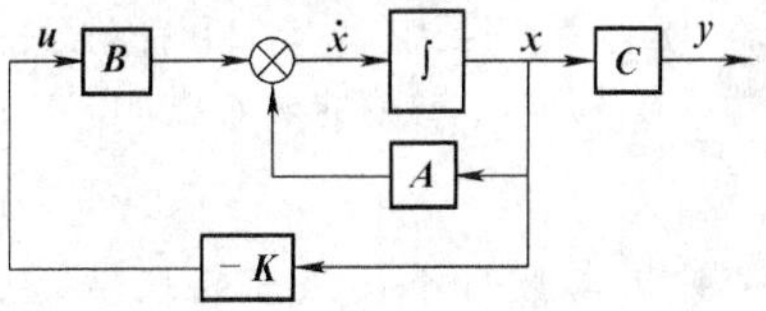

图 25.5-7　用线性状态反馈实现的最优控制系统

问题就变成了寻求使性能指标达到极小的线性反馈系数 $\boldsymbol{K}$。则

$$\boldsymbol{A}^T\boldsymbol{P} + \boldsymbol{P}\boldsymbol{A} - \boldsymbol{P}^T\boldsymbol{B}\boldsymbol{R}^{-1}\boldsymbol{B}^T\boldsymbol{P} + \boldsymbol{Q} = 0 \quad (25.5\text{-}16)$$

式中，$\boldsymbol{P}$ 为正定实对称矩阵。线性反馈系数矩阵为

$$\boldsymbol{K} = \boldsymbol{R}^{-1}\boldsymbol{B}^T\boldsymbol{P} \quad (25.5\text{-}17)$$

进而得到最优控制规律为

$$\boldsymbol{u} = -\boldsymbol{K}\boldsymbol{x} = -\boldsymbol{R}^{-1}\boldsymbol{B}^T\boldsymbol{P}\boldsymbol{x} \quad (25.5\text{-}18)$$

最优调节器的设计步骤分为如下两步：

1）按式（25.5-16）计算矩阵 $\boldsymbol{P}$。

2）由式（25.5-17）计算反馈矩阵 $\boldsymbol{K}$。

加上线性反馈后，系统的状态方程为

$$\dot{\boldsymbol{x}} = \boldsymbol{A}\boldsymbol{x} + \boldsymbol{B}\boldsymbol{u} = (\boldsymbol{A} - \boldsymbol{B}\boldsymbol{K})\boldsymbol{x} \quad (25.5\text{-}19)$$

这是闭环系统状态方程式，是最优控制系统的基本形式。

2.4 离散系统的二次型最优控制

2.4.1 离散系统二次型最优控制问题的求解

给定线性离散系统

$$\boldsymbol{x}(k+1)=\boldsymbol{A}\boldsymbol{x}(k)+\boldsymbol{B}\boldsymbol{u}(k),\boldsymbol{x}(0)=\boldsymbol{x}_0 \quad (k=0,1,\cdots,N-1) \tag{25.5-20}$$

式中，$\boldsymbol{x}(k)$ 为 n 维状态矢量，$\boldsymbol{u}(k)$ 为 r 维控制矢量，$\boldsymbol{A}$ 为 $n\times n$ 维非奇异矩阵，$\boldsymbol{B}$ 为 $n\times r$ 维矩阵。

假定该系统是状态完全可控的，给出性能指标为

$$J=\frac{1}{2}\boldsymbol{x}^{\mathrm{T}}(N)\boldsymbol{S}\boldsymbol{x}(N)+\frac{1}{2}\sum_{k=0}^{N-1}[\boldsymbol{x}^{\mathrm{T}}(k)\boldsymbol{Q}\boldsymbol{x}(k)+\boldsymbol{u}^{\mathrm{T}}(k)\boldsymbol{R}\boldsymbol{u}(k)] \tag{25.5-21}$$

式中，$\boldsymbol{Q}$ 为 $n\times n$ 维正定或半正定实对称矩阵，$\boldsymbol{R}$ 为 $r\times r$ 维正定实对称矩阵，$\boldsymbol{S}$ 为 $n\times n$ 维正定或半正定实对称矩阵。

$\boldsymbol{Q}$、$\boldsymbol{R}$、$\boldsymbol{S}$ 为加权矩阵，反映了状态矢量 $\boldsymbol{x}(k)$、控制矢量 $\boldsymbol{u}(k)$、终端矢量 $\boldsymbol{x}(N)$ 的重要性。

离散系统最优控制的要求是，求取最优控制序列 $\{\boldsymbol{u}(k)\}$，使得性能指标 J 达到极小值。

系统的初始状态为某个任意状态 $\boldsymbol{x}(0)=\boldsymbol{x}_0$。终端状态 $\boldsymbol{x}(N)$ 可以是固定的，此时应将式(25.5-21)中右端第一项 $(1/2)\boldsymbol{x}^{\mathrm{T}}(N)\boldsymbol{S}\boldsymbol{x}(N)$ 从式中去掉。若终端状态 $\boldsymbol{x}(N)$ 自由，则式(25.5-21) 右端第一项表达了对终端状态的加权，这意味着希望 $\boldsymbol{x}(N)$ 尽可能地接近原点。

2.4.2 采用离散极小值原理的求解

引入拉格朗日乘子 $\boldsymbol{\lambda}(k)$，将约束条件即离散状态方程式（25.5-20）结合到性能指标式（25.5-21）中，构成新的性能指标为

$$L=\frac{1}{2}\boldsymbol{x}^{\mathrm{T}}(N)\boldsymbol{S}\boldsymbol{x}(N)+\frac{1}{2}\sum_{k=0}^{N-1}\{[\boldsymbol{x}^{\mathrm{T}}(k)\boldsymbol{Q}\boldsymbol{x}(k)+\boldsymbol{u}^{\mathrm{T}}(k)\boldsymbol{R}\boldsymbol{u}(k)]+2\boldsymbol{\lambda}^{\mathrm{T}}(k+1)[\boldsymbol{A}\boldsymbol{x}(k)+\boldsymbol{B}\boldsymbol{u}(k)-\boldsymbol{x}(k+1)]\} \tag{25.5-22}$$

定义哈密尔顿函数为

$$\boldsymbol{H}(k)=\frac{1}{2}[\boldsymbol{x}^{\mathrm{T}}(k)\boldsymbol{Q}\boldsymbol{x}(k)+\boldsymbol{u}^{\mathrm{T}}(k)\boldsymbol{R}\boldsymbol{u}(k)]+\boldsymbol{\lambda}^{\mathrm{T}}(k+1)[\boldsymbol{A}\boldsymbol{x}(k)+\boldsymbol{B}\boldsymbol{u}(k)-\boldsymbol{x}(k+1)]$$

则式（25.5-22）可改写为

$$\boldsymbol{L}=\frac{1}{2}\boldsymbol{x}^{\mathrm{T}}(N)\boldsymbol{S}\boldsymbol{x}(N)+\sum_{k=0}^{N-1}[\boldsymbol{H}(k)-2\boldsymbol{\lambda}^{\mathrm{T}}(k+1)\boldsymbol{x}(k+1)] \tag{25.5-23}$$

为使 $\boldsymbol{L}$ 达到极小值，要使 $\boldsymbol{L}$ 对 $\boldsymbol{x}(k)$、$\boldsymbol{u}(k)$、$\boldsymbol{\lambda}(k)$ 求偏导数，并令结果为 0，即

$$\frac{\partial \boldsymbol{L}}{\partial \boldsymbol{x}(k)}=0 \quad (k=1,2,\cdots,N) \tag{25.5-24}$$

$$\frac{\partial \boldsymbol{L}}{\partial \boldsymbol{u}(k)}=0 \quad (k=1,2,\cdots,N-1) \tag{25.5-25}$$

$$\frac{\partial \boldsymbol{L}}{\partial \boldsymbol{\lambda}(k)}=0 \quad (k=1,2,\cdots,N) \tag{25.5-26}$$

由此可得到求最优解的必要条件为

$$\frac{\partial L}{\partial \boldsymbol{\lambda}(k)}=0:\boldsymbol{A}\boldsymbol{x}(k-1)+\boldsymbol{B}\boldsymbol{u}(k-1)-\boldsymbol{x}(k)=0 \quad (k=1,2,\cdots,N) \tag{25.5-27}$$

$$\frac{\partial L}{\partial \boldsymbol{x}(k)}=0:\boldsymbol{Q}\boldsymbol{x}(k)+\boldsymbol{A}^{\mathrm{T}}\boldsymbol{\lambda}(k+1)-\boldsymbol{\lambda}(k)=0 \quad (k=1,2,\cdots,N-1) \tag{25.5-28}$$

$$\frac{\partial L}{\partial \boldsymbol{u}(k)}=0:\boldsymbol{R}\boldsymbol{u}(k)+\boldsymbol{B}^{\mathrm{T}}\boldsymbol{\lambda}(k+1)=0 \quad (k=1,2,\cdots,N-1) \tag{25.5-29}$$

$$\frac{\partial \boldsymbol{L}}{\partial \boldsymbol{x}(N)}=0:\boldsymbol{S}\boldsymbol{x}(N)-\boldsymbol{\lambda}(N)=0 \tag{25.5-30}$$

式(25.5-27)即为离散系统状态方程。式(25.5-28)又可写成

$$\boldsymbol{\lambda}(k)=\boldsymbol{Q}\boldsymbol{x}(k)+\boldsymbol{A}^{\mathrm{T}}\boldsymbol{\lambda}(k+1) \tag{25.5-31}$$

这一方程称为协态方程。式(25.5-29)由于 $\boldsymbol{R}^{-1}$ 存在，可写成

$$\boldsymbol{u}(k)=-\boldsymbol{R}^{-1}\boldsymbol{B}^{\mathrm{T}}\boldsymbol{\lambda}(k+1) \tag{25.5-32}$$

这是极值条件。式(25.5-30)可写成

$$\boldsymbol{\lambda}(N)=\boldsymbol{S}\boldsymbol{x}(N) \tag{25.5-33}$$

这是横截条件。

将式（25.5-32）代入离散系统状态方程式(25.5-27)或式(25.5-20)中，并考虑到式(25.5-21)、式(25.5-33)及初始条件 $\boldsymbol{x}(0)=\boldsymbol{x}_0$，可得到如下两点边值问题：

$$\begin{cases}\boldsymbol{x}(k+1)=\boldsymbol{A}\boldsymbol{x}(k)-\boldsymbol{B}\boldsymbol{R}^{-1}\boldsymbol{B}^{\mathrm{T}}\boldsymbol{\lambda}(k+1)\\ \boldsymbol{\lambda}(k)=\boldsymbol{Q}\boldsymbol{x}(k)+\boldsymbol{A}^{\mathrm{T}}\boldsymbol{\lambda}(k+1)\\ \boldsymbol{x}(0)=\boldsymbol{x}_0\\ \boldsymbol{\lambda}(N)=\boldsymbol{S}\boldsymbol{x}(N)\end{cases} \tag{25.5-34}$$

求解式（25.5-34）的两点边值问题，并将求得的 $\boldsymbol{\lambda}(k+1)$ 代入式（25.5-32）中，即可得到最优控制序列，这是一种开环控制结构。但是，对于实际应用而言，更希望得到闭环控制结构，以实现性能良

好、最优的反馈控制。为此，可用数学归纳法来求得 $\boldsymbol{\lambda}(N)$ 与 $\boldsymbol{x}(N)$ 之间的关系，即求得 $\boldsymbol{\lambda}(k)$ 与 $\boldsymbol{x}(k)$ 之间的关系（$k=N$ 时），设

$$\boldsymbol{\lambda}(k+1)=\boldsymbol{P}(k+1)\boldsymbol{x}(k+1) \quad (25.5\text{-}35)$$

将式（25.5-35）代入式（25.5-34）中，则有

$$\boldsymbol{x}(k+1)=\boldsymbol{A}\boldsymbol{x}(k)-\boldsymbol{B}\boldsymbol{R}^{-1}\boldsymbol{B}^{\mathrm{T}}\boldsymbol{P}(k+1)\boldsymbol{x}(k+1) \quad (25.5\text{-}36)$$

从而得到

$$\boldsymbol{x}(k+1)=[\boldsymbol{I}+\boldsymbol{B}\boldsymbol{R}^{-1}\boldsymbol{B}^{\mathrm{T}}\boldsymbol{P}(k+1)]^{-1}\boldsymbol{A}\boldsymbol{x}(k) \quad (25.5\text{-}37)$$

式中　$\boldsymbol{I}$——单位矩阵。

将式（25.5-37）代入式（25.5-35）中，则有

$$\begin{aligned}\boldsymbol{\lambda}(k+1)&=\boldsymbol{P}(k+1)[\boldsymbol{I}+\boldsymbol{B}\boldsymbol{R}^{-1}\boldsymbol{B}^{\mathrm{T}}\boldsymbol{P}(k+1)]^{-1}\boldsymbol{A}\boldsymbol{x}(k)\\&=[\boldsymbol{P}^{-1}(k+1)+\boldsymbol{B}\boldsymbol{R}^{-1}\boldsymbol{B}^{\mathrm{T}}]^{-1}\boldsymbol{A}\boldsymbol{x}(k)\end{aligned} \quad (25.5\text{-}38)$$

将式（25.5-38）代入式（25.5-31）中，可得

$$\begin{aligned}\boldsymbol{\lambda}(k)&=\boldsymbol{Q}\boldsymbol{x}(k)+\boldsymbol{A}^{\mathrm{T}}[\boldsymbol{P}^{-1}(k+1)+\boldsymbol{B}\boldsymbol{R}^{-1}\boldsymbol{B}^{\mathrm{T}}]^{-1}\boldsymbol{A}\boldsymbol{x}(k)\\&=\{\boldsymbol{Q}+\boldsymbol{A}^{\mathrm{T}}[\boldsymbol{P}^{-1}(k+1)+\boldsymbol{B}\boldsymbol{R}^{-1}\boldsymbol{B}^{\mathrm{T}}]^{-1}\boldsymbol{A}\}\boldsymbol{x}(k)\end{aligned} \quad (25.5\text{-}39)$$

令

$$\boldsymbol{P}(k)=\boldsymbol{Q}+\boldsymbol{A}^{\mathrm{T}}[\boldsymbol{P}^{-1}(k+1)+\boldsymbol{B}\boldsymbol{R}^{-1}\boldsymbol{B}^{\mathrm{T}}]^{-1}\boldsymbol{A} \quad (25.5\text{-}40)$$

则有

$$\boldsymbol{\lambda}(k)=\boldsymbol{P}(k)\boldsymbol{x}(k) \quad (25.5\text{-}41)$$

由式（25.5-41）可见，$\boldsymbol{\lambda}(k)$ 与 $\boldsymbol{x}(k)$ 之间存在线性关系。

将式（25.5-38）代入式（25.5-32）中，可得

$$\boldsymbol{u}(k)=-\boldsymbol{R}^{-1}\boldsymbol{B}^{\mathrm{T}}[\boldsymbol{P}^{-1}(k+1)+\boldsymbol{B}\boldsymbol{R}^{-1}\boldsymbol{B}^{\mathrm{T}}]^{-1}\boldsymbol{A}\boldsymbol{x}(k) \quad (25.5\text{-}42)$$

由式（25.5-40）得

$$[\boldsymbol{P}^{-1}(k+1)+\boldsymbol{B}\boldsymbol{R}^{-1}\boldsymbol{B}^{\mathrm{T}}]^{-1}\boldsymbol{A}=(\boldsymbol{A}^{\mathrm{T}})^{-1}[\boldsymbol{P}(k)-\boldsymbol{Q}] \quad (25.5\text{-}43)$$

将式（25.5-43）代入式（25.5-42）中，则有

$$\begin{aligned}\boldsymbol{u}(k)&=-\boldsymbol{R}^{-1}\boldsymbol{B}^{\mathrm{T}}(\boldsymbol{A}^{\mathrm{T}})^{-1}[\boldsymbol{P}(k)-\boldsymbol{Q}]\boldsymbol{x}(k)\\&=-\boldsymbol{K}(k)\boldsymbol{x}(k)\end{aligned} \quad (25.5\text{-}44)$$

式中，

$$\boldsymbol{K}(k)=\boldsymbol{R}^{-1}\boldsymbol{B}^{\mathrm{T}}(\boldsymbol{A}^{\mathrm{T}})^{-1}[\boldsymbol{P}(k)-\boldsymbol{Q}] \quad (25.5\text{-}45)$$

式（25.5-44）为最优控制的闭环形式，它表明 $\boldsymbol{u}(k)$ 与 $\boldsymbol{x}(k)$ 之间存在线性关系。

最优控制矢量 $\boldsymbol{u}(k)$ 可以有几种不同的表达形式，参考式（25.5-32）和式（25.5-38），有

$$\begin{aligned}\boldsymbol{u}(k)&=-\boldsymbol{R}^{-1}\boldsymbol{B}^{\mathrm{T}}\boldsymbol{\lambda}(k+1)\\&=-\boldsymbol{R}^{-1}\boldsymbol{B}^{\mathrm{T}}[\boldsymbol{P}^{-1}(k+1)+\boldsymbol{B}\boldsymbol{R}^{-1}\boldsymbol{B}^{\mathrm{T}}]^{-1}\boldsymbol{A}\boldsymbol{x}(k)\\&=-\boldsymbol{K}(k)\boldsymbol{x}(k)\end{aligned} \quad (25.5\text{-}46)$$

式中，

$$\boldsymbol{K}(k)=\boldsymbol{R}^{-1}\boldsymbol{B}^{\mathrm{T}}[\boldsymbol{P}^{-1}(k+1)+\boldsymbol{B}\boldsymbol{R}^{-1}\boldsymbol{B}^{\mathrm{T}}]^{-1}\boldsymbol{A} \quad (25.5\text{-}47)$$

$\boldsymbol{u}(k)$ 的另一种表达形式为

$$\begin{aligned}\boldsymbol{u}(k)&=-[\boldsymbol{R}+\boldsymbol{B}^{\mathrm{T}}\boldsymbol{P}(k+1)\boldsymbol{B}]^{-1}\boldsymbol{B}^{\mathrm{T}}\boldsymbol{P}(k+1)\boldsymbol{A}\boldsymbol{x}(k)\\&=-\boldsymbol{K}(k)\boldsymbol{x}(k)\end{aligned} \quad (25.5\text{-}48)$$

式中，

$$\boldsymbol{K}(k)=[\boldsymbol{R}+\boldsymbol{B}^{\mathrm{T}}\boldsymbol{P}(k+1)\boldsymbol{B}]^{-1}\boldsymbol{B}^{\mathrm{T}}\boldsymbol{P}(k+1)\boldsymbol{A} \quad (25.5\text{-}49)$$

式（25.5-49）的推导如下，由于

$$\begin{aligned}&[\boldsymbol{R}+\boldsymbol{B}^{\mathrm{T}}\boldsymbol{P}(k+1)\boldsymbol{B}]^{-1}\boldsymbol{B}^{\mathrm{T}}\boldsymbol{P}(k+1)[\boldsymbol{P}^{-1}(k+1)+\boldsymbol{B}\boldsymbol{R}^{-1}\boldsymbol{B}^{\mathrm{T}}]\\&=[\boldsymbol{R}+\boldsymbol{B}^{\mathrm{T}}\boldsymbol{P}(k+1)\boldsymbol{B}]^{-1}\boldsymbol{B}^{\mathrm{T}}[\boldsymbol{I}+\boldsymbol{P}(k+1)\boldsymbol{B}\boldsymbol{R}^{-1}\boldsymbol{B}^{\mathrm{T}}]\\&=[\boldsymbol{R}+\boldsymbol{B}^{\mathrm{T}}\boldsymbol{P}(k+1)\boldsymbol{B}]^{-1}[\boldsymbol{R}+\boldsymbol{B}^{\mathrm{T}}\boldsymbol{P}(k+1)\boldsymbol{B}]\boldsymbol{R}^{-1}\boldsymbol{B}^{\mathrm{T}}\\&=\boldsymbol{R}^{-1}\boldsymbol{B}^{\mathrm{T}}\end{aligned}$$

因此有

$$\begin{aligned}&\boldsymbol{R}^{-1}\boldsymbol{B}^{\mathrm{T}}[\boldsymbol{P}^{-1}(k+1)+\boldsymbol{B}\boldsymbol{R}^{-1}\boldsymbol{B}^{\mathrm{T}}]^{-1}\\&=[\boldsymbol{R}+\boldsymbol{B}^{\mathrm{T}}\boldsymbol{P}(k+1)\boldsymbol{B}]^{-1}\boldsymbol{B}^{\mathrm{T}}\boldsymbol{P}(k+1)\end{aligned} \quad (25.5\text{-}50)$$

由式（25.5-45）、式（25.5-47）、式（25.5-49）给出的 $\boldsymbol{K}(k)$ 表达式是相等的，而且 $\boldsymbol{K}(k)$ 在临近终端时刻是时变的，在其他情况下，几乎是一个常数。

实际上，式（25.5-50）是一个 $n\times n$ 维矩阵一阶非线性差分方程，通常称为黎卡提差分方程。

2.4.3　最小性能指标的计算

$$\min J=\min\left\{\frac{1}{2}\boldsymbol{x}^{\mathrm{T}}(N)\boldsymbol{S}\boldsymbol{x}(N)+\frac{1}{2}\sum_{k=0}^{N-1}[\boldsymbol{x}^{\mathrm{T}}(k)\boldsymbol{Q}\boldsymbol{x}(k)+\boldsymbol{u}^{\mathrm{T}}(k)\boldsymbol{R}\boldsymbol{u}(k)]\right\} \quad (25.5\text{-}51)$$

由式（25.5-34）和式（25.5-35）可得

$$\boldsymbol{P}(k)\boldsymbol{x}(k)=\boldsymbol{Q}\boldsymbol{x}(k)+\boldsymbol{A}^{\mathrm{T}}\boldsymbol{P}(k+1)\boldsymbol{x}(k+1)$$

上式等号两边同乘 $\boldsymbol{x}^{\mathrm{T}}(k)$，有

$$\boldsymbol{x}^{\mathrm{T}}(k)\boldsymbol{P}(k)\boldsymbol{x}(k)=\boldsymbol{x}^{\mathrm{T}}(k)\boldsymbol{Q}\boldsymbol{x}(k)+\boldsymbol{x}^{\mathrm{T}}(k)\boldsymbol{A}^{\mathrm{T}}\boldsymbol{P}(k+1)\boldsymbol{x}(k+1)$$

再将式（25.5-38）代入上式中，有

$$\begin{aligned}\boldsymbol{x}^{\mathrm{T}}(k)\boldsymbol{P}(k)\boldsymbol{x}(k)&=\boldsymbol{x}^{\mathrm{T}}(k)\boldsymbol{Q}\boldsymbol{x}(k)+\boldsymbol{x}^{\mathrm{T}}(k+1)\times[\boldsymbol{I}+\boldsymbol{B}\boldsymbol{R}^{-1}\boldsymbol{B}^{\mathrm{T}}\boldsymbol{P}(k+1)]^{\mathrm{T}}\times\boldsymbol{P}(k+1)\boldsymbol{x}(k+1)\\&=\boldsymbol{x}^{\mathrm{T}}(k)\boldsymbol{Q}\boldsymbol{x}(k)+\boldsymbol{x}^{\mathrm{T}}(k+1)\times[\boldsymbol{I}+\boldsymbol{P}(k+1)\boldsymbol{B}\boldsymbol{R}^{-1}\boldsymbol{B}^{\mathrm{T}}]\times\boldsymbol{P}(k+1)\boldsymbol{x}(k+1)\end{aligned}$$

因此，

$$\boldsymbol{x}^{\mathrm{T}}(k)\boldsymbol{Q}\boldsymbol{x}(k)=\boldsymbol{x}^{\mathrm{T}}(k)\boldsymbol{P}(k)\boldsymbol{x}(k)-\boldsymbol{x}^{\mathrm{T}}(k+1)\times\boldsymbol{P}(k+1)\boldsymbol{x}(k+1)-\boldsymbol{x}^{\mathrm{T}}(k+1)\times$$

$$\boldsymbol{P}(k+1)\boldsymbol{B}\boldsymbol{R}^{-1}\boldsymbol{B}^{\mathrm{T}}\boldsymbol{P}(k+1)\boldsymbol{x}(k+1) \quad (25.5\text{-}52)$$

再由式（25.5-32），可导出

$$\begin{aligned}\boldsymbol{u}^{\mathrm{T}}(k)\boldsymbol{R}\boldsymbol{u}(k) &= [-\boldsymbol{x}^{\mathrm{T}}(k+1)\boldsymbol{P}(k+1)\boldsymbol{B}\boldsymbol{R}^{-1}]\times \\ &\quad \boldsymbol{R}[-\boldsymbol{R}^{-1}\boldsymbol{B}^{\mathrm{T}}\boldsymbol{P}(k+1)\boldsymbol{x}(k+1)] \\ &= \boldsymbol{x}^{\mathrm{T}}(k+1)\boldsymbol{P}(k+1)\boldsymbol{B}\boldsymbol{R}^{-1}\times \\ &\quad \boldsymbol{B}^{\mathrm{T}}\boldsymbol{P}(k+1)\boldsymbol{x}(k+1) \quad (25.5\text{-}53)\end{aligned}$$

将式（25.5-52）与式（25.5-53）相加，得

$$\boldsymbol{x}^{\mathrm{T}}(k)\boldsymbol{Q}\boldsymbol{x}(k)+\boldsymbol{u}^{\mathrm{T}}(k)\boldsymbol{B}\boldsymbol{u}(k) = \boldsymbol{x}^{\mathrm{T}}(k)\boldsymbol{P}(k)\boldsymbol{x}(k) - \boldsymbol{x}^{\mathrm{T}}(k+1)\boldsymbol{P}(k+1)\boldsymbol{x}(k+1) \quad (25.5\text{-}54)$$

再将式（25.5-54）代入性能指标式（25.5-20）中，得

$$\begin{aligned}J_{\min} &= \frac{1}{2}\boldsymbol{x}^{\mathrm{T}}(N)\boldsymbol{S}\boldsymbol{x}(N)+\frac{1}{2}\sum_{k=0}^{N-1}[\boldsymbol{x}^{\mathrm{T}}(k)\boldsymbol{P}(k)\boldsymbol{x}(k) - \\ &\quad \boldsymbol{x}^{\mathrm{T}}(k+1)\boldsymbol{P}(k+1)\boldsymbol{x}(k+1)] \\ &= \frac{1}{2}\boldsymbol{x}^{\mathrm{T}}(N)\boldsymbol{S}\boldsymbol{x}(N)+\frac{1}{2}[\boldsymbol{x}^{\mathrm{T}}(0)\boldsymbol{P}(0)\boldsymbol{x}(0) - \\ &\quad \boldsymbol{x}^{\mathrm{T}}(1)\boldsymbol{P}(1)\boldsymbol{x}(1)+\boldsymbol{x}^{\mathrm{T}}(1)\boldsymbol{P}(1)\boldsymbol{x}(1) - \\ &\quad \boldsymbol{x}^{\mathrm{T}}(2)\boldsymbol{P}(2)\boldsymbol{x}(2)+\cdots+ \\ &\quad \boldsymbol{x}^{\mathrm{T}}(N)\boldsymbol{P}(N)\boldsymbol{x}(N)] \\ &= \frac{1}{2}\boldsymbol{x}^{\mathrm{T}}(N)\boldsymbol{S}\boldsymbol{x}(N)+\frac{1}{2}\boldsymbol{x}^{\mathrm{T}}(0)\boldsymbol{P}(0)\boldsymbol{x}(0) - \\ &\quad \frac{1}{2}\boldsymbol{x}^{\mathrm{T}}(N)\boldsymbol{P}(N)\boldsymbol{x}(N) \quad (25.5\text{-}55)\end{aligned}$$

再由式（25.5-33）和式（25.5-41），$\boldsymbol{P}(N)=\boldsymbol{S}$，则上式变为

$$J_{\min} = \frac{1}{2}\boldsymbol{x}^{\mathrm{T}}(0)\boldsymbol{P}(0)\boldsymbol{x}(0) \quad (25.5\text{-}56)$$

例 25.5-1 给定离散时间系统

$x(k+1)=0.3679x(k)+0.6321u(k)$，$x(0)=1$，试决定最优控制率，使得下列性能指标达到极小，

$$J=\frac{1}{2}[x(10)]^2+\frac{1}{2}\sum_{k=0}^{9}[x^2(k)+u^2(k)]$$

并求出 J 的最小值。

解：在本题中，$\boldsymbol{S}=1$、$\boldsymbol{Q}=1$、$\boldsymbol{R}=1$，由式（25.5-50）黎卡提差分方程可得

$$\begin{aligned}\boldsymbol{P}(k) &= 1+(0.3679)\boldsymbol{P}(k+1)[1+(0.6321)(1)\times \\ &\quad (0.6321)\boldsymbol{P}(k+1)]^{-1}(0.6379) \\ &= 1+0.1354\boldsymbol{P}(k+1)[1+0.3996\boldsymbol{P}(k+1)]^{-1}\end{aligned}$$

边界条件为

$$\boldsymbol{P}(N)=\boldsymbol{P}(10)=\boldsymbol{S}=1$$

由 $k=9$ 到 $k=0$，求出 $\boldsymbol{P}(k)$ 为

$$\boldsymbol{P}(9)=1+0.1354\times(1+0.3996\times 1)^{-1}=1.0967$$

$$\boldsymbol{P}(8)=1+0.1354\times 1.0967\times(1+0.3996\times 1.0967)^{-1}=1.1032$$

$$\boldsymbol{P}(7)=1+0.1354\times 1.1032\times(1+0.3996\times 1.1032)^{-1}=1.1036$$

$$\boldsymbol{P}(6)=1+0.1354\times 1.1036\times(1+0.3996\times 1.1036)^{-1}=1.1037$$

$$\boldsymbol{P}(k)=1.1037(k=5,4,3,2,1,0)$$

可以看出，$\boldsymbol{P}(k)$ 迅速地趋近其稳态值。稳态值 $\boldsymbol{P}_{ss}$ 可由下式得到

$$\boldsymbol{P}_{ss}=1+0.1354\boldsymbol{P}_{ss}(1+0.3996\boldsymbol{P}_{ss})^{-1}$$

或

$$0.3996\boldsymbol{P}_{ss}^2+0.4650\boldsymbol{P}_{ss}-1=0$$

解得

$$\boldsymbol{P}_{ss1}=1.1037,\quad \boldsymbol{P}_{ss2}=-2.2674$$

由于 $\boldsymbol{P}(k)$ 必须是正定的，因此 $\boldsymbol{P}(k)$ 的稳态值应为 1.1037。

$$\boldsymbol{K}(k)=1\times 0.6321\times(0.3679)^{-1}[\boldsymbol{P}(k)-1]=1.7181\times[\boldsymbol{P}(k)-1]$$

将 $\boldsymbol{P}(k)$ 值代入上式，得

$$\boldsymbol{K}(10)=1.7181\times(1-1)=0$$

$$\boldsymbol{K}(9)=1.7181\times(1.0967-1)=0.1662$$

$$\boldsymbol{K}(8)=1.7181\times(1.1032-1)=0.1773$$

$$\boldsymbol{K}(7)=1.7181\times(1.1036-1)=0.1781$$

$$\boldsymbol{K}(6)=\boldsymbol{K}(5)=\cdots=\boldsymbol{K}(0)=0.1781$$

由于

$$\begin{aligned}\boldsymbol{x}(k+1) &= 0.3679\boldsymbol{x}(k)+0.6321\boldsymbol{u}(k) \\ &= [0.3679-0.6321\boldsymbol{K}(k)]\boldsymbol{x}(k)\end{aligned}$$

$$\begin{aligned}\boldsymbol{x}(1) &= [0.3679-0.6321\boldsymbol{K}(0)]\boldsymbol{x}(0) \\ &= (0.3679-0.6321\times 0.1781)\times 1 \\ &= 0.2553\end{aligned}$$

$$\boldsymbol{x}(2)=(0.3679-0.6321\times 0.1781)\times 0.2553=0.0652$$

$$\boldsymbol{x}(3)=(0.3679-0.6321\times 0.1781)\times 0.0652=0.0166$$

$$\boldsymbol{x}(4)=(0.3679-0.6321\times 0.1781)\times 0.0166=0.00424$$

$$\boldsymbol{x}(i)\approx 0(i=5,6,\cdots,10)$$

最优控制序列 $\boldsymbol{u}(k)$ 为

$$\boldsymbol{u}(0)=-\boldsymbol{K}(0)\boldsymbol{x}(0)=-0.1781\times 1=-0.1781$$

$$\boldsymbol{u}(1)=-\boldsymbol{K}(1)\boldsymbol{x}(1)=-0.1781\times 0.2553=-0.0455$$

$$\boldsymbol{u}(2)=-\boldsymbol{K}(2)\boldsymbol{x}(2)=-0.1781\times 0.0625=-0.0116$$

$$\boldsymbol{u}(3)=-\boldsymbol{K}(3)\boldsymbol{x}(3)=-0.1781\times 0.0166=-0.00296$$

$$\boldsymbol{u}(4)=-\boldsymbol{K}(4)\boldsymbol{x}(4)=-0.1781\times 0.00424=-0.000756$$

$$\boldsymbol{u}(k)\approx 0(k=5,6,\cdots,10)$$

最后，J 的最小值为

$$J_{\min} = \frac{1}{2}\boldsymbol{x}^{\mathrm{T}}(0)\boldsymbol{P}(0)\boldsymbol{x}(0) = \frac{1}{2}(1 \times 1.1037 \times 1) = 0.5518$$

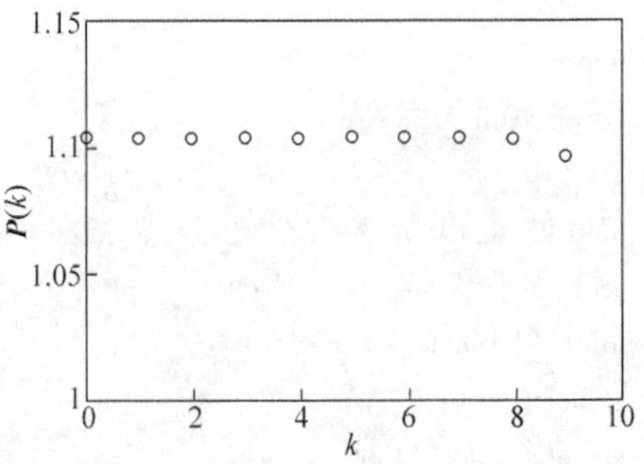

图 25.5-8　$\boldsymbol{P}(k)$ 对 k 点绘图

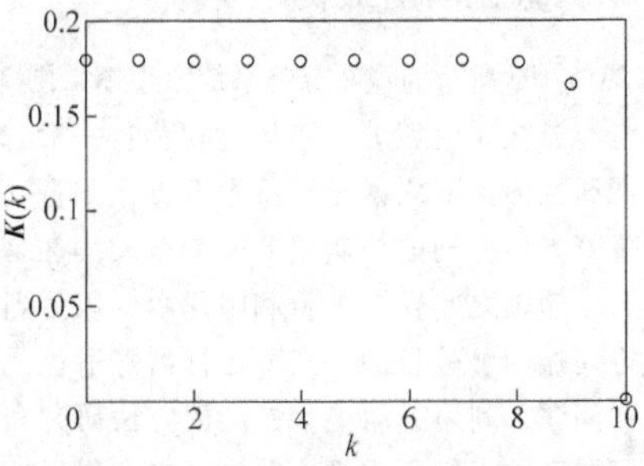

图 25.5-9　$\boldsymbol{K}(k)$ 对 k 点绘图

用 MATLAB 程序可求出本例题的解，包括$\boldsymbol{K}(k)$、$\boldsymbol{x}(k)$、$\boldsymbol{u}(k)$及 $J_{\min}$，并可绘制出 $\boldsymbol{P}(k)$、$\boldsymbol{K}(k)$对于 k 的曲线，如图 25.5-8 和图 25.5-9 所示。具体程序及运行结果如下：

```
>> A=[0.3679]; B=[0.6321]; S=[1]; Q=[1]; R=[1]; P=[1];
>> P10=P;
>> K=inv(R)*B'*inv(A')*(P-Q); K10=K;
>> P=Q+A'*P*A-A'*P*B*inv(R+B'*P*B)*B'*P*A; P9=P;
% Compute K, P until K=K0, P=P0
>> K=inv(R)*B'*inv(A')*(P-Q); K9=K;
>> P=Q+A'*P*A-A'*P*B*inv(R+B'*P*B)*B'*P*A; P8=P;
>> K=inv(R)*B'*inv(A')*(P-Q); K8=K;
>> P=Q+A'*P*A-A'*P*B*inv(R+B'*P*B)*B'*P*A; P7=P;
>> K=inv(R)*B'*inv(A')*(P-Q); K7=K;
>> P=Q+A'*P*A-A'*P*B*inv(R+B'*P*B)*B'*P*A; P6=P;
>> K=inv(R)*B'*inv(A')*(P-Q); K6=K;
>> P=Q+A'*P*A-A'*P*B*inv(R+B'*P*B)*B'*P*A; P5=P;
>> K=inv(R)*B'*inv(A')*(P-Q); K5=K;
>> P=Q+A'*P*A-A'*P*B*inv(R+B'*P*B)*B'*P*A; P4=P;
>> K=inv(R)*B'*inv(A')*(P-Q); K4=K;
>> P=Q+A'*P*A-A'*P*B*inv(R+B'*P*B)*B'*P*A; P3=P;
>> K=inv(R)*B'*inv(A')*(P-Q); K3=K;
>> P=Q+A'*P*A-A'*P*B*inv(R+B'*P*B)*B'*P*A; P2=P;
>> K=inv(R)*B'*inv(A')*(P-Q); K2=K;
>> P=Q+A'*P*A-A'*P*B*inv(R+B'*P*B)*B'*P*A; P1=P;
>> K=inv(R)*B'*inv(A')*(P-Q); K1=K;
>> P=Q+A'*P*A-A'*P*B*inv(R+B'*P*B)*B'*P*A; P0=P;
>> K=inv(R)*B'*inv(A')*(P-Q); K0=K;
>> P=Q+A'*P*A-A'*P*B*inv(R+B'*P*B)*B'*P*A;
>> P=[P0 P1 P2 P3 P4 P5 P6 P7 P8 P9 P10]'
P =
    1.1037
    1.1037
    1.1037
    1.1037
    1.1037
    1.1037
    1.1037
    1.1036
    1.1032
    1.0967
    1.0000
>> K=[K0 K1 K2 K3 K4 K5 K6 K7 K8 K9 K10]'
K=
    0.1781
    0.1781
    0.1781
    0.1781
    0.1781
    0.1781
    0.1781
    0.1781
    0.1773
    0.1662
         0
>> x=[1];
>> x0=x;
```

```
>> u=-K0 * x;
>> u0=u;
>> x=A * x+B * u; x1=x; u=-K1 * x; u1=u;
>> x=A * x+B * u; x2=x; u=-K2 * x; u2=u;
>> x=A * x+B * u; x3=x; u=-K3 * x; u3=u;
>> x=A * x+B * u; x4=x; u=-K4 * x; u4=u;
>> x=A * x+B * u; x5=x; u=-K5 * x; u5=u;
>> x=A * x+B * u; x6=x; u=-K6 * x; u6=u;
>> x=A * x+B * u; x7=x; u=-K7 * x; u7=u;
>> x=A * x+B * u; x8=x; u=-K8 * x; u8=u;
>> x=A * x+B * u; x9=x; u=-K9 * x; u9=u;
>> x=A * x+B * u; x10=x; u=-K10 * x; u10=u;
>> [x0 x1 x2 x3 x4 x5 x6 x7 x8 x9 x10]'
ans =
    1.0000
    0.2553
    0.0652
    0.0166
    0.0042
    0.0011
    0.0003
    0.0001
    0.0000
    0.0000
    0.0000
>> [u0 u1 u2 u3 u4 u5 u6 u7 u8 u9 u10]'
ans =
    -0.1781
    -0.0455
    -0.0116
    -0.0030
    -0.0008
    -0.0002
    -0.0000
    -0.0000
    -0.0000
    -0.0000
          0
% Compute Jmin
>> Jmin=0.5 * x0' * P0 * x0
Jmin =
0.5518
% Plot
>> k=0:10;
>> v=[0 10 0 1.2];
>> axis(v);
>> plot(k, P, 'o')
>> grid
>> title('Plot of P(k) versus k');
>> xlabel('k')
>> ylabel('P(k)')
>> figure
>> v=[0 10 0 0.2];
>> axis(v);
>> plot(k, K, 'o')
>> grid
>> title('Plot of K(k) versus k');
>> xlabel ('k');
>> ylabel ('K(k)');
```

2.5 动力减振器的最优控制

图 25.5-10a 所示为汽车悬挂系统原理图，图 25.5-10b 所示为汽车悬挂系统四分之一简化模型。一般认为，影响汽车舒适性的主要因素是车身垂直方向的振动。以往对车身垂直方向振动的控制主要采取被动隔振措施，即在车身与车轮轴之间安装弹簧和阻尼器，以达到减小车身垂直方向振动量的目的。汽车运行的舒适性是典型的振动控制问题，利用振动主动控制的方法研究和提高其舒适性问题已被人们所重视，并成为汽车舒适性问题研究的热点。

如图 25.5-10b 所示为单个车轮悬挂系统的简化模型，由此来研究其主动控制的规律，然后再扩展至四轮悬挂的完整结构。图中 u 为施加的主动控制力，其完整装置应由振动检测装置、控制装置和执行装置构成。m_2 为车身质量，x_o 为车身相对平衡位置的位移，K_2 为悬挂系统刚度，B 为悬挂系统阻尼，m_1 为车轮质量，x 为车轮轴在垂直方向上的位移，K_1 为轮胎刚度，x_i 为路面不平引起的位移输入。轮胎受到路面不平引起位移 x_i 作用，从而引起车身垂直方向的

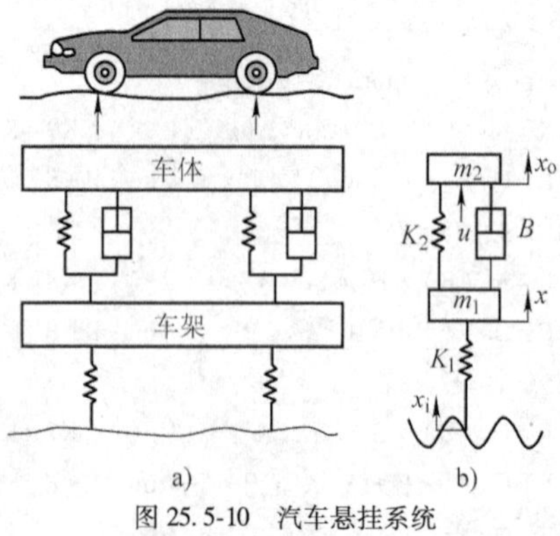

图 25.5-10 汽车悬挂系统

a）悬挂系统原理图 b）简化的悬挂系统

振动。在车身与车轮之间加入一个主动控制的执行装置，与原悬挂装置构成并联系统。要求确定最佳控制规律 u^*，使

得车身振动响应及消耗的主动控制能量为最小。

由图 25.5-10b 可得系统动力学方程为

$$m_1\ddot{x} = K_1(x_i - x) - B(\dot{x} - \dot{x}_o) - K_2(x - x_o) - u \tag{25.5-57}$$

$$m_2\ddot{x}_0 = K_2(x - x_o) + B(\dot{x} - \dot{x}_o) + u \tag{25.5-58}$$

令 $x_1 = x$，$x_2 = \dot{x}_1 = \dot{x}$，$x_3 = x_o$，$x_4 = \dot{x}_3 = \dot{x}_o$，可将动力学方程改写成状态方程

$$\begin{cases} \dot{x}_1 = x_2 \\ \dot{x}_2 = \dfrac{K_1}{m_1}(x_i - x_1) - \dfrac{B}{m_1}(x_2 - x_4) - \dfrac{K_2}{m_1}(x_1 - x_3) - \dfrac{u}{m_1} \\ \dot{x}_3 = x_4 \\ \dot{x}_4 = \dfrac{K_2}{m_2}(x_1 - x_3) + \dfrac{B}{m_2}(x_2 - x_4) + \dfrac{u}{m_2} \end{cases} \tag{25.5-59}$$

写成矩阵形式为

$$\begin{pmatrix} \dot{x}_1 \\ \dot{x}_2 \\ \dot{x}_3 \\ \dot{x}_4 \end{pmatrix} = \begin{pmatrix} 0 & 1 & 0 & 0 \\ \dfrac{-K_1 - K_2}{m_1} & \dfrac{B}{m_1} & \dfrac{K_2}{m_1} & \dfrac{B}{m_1} \\ 0 & 0 & 0 & 1 \\ \dfrac{K_2}{m_2} & \dfrac{B}{m_2} & -\dfrac{K_2}{m_2} & -\dfrac{B}{m_2} \end{pmatrix} \begin{pmatrix} x_1 \\ x_2 \\ x_3 \\ x_4 \end{pmatrix} + \begin{pmatrix} 0 \\ -\dfrac{1}{m_1} \\ 0 \\ \dfrac{1}{m_2} \end{pmatrix} u + \begin{pmatrix} 0 \\ \dfrac{K_1}{m_1} \\ 0 \\ 0 \end{pmatrix} x_i \tag{25.5-60}$$

简记为

$$\dot{x} = Ax + Bu + Gx_i \tag{25.5-61}$$

最优控制的目的是使目标函数取极小值。根据最优控制的状态调节器原理，可以用如下的方法求解最优控制律 u^*。

性能指标函数为

$$J(u) = \int_0^{\infty} \frac{1}{2}(x^{\mathrm{T}}Qx + u^{\mathrm{T}}Ru)\mathrm{d}t \tag{25.5-62}$$

式中　Q，R——单位矩阵。

由式（25.5-18）可知系统的最优控制律为

$$u = -R^{-1}B^{\mathrm{T}}Px = -B^{\mathrm{T}}Px = -\left(0,\ -\frac{1}{m_1},\ 0,\ \frac{1}{m_2}\right) \begin{pmatrix} p_{11} & p_{21} & p_{31} & p_{41} \\ p_{21} & p_{22} & p_{32} & p_{42} \\ p_{31} & p_{32} & p_{33} & p_{43} \\ p_{41} & p_{42} & p_{43} & p_{44} \end{pmatrix} \begin{pmatrix} x_1 \\ x_2 \\ x_3 \\ x_4 \end{pmatrix}$$

$$= \left(-\frac{1}{m_1}p_{21} + \frac{1}{m_2}p_{41}\right)x_1 + \left(-\frac{1}{m_1}p_{22} + \frac{1}{m_2}p_{42}\right)x_2 + \left(-\frac{1}{m_1}p_{32} + \frac{1}{m_2}p_{43}\right)x_3 + \left(-\frac{1}{m_1}p_{42} + \frac{1}{m_2}p_{44}\right)x_4 \tag{25.5-63}$$

式中，p_{21}、p_{22}、p_{32}、p_{41}、p_{42}、p_{43}、p_{44} 是下列黎卡提方程的解。

由式（25.5-16）得

$$A^{\mathrm{T}}P + PA - P^{\mathrm{T}}BR^{-1}B^{\mathrm{T}}P + Q$$

$$= \begin{pmatrix} 0 & \dfrac{-K_1 - K_2}{m_1} & 0 & \dfrac{K_2}{m_2} \\ 1 & -\dfrac{B}{m_1} & 0 & \dfrac{B}{m_2} \\ 0 & \dfrac{K_2}{m_1} & 0 & -\dfrac{K_2}{m_2} \\ 0 & \dfrac{B}{m_1} & 1 & -\dfrac{B}{m_2} \end{pmatrix} \begin{pmatrix} p_{11} & p_{21} & p_{31} & p_{41} \\ p_{21} & p_{22} & p_{32} & p_{42} \\ p_{31} & p_{32} & p_{33} & p_{43} \\ p_{41} & p_{42} & p_{43} & p_{44} \end{pmatrix} + \begin{pmatrix} p_{11} & p_{21} & p_{31} & p_{41} \\ p_{21} & p_{22} & p_{32} & p_{42} \\ p_{31} & p_{32} & p_{33} & p_{43} \\ p_{41} & p_{42} & p_{43} & p_{44} \end{pmatrix} \begin{pmatrix} 0 & 1 & 0 & 0 \\ \dfrac{-K_1 - K_2}{m_1} & \dfrac{B}{m_1} & \dfrac{K_2}{m_1} & \dfrac{B}{m_1} \\ 0 & 0 & 0 & 1 \\ \dfrac{K_2}{m_2} & \dfrac{B}{m_2} & -\dfrac{K_2}{m_2} & -\dfrac{B}{m_2} \end{pmatrix}$$

$$- \begin{pmatrix} p_{11} & p_{21} & p_{31} & p_{41} \\ p_{21} & p_{22} & p_{32} & p_{42} \\ p_{31} & p_{32} & p_{33} & p_{43} \\ p_{41} & p_{42} & p_{43} & p_{44} \end{pmatrix} \begin{pmatrix} 0 \\ -\dfrac{1}{m_1} \\ 0 \\ \dfrac{1}{m_2} \end{pmatrix} \left(0,\ -\frac{1}{m_1},\ 0,\ \frac{1}{m_2}\right) \begin{pmatrix} p_{11} & p_{21} & p_{31} & p_{41} \\ p_{21} & p_{22} & p_{32} & p_{42} \\ p_{31} & p_{32} & p_{33} & p_{43} \\ p_{41} & p_{42} & p_{43} & p_{44} \end{pmatrix} + \begin{pmatrix} 1 & 0 & 0 & 0 \\ 0 & 1 & 0 & 0 \\ 0 & 0 & 1 & 0 \\ 0 & 0 & 0 & 1 \end{pmatrix} = 0 \tag{25.5-64}$$

解此方程求得 p_{21}、p_{22}、p_{32}、p_{41}、p_{42}、p_{43}、p_{44}，再将其代入式（25.5-64）中，进而可求得最优控制律 u^*。

3　自适应控制系统

自适应控制是一种重要的智能控制方法，适合非线

性系统和时变系统的控制。自适应控制目前主要有模型参考自适应控制和自校正自适应控制两种方法。

3.1 模型参考自适应控制

在控制系统中建立一个理想的参考模型，该模型能对给定的输入产生所希望的输出。它并不是实际的硬件设备，而是在控制计算机内被模拟的一个数学模型。在控制系统中，将系统的实际输出与理想参考模型的输出进行比较，所产生的偏差信号 $e(t)$ 作为自适应算法的输入信号，如图 25.5-11 所示。

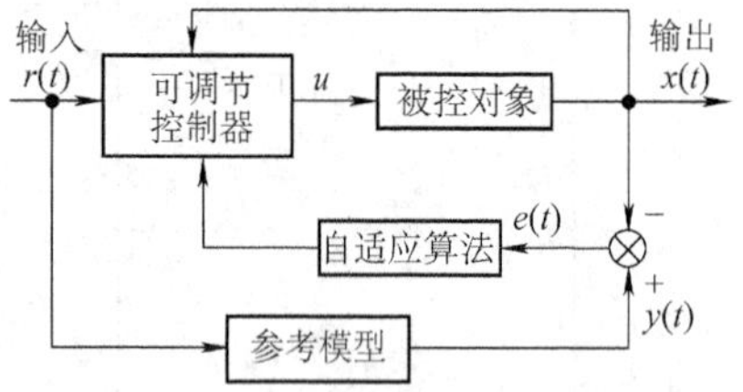

图 25.5-11　模型参考自适应控制系统

假设被控对象的状态方程为

$$\dot{\boldsymbol{x}} = f(\boldsymbol{x},\ \boldsymbol{u},\ t) \tag{25.5-65}$$

式中　$\boldsymbol{x}$——状态矢量；

$\boldsymbol{u}$——控制矢量；

f——向量函数。

希望控制系统紧紧地跟踪某一模型系统。现在设计的问题就是要综合一个控制律，使得控制律经常产生一个信号，迫使对象的状态接近于模型的状态。

假设模型参考系统是线性的，并由下式来描述：

$$\dot{\boldsymbol{y}}(t) = \boldsymbol{A}\boldsymbol{y}(t) + \boldsymbol{B}\boldsymbol{r}(t) \tag{25.5-66}$$

式中　$\boldsymbol{y}(t)$——模型的状态矢量；

$\boldsymbol{r}(t)$——输入矢量；

$\boldsymbol{A}$——系数矩阵；

$\boldsymbol{B}$——输入矩阵。

假设 $\boldsymbol{A}$ 的所有特征值实部都是负的，则这种模型参考系统就具有一个渐近稳定的平衡状态。

令误差矢量为

$$\boldsymbol{e}(t) = \boldsymbol{y}(t) - \boldsymbol{x}(t) \tag{25.5-67}$$

在这个问题中，希望通过一个合适的控制矢量，使得误差向量减小到零。由式（25.5-65）~式（25.5-67）可得

$$\begin{aligned}\dot{\boldsymbol{e}} &= \dot{\boldsymbol{y}} - \dot{\boldsymbol{x}} = \boldsymbol{A}\boldsymbol{y} + \boldsymbol{B}\boldsymbol{r} - f(\boldsymbol{x},\ \boldsymbol{u},\ t)\\ &= \boldsymbol{A}\boldsymbol{e} + \boldsymbol{A}\boldsymbol{x} - f(\boldsymbol{x},\ \boldsymbol{u},\ t) + \boldsymbol{B}\boldsymbol{r}\end{aligned} \tag{25.5-68}$$

式（25.5-68）就是误差矢量的微分方程。

现在我们来设计一个控制律，使其在稳态时，$\boldsymbol{x}=\boldsymbol{y}$ 和 $\dot{\boldsymbol{x}}=\dot{\boldsymbol{y}}$，或 $\boldsymbol{e}=\dot{\boldsymbol{e}}=0$。因此，原点 $\boldsymbol{e}=0$ 是一个平衡状态。

在综合控制矢量时，一种比较好的方法就是对式（25.5-68）所给出的系统组成一个李亚普诺夫函数。假设李亚普诺夫函数的形式为

$$V(\boldsymbol{e}) = \boldsymbol{e}^{\mathrm{T}}\boldsymbol{P}\boldsymbol{e}$$

式中　$\boldsymbol{P}$——正定的实对称矩阵。

求出 $V(\boldsymbol{e})$ 对 t 的导数，可得

$$\begin{aligned}\dot{V}(\boldsymbol{e}) &= \dot{\boldsymbol{e}}^{\mathrm{T}}\boldsymbol{P}\boldsymbol{e} + \boldsymbol{e}^{\mathrm{T}}\boldsymbol{P}\dot{\boldsymbol{e}}\\ &= [\boldsymbol{e}^{\mathrm{T}}\boldsymbol{A}^{\mathrm{T}} + \boldsymbol{x}^{\mathrm{T}}\boldsymbol{A}^{\mathrm{T}} - f^{\mathrm{T}}(\boldsymbol{x},\ \boldsymbol{u},\ t) + \boldsymbol{r}^{\mathrm{T}}\boldsymbol{B}^{\mathrm{T}}]\boldsymbol{P}\boldsymbol{e} +\\ &\quad \boldsymbol{e}^{\mathrm{T}}\boldsymbol{P}[\boldsymbol{A}\boldsymbol{e} + \boldsymbol{A}\boldsymbol{x} - f(\boldsymbol{x},\ \boldsymbol{u},\ t) + \boldsymbol{B}\boldsymbol{r}]\\ &= \boldsymbol{e}^{\mathrm{T}}(\boldsymbol{A}\boldsymbol{P} + \boldsymbol{P}\boldsymbol{A})\boldsymbol{e} + 2M\end{aligned} \tag{25.5-69}$$

式中，

$$M = \boldsymbol{e}^{\mathrm{T}}\boldsymbol{P}[\boldsymbol{A}\boldsymbol{x} - f(\boldsymbol{x},\ \boldsymbol{u},\ t) + \boldsymbol{B}\boldsymbol{r}] = \text{纯量值}$$

如果：

1）$\boldsymbol{A}^{\mathrm{T}}\boldsymbol{P}+\boldsymbol{P}\boldsymbol{A}=-\boldsymbol{Q}$ 是一个负定的矩阵。

2）控制向量 $\boldsymbol{u}$ 可选择，使得 M 为非正的纯量值，那么，所假设的 $V(e)$ 函数就是一个李亚普诺夫函数。

随着 $\|e\| \to \infty$，$V(e) \to \infty$，就可看出，平衡状态 $\boldsymbol{e}=0$ 是在大范围内渐近稳定的。条件 1）常常可以通过选择适当的 $\boldsymbol{P}$ 而得到满足，因为 $\boldsymbol{A}$ 的所有特征值都假设具有负实部，因此，现在的问题就是选择一个合适的控制矢量，使得 M 或者等于零，或者为负值。

设计控制律的方法目前有三种，即参数最优化方法、基于李亚普诺夫稳定性理论的方法和利用超稳定性方法。

3.2 自校正自适应控制

自校正自适应控制系统如图 25.5-12 所示，假设被控对象的状态方程为

$$\dot{\boldsymbol{x}} = f(\boldsymbol{x},\ \boldsymbol{u},\ t) \tag{25.5-70}$$

式中　$\boldsymbol{x}$——状态矢量，令其为 $2n$ 维矢量；

$\boldsymbol{u}$——控制矢量，令其为 n 维矢量；

f——矢量函数。

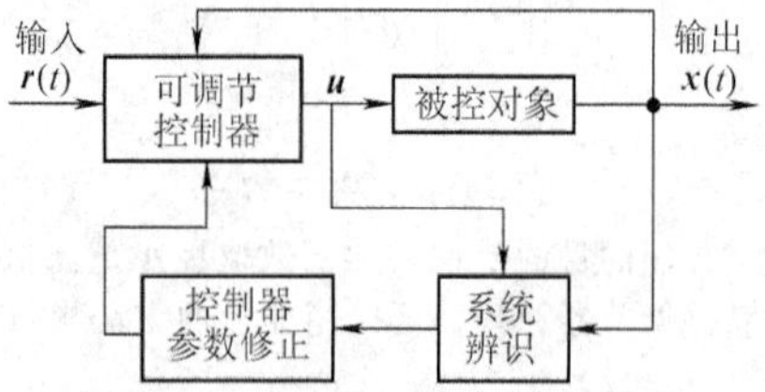

图 25.5-12　自校正自适应控制系统

用泰勒级数将式（25.5-70）在目标轨迹附近展开，得系统的线性状态方程为

$$\delta\dot{\boldsymbol{x}}(t) = \boldsymbol{A}(t)\delta\boldsymbol{x}(t) + \boldsymbol{B}(t)\delta\boldsymbol{u}(t) \tag{25.5-71}$$

式中，$\boldsymbol{A}(t)$ 和 $\boldsymbol{B}(t)$ 为系统的时变参数矩阵，即

$$\boldsymbol{A}(t) = \frac{\partial f}{\partial \boldsymbol{x}},\quad \boldsymbol{B}(t) = \frac{\partial f}{\partial \boldsymbol{u}}$$

在实际的控制系统中，用参数辨识技术确定其中的未知元素。将方程式（25.5-71）离散化为

$$\boldsymbol{x}(k+1) = \boldsymbol{A}(k)\boldsymbol{x}(k) + \boldsymbol{B}(k)\boldsymbol{u}(k)$$

$$(k = 0,\ 1,\ \cdots,\ n-1) \tag{25.5-72}$$

由于 $\boldsymbol{A}(t)$ 和 $\boldsymbol{B}(t)$ 的阶数分别为 $(2n\times 2n)$ 和 $(2n\times n)$，所以在此模型中有 $6n^2$ 个参数需要辨识。在辨识中做以下假设：

1）当采样间隔取得足够小时，系统参数变化速度小于自适应的调节速度。

2）测量噪声可忽略。

3）式（25.5-72）表示的系统状态变量可测。

在式（25.5-72）中，第 k 时刻未知参数组成一个向量

$$v_{i,k}=(a_{i,1}(k),\ a_{i,2}(k),\ \cdots,\ a_{i,2n}(k),\ b_{i,1}(k),\ b_{i,2}(k),\ \cdots,\ b_{i,n}(k))^{\mathrm{T}} \quad (25.5\text{-}73)$$

将 k 时刻的状态和输入也组成一个矢量

$$\boldsymbol{\varphi}_k=(x_1(k),\ x_2(k),\ \cdots,\ x_{2n}(k),\ u_1(k),\ u_2(k),\ \cdots,\ u_n(k))^{\mathrm{T}} \quad (25.5\text{-}74)$$

式（25.5-72）中的状态矢量可写为

$$\boldsymbol{x}(k)=(x_1(k),\ x_2(k),\ \cdots,\ x_{2n}(k))^{\mathrm{T}}=(x_{1,k},\ x_{2,k},\ \cdots,\ x_{2n,k})^{\mathrm{T}} \quad (25.5\text{-}75)$$

则式（25.5-72）的第 i 行可写成

$$\boldsymbol{x}_{i,k+1}=\boldsymbol{\varphi}_k^{\mathrm{T}}v_{i,k}\quad (i=1,\ 2,\ \cdots,\ 2n) \quad (25.5\text{-}76)$$

此式为辨识参数的标准形式。递推最小二乘参数辨识的算法为

$$\hat{v}_{i,k+1}=\hat{v}_{i,k}-\boldsymbol{P}_k\boldsymbol{\varphi}_k[\boldsymbol{\varphi}_k^{\mathrm{T}}\boldsymbol{P}_k\boldsymbol{\varphi}_k+r]^{-1}[\boldsymbol{\varphi}_k^{\mathrm{T}}\hat{v}_{i,k}-\boldsymbol{x}_{i,k+1}] \quad (25.5\text{-}77)$$

式中　r——大于零小于 1 的加权因子；

$\boldsymbol{P}_k$——$3n\times 3n$ 维对称正定矩阵，它的递推形式为

$$\boldsymbol{P}_{k+1}=[\boldsymbol{P}_k-\boldsymbol{P}_k\boldsymbol{\phi}_k(\boldsymbol{\phi}_k^{\mathrm{T}}\boldsymbol{P}_k\boldsymbol{\phi}_k+\boldsymbol{r})^{-1}\boldsymbol{\phi}_k^{\mathrm{T}}\boldsymbol{P}_k] \quad (25.5\text{-}78)$$

线性化状态系统的控制问题可化为一个线性二次型问题，在确定 $\boldsymbol{A}(t)$ 和 $\boldsymbol{B}(t)$ 之后，可寻求一个最优控制，使如下性能指标最小

$$J(k)=\frac{1}{2}[\boldsymbol{x}^{\mathrm{T}}(k+1)\boldsymbol{Q}\boldsymbol{x}(k+1)+\boldsymbol{u}^{\mathrm{T}}(k)\boldsymbol{R}\boldsymbol{u}(k)] \quad (25.5\text{-}79)$$

式中　$\boldsymbol{Q}$——$2n\times 2n$ 维半正定矩阵；

$\boldsymbol{R}$——$n\times n$ 维正定矩阵。

满足式（25.5-72）和性能指标式（25.5-79）为最小的最优控制为

$$\boldsymbol{u}(k)=-[\boldsymbol{R}+\boldsymbol{B}^{\mathrm{T}}(k)\boldsymbol{Q}\boldsymbol{B}(k)]^{-1}\boldsymbol{B}^{\mathrm{T}}\boldsymbol{Q}\boldsymbol{A}(k)\boldsymbol{x}(k) \quad (25.5\text{-}80)$$

一般选取 Q、R 以及 P_k 的初值为常数乘以单位矩阵。

4　模糊控制

4.1　模糊控制的基本原理

模糊控制是以模糊集合论、模糊语言变量及模糊逻辑推理为基础的一类计算机控制方法。模糊控制的基本思想是利用计算机来实现人的控制经验，而这些经验多是用语言表达的，具有模糊性的控制规则。模糊控制是一种基于规则的控制，它直接采用语言型控制规则，出发点是现场操作人员的控制经验或相关专家的知识。模糊控制系统的鲁棒性强，干扰和参数变化对控制效果的影响被大大减弱，尤其适用于非线性、时变及滞后系统的控制。模糊控制应用人类的思维方法对系统进行控制，具有以下主要特点：

1）引入了语言变量。

2）用模糊条件语句描述变量间的函数关系。

3）用模糊语句来处理复杂的控制逻辑问题。

模糊控制系统的基本原理如图 25.5-13 所示。

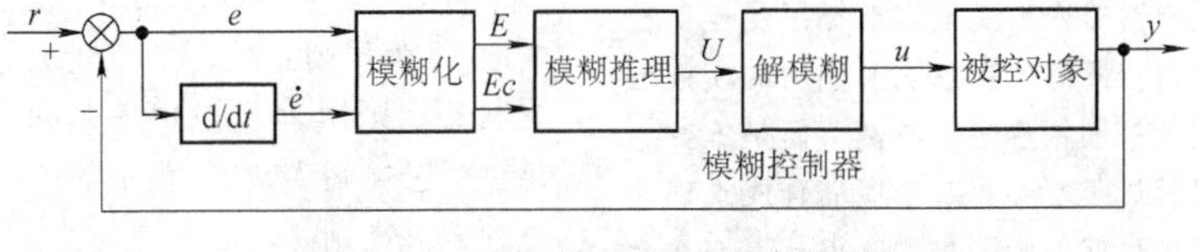

图 25.5-13　模糊控制系统的基本原理图

图中，r 为系统的设定值；y 为系统输出；e 和 $\dot{e}$ 分别为系统偏差和偏差的变化率，也就是模糊控制器的输入；u 为模糊控制器的输出；E、Ec、U 为分别为对应 e、$\dot{e}$ 和 u 的模糊变量。

由图可知，模糊控制器主要包含三个功能环节：用于输入信号处理的模糊化环节、模糊推理环节以及解模糊环节。

在控制系统中，通常将具有一个输入变量和一个输出变量（即一个控制量和一个被控制量）的系统称为单变量系统，而将多于一个输入/输出变量的系统称为多变量控制系统。在模糊控制论中，也可以类似地分别定义为单变量模糊控制系统和多变量模糊控制系统，所不同的是，模糊控制系统往往把一个被控制量（通常是系统输出量）的偏差、偏差变化以及偏差变化的变化率作为模糊控制器的输入。因此，从形式上看，这时输入量应该是三个，但是人们也习惯于称它为单变量模糊控制系统。

4.1.1　单变量模糊控制系统

在单变量模糊控制系统中，通常把单变量模糊控制

器的输入量个数称为模糊控制器的维数，如图 25.5-14 所示。

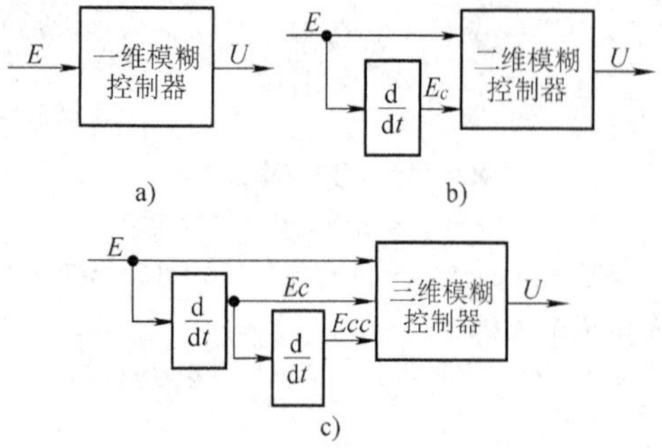

图 25.5-14　单变量模糊控制器

（1）一维模糊控制器

如图 25.5-14a 所示，“一维模糊控制器”的输入变量往往选择为受控变量和输入给定的偏差量 E。由于仅仅采用偏差值，很难反映受控过程的动态特性品质，因此所能获得的系统动态性能是不能令人满意的。这种一维模糊控制器往往应用于一阶被控对象。

（2）二维模糊控制器

如图 25.5-14b 所示，“二维模糊控制器”的两个输入变量基本上都选用受控变量和输入给定的偏差 E 和偏差变化 Ec，由于它们能够较严格地反映受控过程中输出变量的动态特性，因此在控制效果上要比一维模糊控制器好得多，也是目前采用较广泛的一类模糊控制器。

（3）三维模糊控制器

如图 25.5-14c 所示，“三维模糊控制器”的三个输入变量分别为系统偏差量 E、偏差变化量 Ec 和偏差变化的变化率 Ecc。由于这类模糊控制器结构较复杂，推理运算时间长，因此除非在对动态特性的要求特别高的场合，一般较少选用三维模糊控制器。

上述三类模糊控制器的输出变量均选择了受控变量的变化值。从理论上讲，模糊控制系统所选用的模糊控制器维数越高，系统的控制精度也就越高。但是维数选择太高，模糊控制律就过于复杂，基于模糊合成推理的控制算法的计算机实现也就更为困难，这也是人们在设计模糊控制系统时多数采用二维控制器的原因。在需要时，为了获得较好的上升段特性和改善控制器的动态品质，也可以对模糊控制器的输出量做分段选择，即在偏差 E“大”时，以控制量的绝对量为输出，而当偏差 E“小”或“中等”时，则仍以控制量的增量为输出。

4.1.2　多变量模糊控制系统

一个多变量模糊控制系统所采用的模糊控制器往往具有多变量结构（见图 25.5-15），称之为多变量模糊控制器。

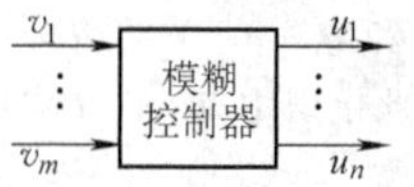

图 25.5-15　多变量模糊控制器

（1）结构解耦

要直接设计一个多变量模糊控制器是相当困难的，因此，首先想到的是如何利用模糊控制器本身的解耦性特点，通过模糊关系方程分解，在控制器结构上实现解耦，即将一个多输入-多输出的模糊控制器，分解成若干个多输入-单输出的模糊控制器，这样在模糊控制器的设计和实现上带来很大方便，并能得到大大简化。

定义 25.5-1　设多变量模糊控制器有 m 个输入 v_k（$k=1, 2, \cdots, m$）和 n 个输出 u_j（$j=1, 2, \cdots, n$），它的模糊关系可以表示为

$$\tilde{R}_M = \{\tilde{R}_{M1}, \tilde{R}_{M2}, \cdots, \tilde{R}_{Ml}\} \quad (25.5\text{-}81)$$

其第 i 条规则为

$$R_M^i: \text{if}(V_1 \text{ is } \tilde{A}_{1i} \text{ and } V_2 \text{ is } \tilde{A}_{2i} \text{ and} \cdots \text{and } V_m \text{ is } \tilde{A}_{mi} \text{ then}(U_1 \text{ is } \tilde{B}_{1i} \text{ and} \cdots \text{and } U_n \text{ is } \tilde{B}_{ni}))$$

表示成模糊蕴含式为

$$R_M^i: (\tilde{A}_{1i} \times \tilde{A}_{2i} \times \cdots \times \tilde{A}_{mi}) \to (U_1 + U_2 + \cdots + U_n)$$

式中，“×”为直积，“+”为并运算。因此

$$\begin{aligned}\tilde{R}_M &= \{\bigcup_{i=1}^{l} R_M^i\} = \{\bigcup_{i=1}^{l}[(\tilde{A}_{1i} \times \tilde{A}_{2i} \times \cdots \times \tilde{A}_{mi}) \\ &\quad \to (U_1 + U_2 + \cdots + U_n)]\} \\ &= \{\bigcup_{i=1}^{l}[(\tilde{A}_{1i} \times \tilde{A}_{2i} \times \cdots \times \tilde{A}_{mi}) \\ &\quad \to U_1], \cdots, \bigcup_{i=1}^{l}[(\tilde{A}_{1i} \times \tilde{A}_{2i} \times \cdots \times \tilde{A}_{mi}) \to U_n]\} \\ &= \{\bigcup_{j=1}^{n}\bigcup_{i=1}^{l}[(\tilde{A}_{1i} \times \tilde{A}_{2i} \times \cdots \times \tilde{A}_{mi}) \\ &\quad \to U_j]\} = \{RB_{MS}^1, RB_{MS}^2, \cdots, RB_{MS}^n\}\end{aligned}$$

式中，l 为规则总数。由上式分析可知，多变量模糊控制器规则库 R 可以由一系列子规则库 RB_{MS}^j 组成，每一个子规则库 RB_{MS}^j 由 l 条模糊规则构成。其中子规则库 RB_{MS}^k 中第 i 条规则可表示为

$$RB_{MS_i}^k: \text{if}(V_1 \text{ is } \tilde{A}_{1i} \text{ and } V_2 \text{ is } \tilde{A}_{2i} \text{ and} \cdots \text{and } V_m \text{ is } \tilde{A}_{mi} \text{ then } (U_k \text{ is } \tilde{B}_i))$$

这样可构成多输入-单输出模糊控制器的多变量结构，其近似推理如下：

前提 1：V_1 is $\tilde{A}'_1$ and V_2 is $\tilde{A}'_2$ and…and V_m is $\tilde{A}'_m$

前提 2：if V_1 is $\tilde{A}_{11}$ and V_2 is $\tilde{A}_{21}$ and… and V_m is $\tilde{A}_{m1}$ then U is $\tilde{B}_1$

also if V_1 is $\tilde{A}_{12}$ and V_2 is $\tilde{A}_{22}$ and…and V_m

is $\tilde{A}_{m2}$ then U is $\tilde{B}_2$

⋮

also if V_1 is $\tilde{A}_{1i}$ and V_2 is $\tilde{A}_{2i}$ and… and V_m is $\tilde{A}_{mi}$ then U is $\tilde{B}_i$

⋮

also if V_1 is $\tilde{A}_{1n}$ and V_2 is $\tilde{A}_{2n}$ and… and V_m is $\tilde{A}_{mn}$ then U is $\tilde{B}_n$

结论：U is $\tilde{B}'$。

(2) 多输入-单输出模糊控制器

由定义 25.5-1 可知，一个多输入-多输出的模糊控制器可以通过结构解耦成为 n 个（原输出变量个数）多输入-单输出模糊控制器，对此进一步做如下讨论。

定义 25.5-2　设有一 m 个输入-单个输出的模糊控制器，如图 25.5-16 所示。这类模糊控制器的模糊关系为

$$\tilde{\boldsymbol{R}} = \bigvee_{i=1}^{l} \{V_{1i} \wedge V_{2i} \wedge \cdots \wedge V_{mi} \wedge U_i\} \tag{25.5-82}$$

这里规则数为 l，$\tilde{\boldsymbol{R}}$ 的维数 $\dim \tilde{\boldsymbol{R}} = d_1 \times d_2 \times \cdots \times d_m \times d_u$，其中$d_1 \sim d_m$ 分别为输入 $v_1 \sim v_m$ 的论域量化等级数，d_u 为输出 u 的论域量化等级数。

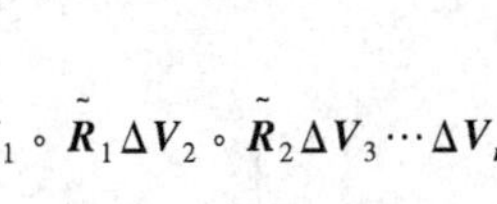

图 25.5-16　多输入-单输出模糊控制器

由此控制量的输出

$$\boldsymbol{U} = \boldsymbol{V}_1 \circ \boldsymbol{V}_2 \circ \cdots \circ \boldsymbol{V}_m \circ \tilde{\boldsymbol{R}} \tag{25.5-83}$$

令

$$\boldsymbol{U} = \boldsymbol{V}_1 \circ \tilde{\boldsymbol{R}}_1 \Delta \boldsymbol{V}_2 \circ \tilde{\boldsymbol{R}}_2 \Delta \boldsymbol{V}_3 \cdots \Delta \boldsymbol{V}_m \circ \tilde{\boldsymbol{R}}_m \tag{25.5-84}$$

其中，Δ 代表某一种合成规则，每个 $\tilde{\boldsymbol{R}}_k$（$k=1, 2, \cdots, m$）为二维模糊关系，仅有（$d_1+d_2+\cdots+d_m$）d_u 个元素。在某些近似条件下，认为式（25.5-84）中算符 Δ 可以由 ∧ 运算来代表，即

$$\boldsymbol{U} = \boldsymbol{V}_1 \circ \tilde{\boldsymbol{R}}_1 \wedge V_2 \circ \tilde{\boldsymbol{R}}_2 \wedge \cdots \wedge V_m \circ \tilde{\boldsymbol{R}}_m \tag{25.5-85}$$

式中，模糊关系被定义为

$$\tilde{\boldsymbol{R}}_k = \bigvee_{i=1}^{l} \{\boldsymbol{V}_{ki} \wedge \boldsymbol{U}_i\} (k = 1, 2, \cdots, m) \tag{25.5-86}$$

式（25.5-86）表示了构成多输入-单输出模糊控制器的子控制器的关系矩阵算法。从而式（25.5-85）可以直观地由图 25.5-17 来表示。多输入-单输出子模糊控制器多变量结构的确定，克服了仅用式（25.5-81）表示的一个模糊关系 $\tilde{\boldsymbol{R}}_m$ 来进行多变量模糊控制器设计、分析的困难，增强了其实现的可能性和实用功能。

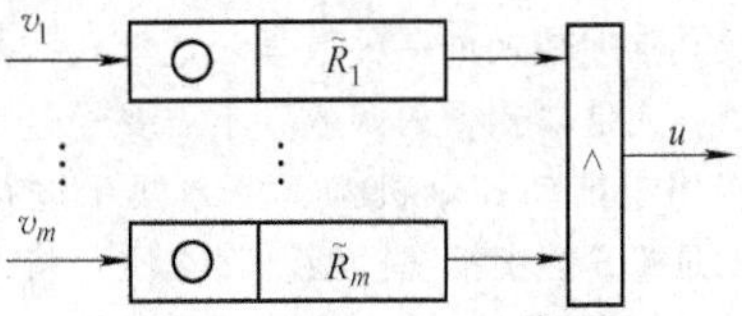

图 25.5-17　多输入-单输出结构

4.1.3　Mamdani 模糊控制系统

设 X 和 Y 为输入论域，Z 为输出论域，$x \in X$，$y \in Y$ 为输入变量，$z \in Z$ 为输出变量。

已知一组推理规则如下：

$$\text{IF} x \text{ is } A_i \text{ and } y \text{ is } B_j \text{ then } z \text{ is } C_{ij}$$

其中，

$$A_i \in F(X), B_j \in F(Y), C_{ij} \in F(Z)$$
$$i=1,\cdots,n; j=1,\cdots,m$$

对于上述规则，$\{A_i\}$、$\{B_i\}$、$\{C_{ij}\}$ 分别是论域 X、Y、Z 上的模糊划分，x_i、y_i、z_{ij} 分别是 A_i、B_i、C_i 的峰点。采用单点模糊化、乘积推理机、中心法去模糊化所构造的模糊系统推导如下：

$$A^*(x) = \begin{cases} 1 & x=x' \\ 0 & \text{其他} \end{cases} \qquad B^*(x) = \begin{cases} 1 & y=y' \\ 0 & \text{其他} \end{cases}$$

由乘积推理机所确定的推理结果为

$$C^*(z) = \bigvee_{i=1}^{n} \bigvee_{j=1}^{m} \bigvee_{(x,y) \in X \times Y} [A^*(x) \cdot B^*(y) \cdot A_i(x) \times B_j(y) \cdot C_{ij}(z)] = \bigvee_{i=1}^{n} \bigvee_{j=1}^{m} [A_i(x') \cdot B_j(y') \cdot C_{ij}(z)] \tag{25.5-87}$$

$$f(x', y') = \frac{\sum_{i=1}^{n} \sum_{j=1}^{m} [C^*(z_{ij}) \cdot z_{ij}]}{\sum_{i=1}^{n} \sum_{j=1}^{m} C^*(z_{ij})}$$

$$= \frac{\sum_{i=1}^{n} \sum_{j=1}^{m} \{\bigvee_{k=1}^{n} \bigvee_{l=1}^{m} [A_i(x') \cdot B_j(y') \cdot C_{ij}(z)]\} \cdot z_{ij}}{\sum_{i=1}^{n} \sum_{j=1}^{m} \{\bigvee_{k=1}^{n} \bigvee_{l=1}^{m} [A_i(x') \cdot B_j(y') \cdot C_{ij}(z)]\}}$$

$$= \frac{\sum_{i=1}^{n} \sum_{j=1}^{m} [A_i(x') \cdot B_j(y')] \cdot z_{ij}}{\sum_{i=1}^{n} \sum_{j=1}^{m} [A_i(x') \cdot B_j(y')]} \tag{25.5-88}$$

4.1.4 T-S模糊推理模型

传统近似推理得出的结论是个模糊命题，模糊集合不能直接用于操作执行机构的，必须进行清晰化，这个过程非常繁琐，而且具有很大的随意性，同时对结论进行数学分析也很不方便。1985年，日本学者高木和杉野提出一种新的模糊推理模型，将正常的模糊规则及其推理转换成一种数学表达形式，其输出的是清晰值，或是输入值的函数，不需要经过清晰化就可以直接用于推动控制机构，更方便于进行数学分析，这就是T-S模糊推理模型。其本质是将全局非线性系统通过模糊划分建立多个简单的线性关系，对多个模型的输出再进行模糊推理和判决，可以表示复杂的非线性关系。

假设一个多输入-单输出系统有 n 条模糊规则，若有 k 个输入 x_1，x_2，$\cdots x_k$，只有一个输出 U，在这 n 条规则中，第 i 条规则 R^i 为

$$u_i=f(x_j)=p_0^i+p_1^ix_1+\cdots p_k^ix_k$$
$$(i=1,2,\cdots,n;j=1,2,\cdots,k)$$

输出量 $u_i=f(x_j)$ 是输入量 x_j 的线性函数，函数中各项系数 p_j^i（$j=1,2,\cdots,k$）是根据实践积累数据通过辨识方法确定的。

最终的输出（结论）U 将由 n 条规则的输出结论 u_i 决定，可通过下述两种方法根据各条规则的结论 u_i 经过计算得出。

（1）加权求和法

$$U=\sum_{i=1}^{n}w_iu_i=w_1u_1+w_2u_2+\cdots+w_nu_n \tag{25.5-89}$$

式中 w_i（$i=1,2,\cdots,n$）为各条模糊规则输出的结果 u_i 在总输出中所占的权重。

（2）加权平均法

$$U=\frac{\sum_{i=1}^{n}w_iu_i}{\sum_{i=1}^{n}w_i}=\frac{w_1u_1+w_2u_2+\cdots+w_nu_n}{w_1+w_2+\cdots+w_n} \tag{25.5-90}$$

若输入量激活了 m 条模糊规则，则将上述算式中的 n 都改为 m，未激活模糊规则的输出量应该为零。

每条模糊规则权重 w_i 通常又可以按下述两种方法计算确定：一种是取小法，一种是乘积法。

1）取小法。

$$w_i=(\bigwedge_{j=1}^{k}A_j^i)\wedge R_i=A_1^i(x_i)\wedge\cdots A_k^i(x_k)\wedge R_i \tag{25.5-91}$$

即在第 i 条规则中，对输入量 x_j 分属于各模糊集合的隶属度间取小，再和这条规则的认定权重 R_i 取小。

2）乘积法。

$$w_i=R_i\sum_{j=1}^{k}A_j^i=R_iA_1^i(x_1)A_2^i(x_2)\cdots A_k^i(x_k) \tag{25.5-92}$$

即把第 i 条规则中输入量 x_j 分别属于各模糊子集的隶属度相乘，再和这条规则的认定权重 R_i 相乘。

由于实际计算中乘积法和取小法对最终结果的影响差异不大，而且乘积法容易实现，所以经常采用乘积法计算每条模糊规则的权重。此外，认定权重 R_i 是指在不受输入量隶属度函数影响的情况下，设计人员预定义的第 i 条规则在总输出中所占的比重，它对该规则的权重起到一定的调节作用，使用中为了计算简便，经常取 $R_i=1$。

T-S模糊推理的结论是线性函数，其中的系数就是用大量的输入-输出数据通过辨识算法得出的，由于计算繁杂，经常用神经网络求算。

4.1.5 模糊控制器设计步骤

模糊控制器的被控对象可以是缺乏精确数学模型的对象，也可以是有较精确数学模型的对象。模糊控制器设计步骤主要包括定义模糊集和隶属度函数，建立模糊控制规则、模糊推理和反模糊化。

4.2 倒立摆模糊控制实例

倒立摆仿真或实物控制实验是控制领域中用来检验某种控制理论或方法的典型方案。倒立摆系统是行走机器人等许多控制对象的简化模型，然而其仍然是一个复杂的非线性的、不确定的高阶系统，系统中的参数也具有不确定性，采用模糊控制具有良好的鲁棒性和稳定性。如图25.5-18所示为倒立摆系统示意图。

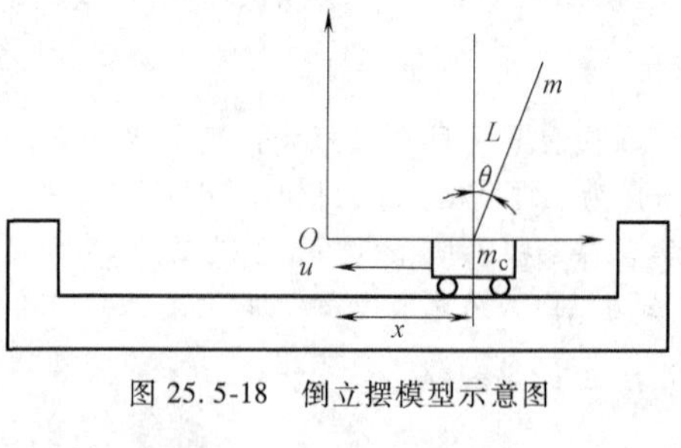

图25.5-18 倒立摆模型示意图

图中 θ 为摆角，$g=9.8\text{m/s}^2$，m_c 为小车质量，m 为摆杆质量，L 为摆长，u 为控制输入力，x 为位移。控制器设计目标为设计模糊控制系统，控制输出力使倒立摆直立，并且保持静止。

4.2.1　倒立摆系统建模

分别对小车和摆杆做受力分析，如图 25.5-19 所示。

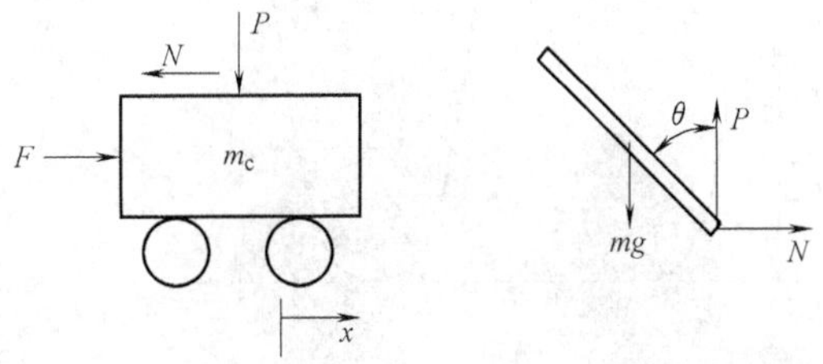

小车的受力分析　　摆杆的受力分析

图 25.5-19　受力分析图

得到状态方程：

$$\dot{x}_1 = x_2$$

$$\dot{x}_2 = \frac{g\sin x_1 - \dfrac{mlx_2^2\cos x_1\sin x_1}{m_c+m}}{l\left(\dfrac{4}{3}-\dfrac{m\cos^2 x_1}{m_c+m}\right)} + \frac{\dfrac{\cos x_1}{m_c+m}}{l\left(\dfrac{4}{3}-\dfrac{m\cos^2 x_1}{m_c+m}\right)}u$$

其中，x_1 和 x_2 分别为摆角和摆速；l 为摆长 L 的一半，$l=L/2$。

4.2.2　模糊控制系统设计

（1）确定输入、输出模糊集

x_1 的基本论域为（$-\pi/9$，$\pi/9$），取 x_1、x_2 的语言值论域分别为｛-1，1｝，对应的语言值｛正，负｝，控制量输出 u 语言值论域｛-5，0，5｝，对应语言值｛负最大值，零，正最大值｝。

（2）确定输入、输出隶属函数

模糊集“正”“负”“负最大值”“零”“正最大值”的隶属度函数分别为 $\mu_{正}(x)=\dfrac{1}{1+e^{-30x}}$，$\mu_{负}(x)=\dfrac{1}{1+e^{30x}}$，$\mu_{负最大值}(x)=e^{-(u+5)^2}$，$\mu_{零}(x)=e^{-u^2}$，$\mu_{正最大值}(x)=e^{-(u-5)^2}$。

（3）建立模糊控制规则

模糊控制 μ_{fuzz} 是依据下面 4 条模糊控制规则（见表 25.5-2）设计的：

1）如果 x_1 是正且 x_2 是正，则 μ 是负最大值。

2）如果 x_1 是正且 x_2 是负，则 μ 是零。

3）如果 x_1 是负且 x_2 是正，则 μ 是零。

4）如果 x_1 是负且 x_2 是负，则 μ 是正最大值。

表 25.5-2　模糊控制规则表

U	正	负
正	负最大值	零
负	零	正最大值

（4）模糊推理及去模糊化

采用乘积推理机、单值模糊器和中心平均解模糊器，由 4 条规则的结论可知模糊集的中心：$\bar{y}^{11}=-5$，$\bar{y}^{12}=0$，$\bar{y}^{21}=0$，$\bar{y}^{22}=5$。得到模糊控制输出为

$$u_{fuzz}=\frac{\bar{y}^{11}u_{正}(x_1)u_{正}(x_2)+\bar{y}^{21}u_{负}(x_1)u_{正}(x_2)+\bar{y}^{12}u_{正}(x_1)u_{负}(x_2)+\bar{y}^{22}u_{负}(x_1)u_{负}(x_2)}{u_{正}(x_1)u_{正}(x_2)+u_{负}(x_1)u_{正}(x_2)+u_{正}(x_1)u_{负}(x_2)+u_{负}(x_1)u_{负}(x_2)}$$

$$=\frac{-5u_{正}(x_1)u_{正}(x_2)+5u_{负}(x_1)u_{负}(x_2)}{u_{正}(x_1)u_{正}(x_2)+u_{负}(x_1)u_{正}(x_2)+u_{正}(x_1)u_{负}(x_2)+u_{负}(x_1)u_{负}(x_2)}$$

$$=\frac{-5\dfrac{1}{1+e^{-30x}}\cdot\dfrac{1}{1+e^{-30x}}+5\dfrac{1}{1+e^{30x}}\cdot\dfrac{1}{1+e^{30x}}}{\dfrac{1}{1+e^{-30x}}\cdot\dfrac{1}{1+e^{-30x}}+\dfrac{1}{1+e^{30x}}\cdot\dfrac{1}{1+e^{-30x}}+\dfrac{1}{1+e^{-30x}}\cdot\dfrac{1}{1+e^{30x}}+\dfrac{1}{1+e^{30x}}\cdot\dfrac{1}{1+e^{30x}}}$$

（5）MATLAB 仿真程序实现

利用 MATLAB 进行仿真的具体程序见程序附录二。

得到仿真曲线，如图 25.5-20 和图 25.5-21 所示。

4.3　工作台位置模糊控制

下面通过工作台位置控制说明模糊控制系统的工作原理，其系统框图如图 25.5-22 所示。

系统的输入为给定位置 x_g，是一模拟量。被控对象的输出量为工作台的实际位置 x_o，它由位置传感器检测并反馈，与给定量比较，得误差 $e=x_g-x_o$，经 A/D 转换得误差的数字量。为方便起见，把 A/D 转换得到的误差数字量变号，即 $e^*=x_o^*-x_g^*$（上标 * 表示数字量）。这样，当误差 e^* 为正数时，表示系统的输出偏大，即工作台的实际位置超过了给定值；当误差 e^* 为负数时，表示系统的输出偏小，即工作台的实际位置小于给定值。做此处理后，将使模糊控制规律更合乎人们的思维规律。

变了号的数字式误差在模糊控制器中要进行模糊量化处理，使其变成用语言表示的模糊子集：

$e_m=$｛负大，负小，零，正小，正大｝

用模糊语言符号表示：

1）NB（Negative Big）= 负大。

2）NS（Negative Small）= 负小。

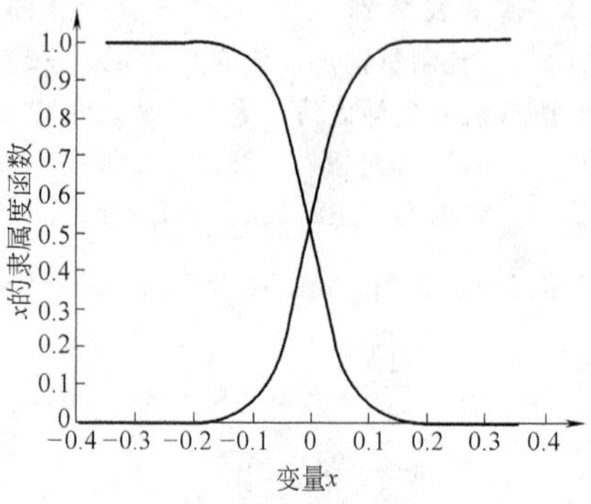

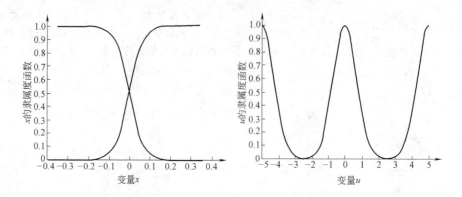

图 25. 5-20 隶属度函数图

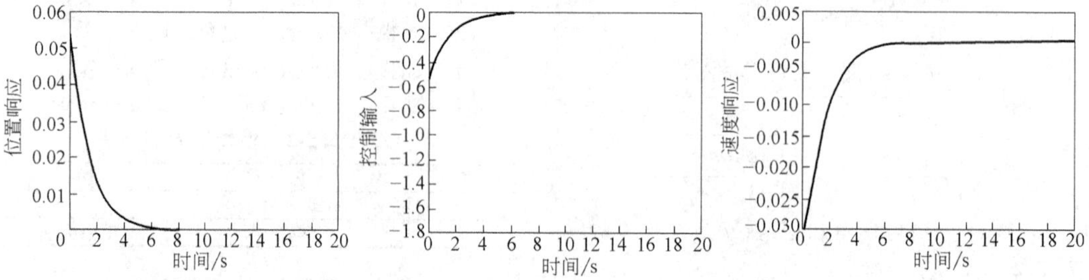

图 25. 5-21 控制结果图

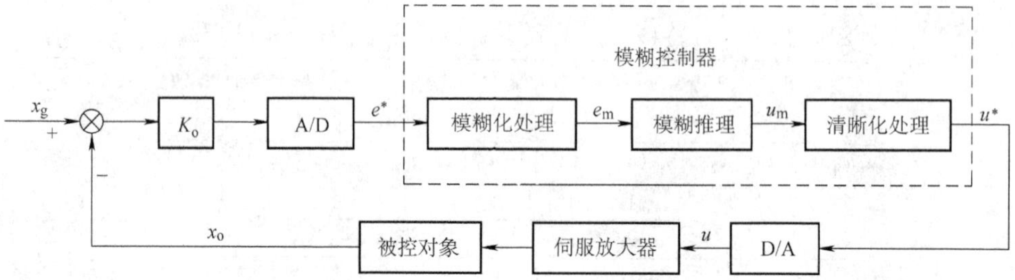

图 25. 5-22 工作台位置模糊控制系统原理图

3）ZO（Zero）= 零。

4）PS（Positive Small）= 正小。

5）PB（Positive Big）= 正大。

从而得到模糊语言集合的子集：

$$e_m = \{NB, NS, ZO, PS, PB\}$$

将误差 e^* 的大小量化为 9 个等级：-4，-3，-2，-1，0，+1，+2，+3，+4。其论域为

$$\boldsymbol{E} = \{-4,-3,-2,-1,0,1,2,3,4\}$$

如果将控制量 u^* 的大小也量化成上述 9 个等级，则其论域 $\boldsymbol{U}$ 也与 $\boldsymbol{E}$ 一样，即

$$\boldsymbol{U} = \{-4,-3,-2,-1,0,1,2,3,4\}$$

根据专家经验，这些等级对于模糊集合 e_m 和 u_m 的隶属度列于表 25. 5-3 中。

根据熟练操作人员手动控制原则，若用 E_0 和 U_0 分别表示输入输出的语言变量，则一种模糊控制规则的语言表达如下：

1）如果 E_0 = NB，那么 U_0 = PB。

2）如果 E_0 = NS，那么 U_0 = PS。

3）如果 E_0 = ZO，那么 U_0 = ZO。

4）如果 E_0 = PS，那么 U_0 = NS。

5）如果 E_0 = PB，那么 U_0 = NB。

上述模糊控制规则也可用模糊状态表的形式表达，见表 25. 5-4。

表 25.5-3　量化等级对模糊语言变量的隶属度

语言变量	-4	-3	-2	-1	0	+1	+2	+3	+4
PB	0	0	0	0	0	0.4	0.7	1	1
PS	0	0	0	0.4	0.7	1	0.7	0.4	0
ZO	0	0	0.4	0.7	1	0.7	0.4	0	0
NS	0	0.4	0.7	1	0.7	0.4	0	0	0
NB	1	1	0.7	0.4	0	0	0	0	0

表 25.5-4　模糊状态表

E_m	NB	NS	ZO	PS	PB
U_m	PB	PS	ZO	NS	NB

这种模糊控制规则只是模糊控制规律的一种，对于具体问题要具体分析确定。

由表 25.5-4 表示的模糊控制规则是一个多重条件语句，可以用误差论域 $\boldsymbol{E}$ 到控制量论域 $\boldsymbol{U}$ 的模糊关系 $\boldsymbol{R}_m$ 表示。

$$\boldsymbol{R}_m=(NB_e\times PB_u)\cup(NS_e\times PS_u)\cup(ZO_e\times ZO_u)\\(PS_e\times NS_u)\cup(PB_e\times NB_u)\tag{25.5-93}$$

根据表 25.5-3 中所列的隶属度值计算式（25.5-93）中的直积，例如，

$$NB_e\times PB_u=(1,1,0.7,0.4,0,0,0,0,0)\cdot(0,0,0,0,0,0.4,0.7,1,1)$$
$$=\begin{pmatrix}0&0&0&0&0&0.4&0.7&1&1\\0&0&0&0&0&0.4&0.7&1&1\\0&0&0&0&0&0.4&0.7&0.7&0.7\\0&0&0&0&0&0.4&0.4&0.4&0.4\\0&0&0&0&0&0&0&0&0\\0&0&0&0&0&0&0&0&0\\0&0&0&0&0&0&0&0&0\\0&0&0&0&0&0&0&0&0\\0&0&0&0&0&0&0&0&0\end{pmatrix}$$

同样，可计算出其他各项直积，然后代入式（25.5-93），按模糊矩阵和运算法则可得模糊关系

$$\boldsymbol{R}_m=\begin{pmatrix}0&0&0&0&0&0.4&0.7&1&1\\0&0&0&0.4&0.4&0.4&0.7&1&1\\0&0&0.4&0.4&0.7&0.7&0.7&0.7&0.7\\0&0.4&0.4&0.7&0.7&1&0.7&0.4&0.4\\0&0.4&0.7&0.7&1&0.7&0.7&0.4&0\\0.4&0.4&0.7&1&0.7&0.7&0.4&0.4&0\\0.7&0.7&0.7&0.7&0.7&0.4&0.4&0&0\\1&1&0.7&0.4&0.4&0.4&0&0&0\\1&1&0.7&0.4&0&0&0&0&0\end{pmatrix}$$

在本问题中，模糊控制矢量 $\boldsymbol{u}_m$ 就是由误差模糊矢量 $\boldsymbol{e}_m$ 与模糊关系 $\boldsymbol{R}_m$ 按推理的合成规则确定的［参见定义式（25.5-86）］。例如，若取误差模糊矢量 $\boldsymbol{e}_m$ = NS（在本问题中，它表示工作台的位置 x_o 与给定位置 x_g 相比偏小），则模糊控制矢量 $\boldsymbol{u}_m$ 为

$$\boldsymbol{u}_m=\boldsymbol{e}_m\circ\boldsymbol{R}_m=$$
$$(0,0.4,0.7,1,0.7,0.4,0,0,0)\circ$$
$$\begin{pmatrix}0&0&0&0&0&0.4&0.7&1&1\\0&0&0&0.4&0.4&0.4&0.7&1&1\\0&0&0.4&0.4&0.7&0.7&0.7&0.7&0.7\\0&0.4&0.4&0.7&0.7&1&0.7&0.4&0.4\\0&0.4&0.7&0.7&1&0.7&0.7&0.4&0\\0.4&0.4&0.7&1&0.7&0.7&0.4&0.4&0\\0.7&0.7&0.7&0.7&0.7&0.4&0.4&0&0\\1&1&0.7&0.4&0.4&0.4&0&0&0\\1&1&0.7&0.4&0&0&0&0&0\end{pmatrix}$$
$$=(0.4,0.4,0.7,0.7,0.7,1,0.7,0.7,0.7)$$

模糊控制量矢量要通过清晰化处理变成精确数字控制量，再经 D/A 转换为模拟控制量，放大后控制被控对象。为此，将模糊控制矢量写成

$$\boldsymbol{u}_m=\left(\frac{0.4}{-4},\frac{0.4}{-3},\frac{0.7}{-2},\frac{0.7}{-1},\frac{0.7}{0},\frac{1}{+1},\frac{0.7}{+2},\frac{0.7}{+3},\frac{0.7}{+4}\right)$$

在此矢量中的元素并不是分数，横线上面的数为隶属度，横线下面的数是对应的控制量级。其中，最大隶属度是 1，它对应的控制量级别是“+1”级。假如输给 D/A 转换器的数字量范围是［-40，+40］，对应控制量级为 -40，-30，-20，-11，0，11，20，30，40。又因为误差和控制量都分成了 9 级，即 -4，-3，-2，-1，0，+1，+2，+3，+4，所以“+1”级对应的数字量为+11。这样，就把模糊控制矢量 $\boldsymbol{u}_m$ 变成了确切的控制量 $u^*=11$。这一过程称为模糊矢量的“清晰化处理”。确切控制量 u^* 经 D/A 转换变成模拟控制量 u，u 再经伺服放大器放大，驱动直流伺服电动机转动，使工作台向着给定位置运动。表 25.5-4 是用语言变量描述的模糊控制规则，相应地，可用表 25.5-5 描述模糊控制器输入与输出的等级关系。

表 25.5-5　模糊控制器输入、输出关系表

e^*	-4	-3	-2	-1	0	+1	+2	+3	+4
u^*	+4	+3	+2	+1	0	-1	-2	-3	-4

5　自学习控制系统

在控制理论中，“学习”一词被简单地理解为：通过经验取得某种技能，而不需要外界帮助。自学习控制是一个能在其运行过程中逐步获得环境和被控对象的未知信息，经过积累控制经验，并在一定的评价标准下进行估值、分类、决策和不断改进系统品质的自动控制方法。一个智能控制系统如果能够通过在线实时学习，自动获取知识，并能将所学得的知识用来不断改善具有未知特征的过程的控制性能，则称这种系统为自学习控制系统。

自学习是智能控制的重要属性，是衡量智能控制系统智能化水平的重要标志。人们在设计一个自学习控制系统时，可以不必知道相关控制的确切算法，而只需给出达到这一算法的途径；然后，系统根据自己运转过程中的经验，不断修正与改进算法，使之达到最优或次优的程度。

自学习控制系统虽然与自适应控制系统有许多相似之处，但它们之间也有很大的区别：

1）自适应控制系统使用更多的先验数据，因此常常更加结构化，而典型的自学习控制算法则无固定的结构，更具有一般性。

2）自学习控制系统具有较高的拟人自学习功能，这正是传统的自适应控制系统所缺乏的。

因此，自学习控制系统作为智能控制系统的重要组成部分，具有不可替代的作用。自 20 世纪 70 年代初以来，研究学者们提出了多种自学习控制方案，主要包括基于模式识别的学习控制、迭代自学习控制、基于神经网络的学习控制、拟人自学习控制、状态学习控制、基于模糊规则的学习控制以及联结主义学习控制等。

迭代自学习控制作为自学习控制方案中比较成熟的一种，在控制工程领域取得了广泛的应用。迭代自学习控制具有以下优点：

1）适用于具有某种重复运动（运行）性质的被控对象。

2）可在被控对象动力学特性不精确（甚至未知）的情况下设计控制器，适用于一般非线性控制系统。

3）在线计算负担小，适用于快速运动控制。

下面将以迭代自学习控制为例，介绍自学习控制的基本原理和应用。

5.1　迭代自学习控制的基本原理

（1）被控系统

设一个连续控制系统可表示为

$$\left.\begin{aligned}\dot{x}(t)&=f[x(t),u(t),t]\\ y(t)&=g[x(t),u(t),t]\end{aligned}\right\}\qquad(25.5\text{-}94)$$

其中，$x(t)$ 为系统的 n 维状态量，$u(t)$ 为 r 维控制量，f、g 为具有相应维数的函数，$y(t)$ 为系统的 m 维输出量。

假设系统在有限时间区间 $[0, T]$ 上重复运行，则可以用 $k=0, 1, 2, \cdots$ 表示重复操作次数，并以 $x_k(t)$、$u_k(t)$、$y_k(t)$ 分别表示第 k 次重复时系统的状态量、控制量和输出量，那么，控制系统可以表示为

$$\left.\begin{aligned}\dot{x}_k(t)&=f[x_k(t),u_k(t),t]\\ y_k(t)&=g[x_k(t),u_k(t),t]\end{aligned}\right\}\qquad(25.5\text{-}95)$$

式中，$t\in[0, T]$。

（2）初始条件

在有限时间区间 $[0, T]$ 上，设定期望轨迹为 $y_d(t)$，初始状态量为 $x_d(0)$。系统的初始状态表示为 $x_k(0)=x_d(0)$，$y_k(0)=y_d(0)$，$(k=0, 1, 2, \cdots)$。

（3）学习律

定义输出误差

$$e_k(t)=y_d(t)-y_k(t)\qquad(25.5\text{-}96)$$

由当前控制量 $u_k(t)$ 和输出误差 $e_k(t)$ 构成学习律，产生下一次迭代时的控制量 $u_{k+1}(t)$，即

$$u_{k+1}(t)=u_k(t)+U[e_k(t),t]\qquad(25.5\text{-}97)$$

式中，U 为从 $e_k(t)$ 到 $u_{k+1}(t)$ 的映射，大多数取为线性函数；也常常取初始控制输入 $u_0(t)=0$。

迭代自学习控制的学习律的常见形式有：

1）D 型学习律：

$$u_{k+1}(t)=u_k(t)+\Gamma\dot{e}_k(t)\qquad(25.5\text{-}98)$$

2）P 型学习律：

$$u_{k+1}(t)=u_k(t)+Le_k(t)\qquad(25.5\text{-}99)$$

3）组合型学习律有 PD 型、PI 型和 PID 型，其中 PID 型学习律表示如下：

$$u_{k+1}(t)=u_k(t)+\Gamma\dot{e}_k(t)+Le_k(t)+\Psi\int_0^t e_k(\tau)\mathrm{d}\tau\qquad(25.5\text{-}100)$$

式中，Γ、L、Ψ 为定常增益矩阵。

（4）收敛条件

在每一次迭代操作结束时，需要检验收敛条件。若收敛条件成立，则停止迭代运行。常见的收敛条件为

$$\|y_d(t)-y_k(t)\|<\varepsilon\qquad(\forall t\in[0,T])\qquad(25.5\text{-}101)$$

式中，ε 为给定的允许跟踪精度。

另外，收敛条件也可以通过限定最大迭代次数给

出。在给定初始条件下，当 $k\to\infty$ 时，即重复训练次数足够多时，可有 $e_k(t)\to 0$，即实际输出能逼近期望输出 $y_k(t)\to y_d(t)$：

$$\lim_{k\to\infty} y_k(t)=y_d(t) \tag{25.5-102}$$

（5）算法流程

图 25.5-23 所示为迭代自学习控制算法原理图，算法流程图如图 25.5-24 所示。

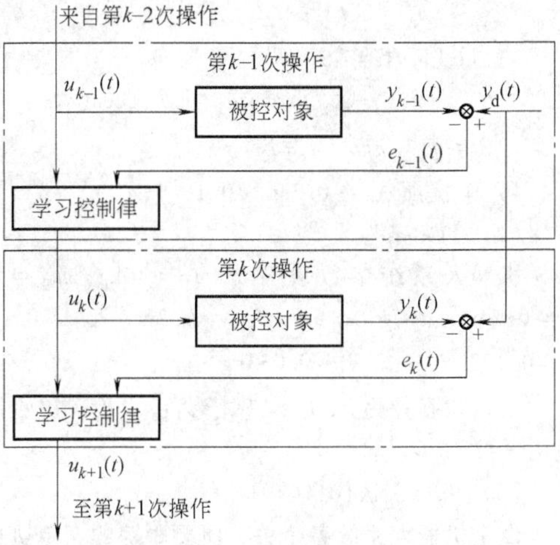

图 25.5-23　迭代自学习控制算法原理图

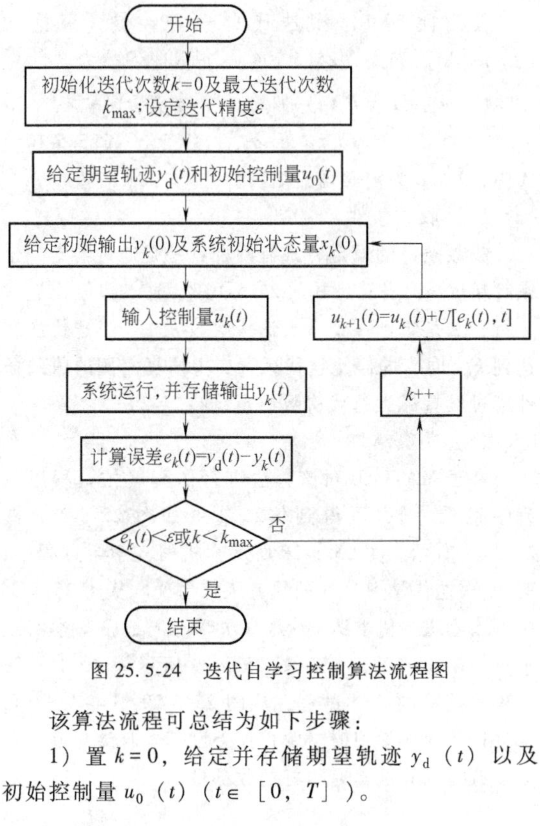

图 25.5-24　迭代自学习控制算法流程图

该算法流程可总结为如下步骤：

1）置 $k=0$，给定并存储期望轨迹 $y_d(t)$ 以及初始控制量 $u_0(t)$（$t\in[0,T]$）。

2）通过初始定位操作，使得系统初始输出为 $y_k(0)$，相应的初始状态为 $x_k(0)$。

3）对被控系统施加控制输入 $u_k(t)$（$t\in[0,T]$），开始重复操作。同时，采样并存储系统输出 $y_k(t)$（$t\in[0,T]$）。

4）重复操作结束时，计算输出误差 $e_k(t)=y_d(t)-y_k(t)$（$t\in[0,T]$）。

5）检验迭代收敛条件。若条件满足则停止运行，否则置 $k=k+1$，由学习律计算并存储新的控制输入 $u_{k+1}(t)$（$t\in[0,T]$），转步骤 2）。

（6）开环和闭环控制

迭代自学习控制分为开环学习控制和闭环学习控制。以 PID 组合型学习律为例，开环 PID 型学习律是：第 $k+1$ 次的控制量等于第 k 次的控制量加上第 k 次输出误差的 PID 校正项，即

$$u_{k+1}(t)=u_k(t)+\Gamma\dot{e}_k(t)+Le_k(t)+\Psi\int_0^t e_k(\tau)\mathrm{d}\tau \tag{25.5-103}$$

式中，Γ、L、Ψ 为定常增益矩阵。

闭环 PID 迭代学习律是取第 $k+1$ 次运行的误差作为学习的修正项，即

$$u_{k+1}(t)=u_k(t)+\Gamma\dot{e}_{k+1}(t)+Le_{k+1}(t)+\Psi\int_0^t e_{k+1}(\tau)\mathrm{d}\tau \tag{25.5-104}$$

两种迭代自控制学习的结构如图 25.5-25 和图 25.5-26 所示。

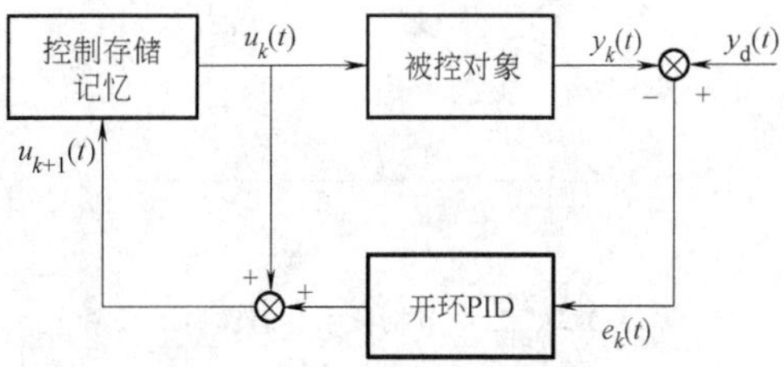

图 25.5-25　开环 PID 迭代自学习控制的结构

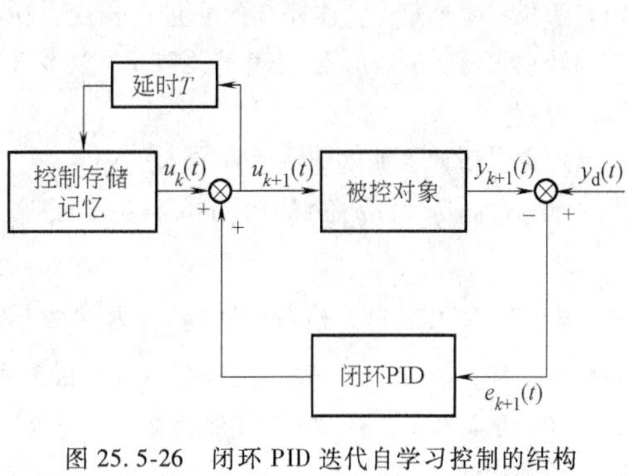

图 25.5-26　闭环 PID 迭代自学习控制的结构

由式（25.5-103）和式（25.5-104）比较得知：开环迭代自学习只利用了系统前次运行的信息，而闭环迭代自学习控制则在利用系统当前运行信息改善控制性能的同时，舍弃了迭代前次运行的误差信息。

5.2　迭代自学习控制应用举例

机器人的轨迹跟踪控制问题是研究机器人运动控制的主要问题之一，即使期望轨迹被确切描述，精确的实现跟踪也很不容易。主要有两个原因：一是机器人机械关节之间的干扰；二是机器人运动过程中的外界扰动。迭代自学习控制适用于解决强非线性、强耦合、难建模和运动具有重复性的对象的高精度控制问题，因此，能很好地解决机器人的轨迹跟踪问题。

下面介绍一个迭代自学习控制仿真实例。控制对象为二关节机械手，控制目标为实现二关节机械手关节轨迹跟踪，其中，关节一期望轨迹 $y_{d1}(t)=\sin(3t)$，关节二期望轨迹 $y_{d2}(t)=\cos(3t)$。学习律为 PD 型闭环学习律。

（1）建立模型

二关节机械手几何模型如图 25.5-27 所示。

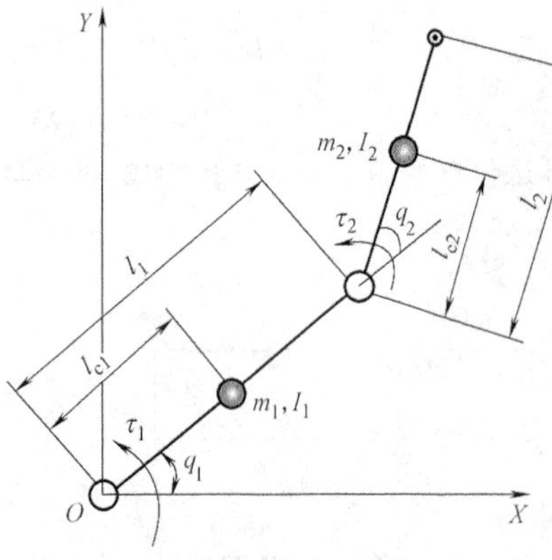

图 25.5-27　二关节机械手几何模型示意图

图 25.5-27 中 m_1、m_2、l_1、l_2、l_{c1}、l_{c2}、I_1、I_2 分别表示机械手连杆 1、连杆 2 的质量、长度、质心位置和转动惯量，q_1、q_2 分别表示关节 1、关节 2 位移量。

该模型可用如下非线性微分方程表示：

$$\boldsymbol{M}(\boldsymbol{q})\ddot{\boldsymbol{q}}+\boldsymbol{C}(\boldsymbol{q},\dot{\boldsymbol{q}})\dot{\boldsymbol{q}}+\boldsymbol{G}(\boldsymbol{q})=\boldsymbol{\tau}-\boldsymbol{\tau}_{\mathrm{d}} \tag{25.5-105}$$

式中，$\boldsymbol{q}\in\boldsymbol{R}^2$ 为关节角位移量，$\boldsymbol{M}(\boldsymbol{q})\in\boldsymbol{R}^{2\times2}$ 为机器人的惯性矩阵，$\boldsymbol{C}(\boldsymbol{q},\dot{\boldsymbol{q}})\in\boldsymbol{R}^2$ 表示离心力和哥氏力，$\boldsymbol{G}(\boldsymbol{q})\in\boldsymbol{R}^2$ 为重力项，$\boldsymbol{\tau}\in\boldsymbol{R}^2$ 为控制力矩，$\boldsymbol{\tau}_{\mathrm{d}}\in\boldsymbol{R}^2$ 为各种误差和扰动。

其中：

1）惯性矩阵 $\boldsymbol{M}=(m_{ij})_{2\times2}$。

$$m_{11}=m_1l_{c1}^2+m_2(l_1^2+l_{c2}^2+2l_1l_{c2}\cos q_2)+I_1+I_2$$

$$m_{12}=m_{21}=m_2(l_{c2}^2+l_1l_{c2}\cos q_2)+l_2$$

$$m_{22}=m_2l_{c2}^2+I_2$$

2）离心力和哥氏力 $\boldsymbol{C}=(c_{ij})_{2\times2}$。

$$c_{11}=h\dot{q}_2,c_{12}=h\dot{q}_1+h\dot{q}_2,c_{21}=-h\dot{q}_1,$$

$$c_{22}=0,h=-m_2l_1l_{c2}\sin q_2。$$

3）重力项 $\boldsymbol{G}=(G_1G_2)^{\mathrm{T}}$。

$$G_1=(m_1l_{c1}+m_2l_1)g\cos q_1+m_2l_{c2}g\cos(q_1+q_2),$$

$$G_2=m_2l_{c2}g\cos(q_1+q_2)。$$

4）干扰项 $\boldsymbol{\tau}_{\mathrm{d}}=(0.3\sin t\times0.1,\ 1-\mathrm{e}^{-t})^{\mathrm{T}}$

（2）初始条件设定

机器人系统参数设置为 $m_1=10\mathrm{kg}$，$m_2=5\mathrm{kg}$，$l_1=0.25\mathrm{m}$，$l_2=0.16\mathrm{m}$，$l_{c1}=0.2\mathrm{m}$，$l_{c2}=0.14\mathrm{m}$，$I_1=0.133\mathrm{kg\cdot m^2}$，$I_1=0.033\mathrm{kg\cdot m^2}$，$g=9.81\ \mathrm{m/s^2}$。

初始状态量为 $\boldsymbol{x}(0)=[0,\ 3,\ 1,\ 0]^{\mathrm{T}}$，初始控制量为 $\boldsymbol{\tau}=(0,\ 0)^{\mathrm{T}}$。

（3）机器人迭代自学习律

设定机器人系统各个关节所要跟踪的期望轨迹为 $y_{\mathrm{d}}(t)$，系统第 i 次输出为 $y_i(t)$，令误差 $e_i(t)=y_{\mathrm{d}}(t)-y_i(t)$。

使用闭环 PD 型迭代自学习控制，根据式（25.5-100）和式（25.5-104），得其学习律为

$$\boldsymbol{u}_{k+1}(t)=\boldsymbol{u}_k(t)+\boldsymbol{\Gamma}(\dot{\boldsymbol{q}}_{\mathrm{d}}(t)-\dot{\boldsymbol{q}}_{k+1}(t))+\boldsymbol{L}(\boldsymbol{q}_{\mathrm{d}}(t)-\boldsymbol{q}_{k+1}(t)) \tag{25.5-106}$$

式中，$\boldsymbol{\Gamma}$、$\boldsymbol{L}$ 为定常增益矩阵。

（4）收敛条件

收敛条件的设定方式有两种：一是通过给定一个跟踪精度 ε，当满足式（25.5-101）时，即停止迭代运行；二是给定一个最大迭代次数 $k_{\max}$，当迭代次数达到 $k_{\max}$ 时，即停止迭代运行。本仿真实例的收敛条件通过设置最大迭代次数给定，$k_{\max}=20$。

（5）仿真结果

基于 MATLAB 对该算法进行仿真（仿真程序见程序附录一），可得到仿真结果如图 25.5-28、图 25.5-29 所示。图 25.5-28 所示为机器人学习过程中，第 20 次迭代学习过程的轨迹跟踪情况。从图 25.5-28 中可以看出，机器人在第 20 次学习时，已基本实现了对期望轨迹的跟踪。图 25.5-29 所示为 20 次学习过程中误差的收敛过程，从图 25.5-29 中可以看出，当进行第 3 次学习时，跟踪误差已基本收敛为零，可见，该控制算法具有很好的收敛性。

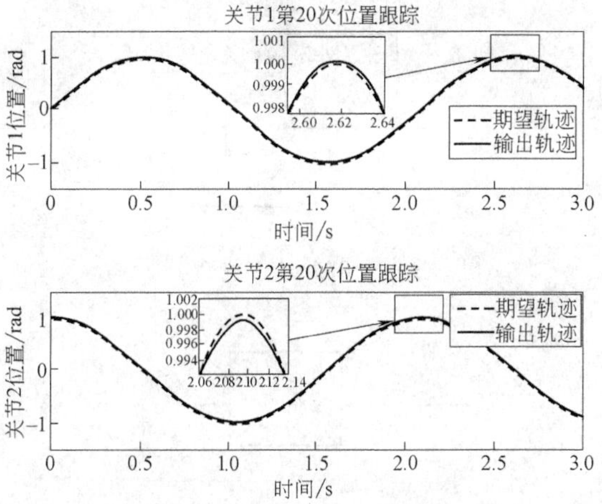

图 25.5-28　第 20 次迭代自学习跟踪过程

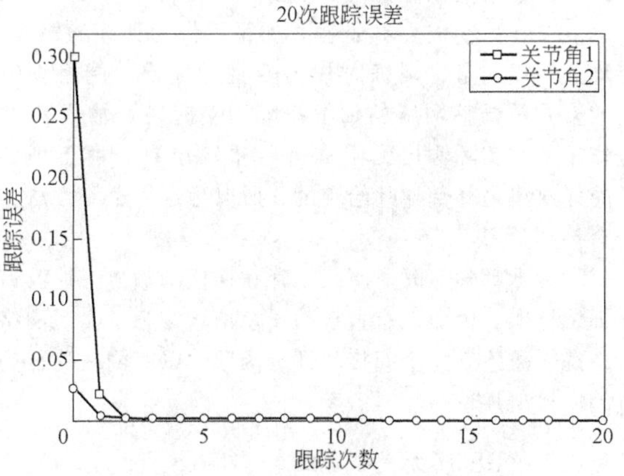

图 25.5-29　20 次迭代过程中的误差收敛过程

6　人工神经网络控制系统

生物的神经网络是由很多神经元相互连接起来的庞大、复杂而具有智慧性能的自动控制系统。人工神经网络是在研究神经网络中对人脑神经网络的某种简化、抽象和模拟。人工神经网络的研究始于 20 世纪 40 年代，如今已成为人工智能领域的重要分支。由于人工神经网络的特点，它的发展给自动控制领域的研究带来了生机，主要体现在以下几方面：

1）人工神经网络能以任意精度逼近任意非线性函数，并能对复杂不确定问题具有自适应和自学习能力，它适合解决复杂非线性系统的自适应控制问题。

2）人工神经网络具有信息处理的并行机制。这个特性对解决控制系统中大规模实时计算问题具有重要意义；同时，并行机制中的冗余性可以使控制系统具有容错能力。

3）人工神经网络具有很强的信息综合能力，能同时处理多种信息，适用于多信息融合和多媒体技术。

6.1　人工神经元模型

神经网络由大量神经元连接而成，作为模拟大脑神经网络的人工神经网络由大量人工神经元组成。人工神经元模型是按照模拟生物神经元的信息传递特性建立的，它描述单个神经元输入输出间的关系。人工神经元有多种模型，如图 25.5-30 所示为其中一种。图中，x_1，x_2，…，x_n 为 n 个输入信号；w_1，w_2，…，w_n 为输入加权系数，次系数的大小决定对应输出影响的大小；Σ 表示信号的叠加；s 表示输入信号的总和。它们之间的关系为

$$s=\sum_{i=1}^{n} w_i x_i \tag{25.5-107}$$

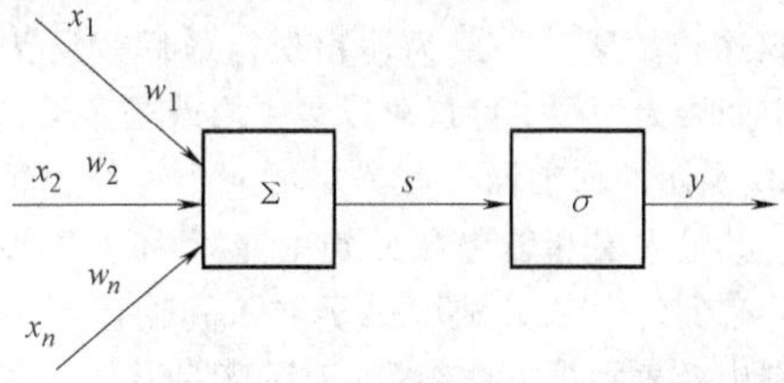

图 25.5-30　人工神经元网络模型

图中模型所示神经元的输出 y 与神经元的总输入 s 有关，即输出 y 是总输入 s 的函数。如果用 σ 表示神经元输出 y 与总输入 s 间的这种函数关系，则称 σ 为神经元的响应函数。

$$y=\sigma(s) \tag{25.5-108}$$

在人工神经元的研究中，提出了多种响应函数，由于实际的神经元响应具有对总输入 s 的压缩功能及非线性，所以常将人工神经元的响应函数选为

$$\sigma(s)=\frac{1}{1+e^{-(s-\theta)}} \tag{25.5-109}$$

式中，θ 表示神经元的阈值，是神经元结构参数。按实际问题选择 θ 的大小，它决定图线在水平方向的位置，如果将 σ（s）看成时间的函数，则 θ 表示响应的滞后时间。由于此函数的图像为“S”形，所以也称其为 S 型响应函数，如图 25.5-31 所示。

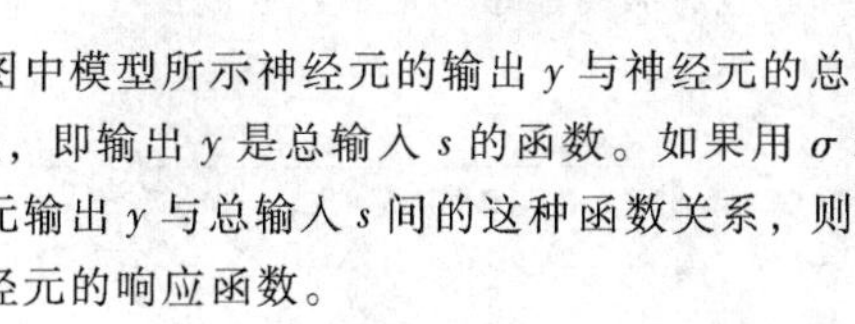

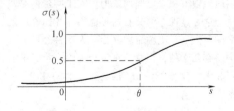

图 25.5-31　S 型响应函数

由此模型可见，一个神经元接受 n 个输入信息，并形成总输入 s，再经过非线性响应函数的作用，形成这个神经元的输出 y。

6.2 人工神经网络的构成

单个神经元的功能是很有限的，只有用大量的神经元按一定的规则连接构成一个极为庞大而复杂的神经网络系统才会有高级功能。神经元模型确定后，一个神经网络的特性及功能主要取决于网络的结构及学习方法。人工神经网络结构有“向前网络”“有反馈的向前网络”“层内互联向前网络”和“互联网络”等。本节介绍其中最基本的一种，即“向前网络”的基本结构。

向前网络的神经元是分层排列的，每个神经元的输出只与前一层的神经元连接，并且与前一层的每个神经元连接。最前一层为输出层，最后一层为输出层，中间层为隐层，隐层可以是一层或是多层，如图 25.5-32 所示的向前网络有一层由 n 个神经元组成的隐层，其输入层和输出层分别由 m 个和 p 个神经元组成，它们的个数分别取决于输入和输出变量的个数。图中 w_{ij} 表示第 j 个神经元对于来自其后一层中第 i 个神经元信息的输入加权因子，用 $\boldsymbol{W}$ 表示由各个加权因子组成的加权矩阵。

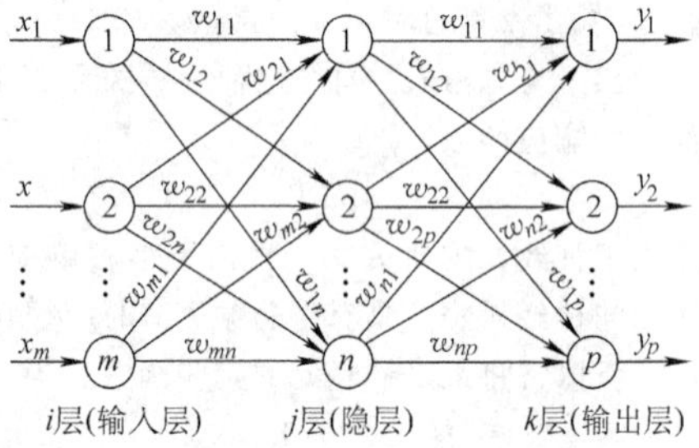

图 25.5-32 向前神经网络的结构

6.3 人工神经网络的学习算法

我们在这里研究神经网络的目的，是将神经网络作为控制器，应用在控制系统中。作为控制器，应完成正确的输入和输出间的映射，人工神经网络只有通过一个学习过程才能具有这种能力，才能在给定输入的情况下产生对应的希望输出。人工神经网络的学习算法已有几十种，但总的来说分为两大类，即有导师学习和无导师学习，分别如图 25.5-33 和图 25.5-34 所示。

所谓有导师学习就是通过“样本集”对神经网络进行训练，当然样本集对所设计的控制系统是适宜的。样本集是由输入输出矢量对（$\boldsymbol{X}_p$，$\boldsymbol{Y}_p$）（$p=1$，2，…，n）组成。$\boldsymbol{X}_p$ 是输入向量，作为训练的输入；$\boldsymbol{Y}_p$ 为输出向量，训练时作为希望的输出。网络训练的实质是调整网络的加权矩阵，使网络在输入 $\boldsymbol{X}_p$ 的作用下，实际输出无限靠近希望输出 $\boldsymbol{Y}_p$。由于训练的样本集是外部导师给定的，所以称这种学习方法为有导师学习。

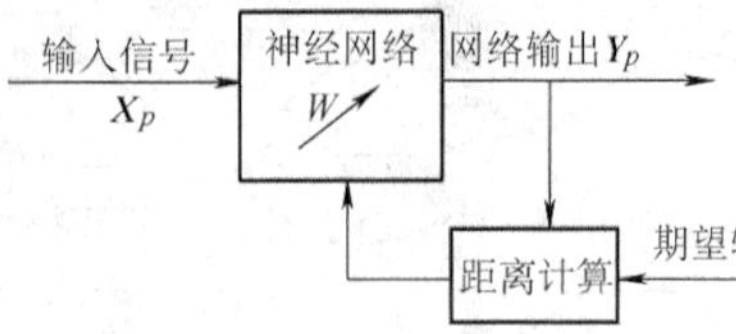

图 25.5-33 有导师神经网络学习方式

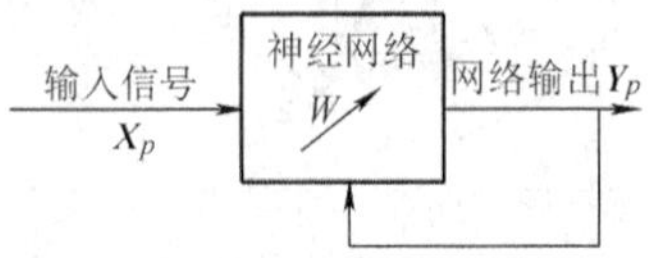

图 25.5-34 无导师神经网络学习方式

无导师学习时，网络不存在期望的输出，即没有训练样本，因而没有直接的误差信息。为了实现网络训练，需建立一个间接的评价函数，以对网络的行为趋向做出评价。

6.3.1 BP 网络

反向传播网络（Back-Propagation Network，简称 BP 网络）是 1986 年由 Rumelhart 和 McCellang 为首的科学家小组提出的，是一种按误差逆传播算法训练的多层前馈网络，依据负梯度下降方向迭代调整网络的权值和阀值以实现训练误差目标函数的最小化，是目前应用最广泛的神经网络模型之一。

BP 网络结构如图 25.5-33 所示。隐层中任意一个神经元 j 的总和输入均可表示为

$$s_j = \sum_{i=1}^{m} w_{ij} x_i \quad (j = 1,2,\cdots,n) \tag{25.5-110}$$

隐层中任何一个神经元 j 的输出均可表示为

$$O_j = \sigma(s_j) \quad (j=1,2,\cdots,m) \tag{25.5-111}$$

类似地，输出层中任何一个神经元 k 的总和输入可写为

$$s_k = \sum_{j=1}^{n} w_{jk} O_j \quad (k = 1,2,\cdots,p) \tag{25.5-112}$$

输出层中任何一个神经元 k 的输出可写为

$$y_k=\sigma(s_k)\qquad(k=1,2,\cdots,p)\quad(25.5\text{-}113)$$

所谓神经网络的“学习”，就是调整各层的输入加权因子，使系统的输出达到最佳状态，也就是设网络输出层神经元上的实际输出与期望输出的偏差最小，设其期望输出为 d_i（$i=1,2,\cdots,p$），则网络的误差定义为

$$E=\frac{1}{2}\sum_{k=1}^{p}(d_k-y_k)^2\quad(25.5\text{-}114)$$

调整各层的输入加权因子的目标是使网络误差最小。调整层的次序是从前向后。首先考虑输出层的输入加权因子的调整，其增量形式为

$$\Delta w_{jk}=-\eta\frac{\partial E}{\partial w_{jk}}\quad(25.5\text{-}115)$$

式（25.5-115）中，η 为学习率（$\eta>0$），负号表示按误差函数 E 的梯度变化反方向调整输入加权因子，使误差函数 E 达到最小，即网络收敛。下面推导误差函数 E 相对输入加权因子 w_{jk} 的变化率（脚标 j 表示隐层中任意一个神经元 j，k 表示输出层中任意一个神经元 k，w_{jk} 为输出层神经元 k 接受来自隐层神经元 j 的信息加权因子）。

$$\frac{\partial E}{\partial w_{jk}}=\frac{\partial E}{\partial s_k}\cdot\frac{\partial s_k}{\partial w_{jk}}\quad(25.5\text{-}116)$$

由式（25.5-112）可得

$$\frac{\partial s_k}{\partial w_{jk}}=\frac{\partial}{\partial w_{jk}}\left(\sum_{j=1}^{n}w_{jk}O_j\right)=O_j\quad(25.5\text{-}117)$$

设

$$\delta_{jk}=-\frac{\partial E}{\partial s_k}=-\frac{\partial E}{\partial y_k}\cdot\frac{\partial y_k}{\partial s_k}=(d_k-y_k)y_k(1-y_k)\quad(25.5\text{-}118)$$

显然，δ_{jk} 为误差传递项，表示误差由输出层向隐层的传递。由式（25.5-118）可见，δ_{jk} 的表达式与 j 无关。

将式（25.5-116）～式（25.5-118）代入式（25.5-115），可得

$$\Delta w_{jk}=\eta\delta_kO_j=\eta y_k(1-y_k)(d_k-y_k)O_j$$
$$(j=1,2,\cdots,n;k=1,2,\cdots,p)\quad(25.5\text{-}119)$$

利用式（25.5-119），将输出层的输入加权因子写成递推形式为

$$w_{jk}(n+1)=w_{jk}(n)+\Delta w_{jk}(n)\quad(25.5\text{-}120)$$

隐层输入加权因子的调整与输出层的输入加权因子的调整过程一样，只是隐层神经元 j 的误差是由输出层得来的。隐层神经元 j 的误差可写为

$$E_j=\sum_{k=1}^{p}\delta_kw_{jk}\quad(25.5\text{-}121)$$

与推导式（25.5-115）的过程一样，可推导出隐层向输入层的误差传递：

$$\delta_j=O_j(1-O_j)\left(\sum_{k=1}^{p}\delta_kw_{jk}\right)\ (j=1,2,\cdots,n)\quad(25.5\text{-}122)$$

隐层输入加权因子修正量为

$$\Delta w_{ij}=\eta\delta_{ij}y_i\quad(25.5\text{-}123)$$

写成递推形式为

$$w_{ij}(n+1)=w_{ij}(n)+\Delta w_{ij}$$
$$(i=1,2,\cdots,m;j=1,2,\cdots,n)\quad(25.5\text{-}124)$$

由此可知 BP 法的学习过程为：

1）用小的随机数初始化 w_{jk}，w_{ij}。

2）取样本集中的一个样本：输入（x_1，x_2，…，x_m）及期望输出（d_1，d_2，…，d_p）。

3）按式（25.5-111）～式（25.5-113）计算各神经元的实际输出。

4）按式（25.5-114）、式（25.5-115）计算误差 E。

5）按式（25.5-119）、式（25.5-120）计算输出层的输入加权因子。

6）按式（25.5-122）～式（25.5-124）计算隐层的输入加权因子。

7）退回步骤 2)，用另一个样本重复计算，直到误差 E 达到满意值为止。

由上面的论述可见，人工神经网络控制是通过“学习”建立系统控制机制的（并未通过系统的数学模型）。这对解决控制算法非常复杂的控制问题具有重要意义，如对机器人进行动力学控制的问题。

6.3.2　RBF 网络

径向基函数（Radial Basis Function）神经网络（简称 RBF 网络）是由 J. Moody 和 C. Darken 在 20 世纪 80 年代末提出的一种神经网络，是具有单隐层的三层前馈网络。由于它模拟了人脑的局部调整、相互覆盖接收域（Receptive Field）的神经网络结构，因此，RBF 网络是一种局部逼近网络。已证明它能够以任意精度逼近任意连续函数。

RBF 网络是一种三层前向网络，其输入层到隐含层的映射为非线性关系，而其隐含层到输出层的映射为线性关系，因此能够大大加快学习速度并避免局部极小问题，适用于实时控制。RBF 网络结构如图 25.5-35 所示。采用 RBF 网络逼近一对象的系统结构如图 25.5-36 所示。

在 RBF 网络结构中，$\boldsymbol{X}=(x_1,x_2,\cdots,x_n)^{\mathrm{T}}$ 为网络的输入向量。设 RBF 的径向基向量 $\boldsymbol{H}=(h_1,\cdots,h_j,\cdots,h_m)$，其中 h_j 为高斯基函数：

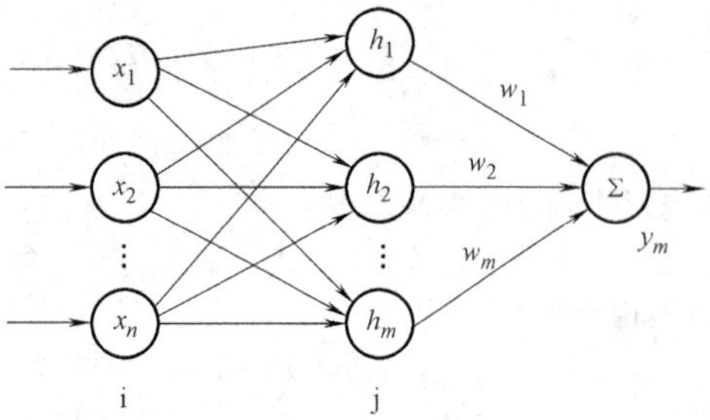

图 25.5-35 RBF 网络结构

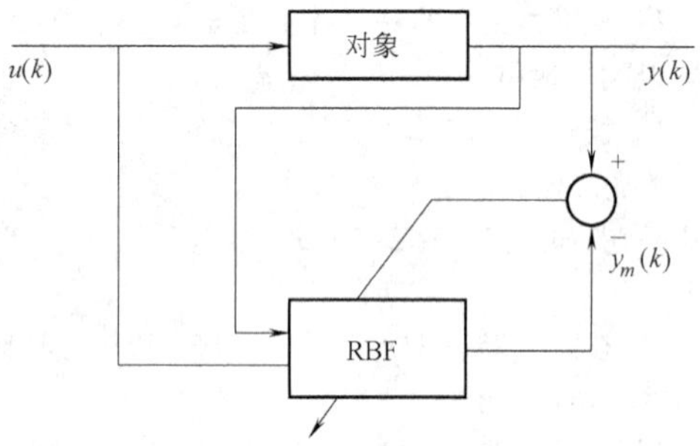

图 25.5-36 RBF 逼近对象结构

$$h_j=\exp\left(-\frac{\|X-c_j\|^2}{2\,b_j^2}\right)$$

$$(j=1,2,\cdots,m) \qquad (25.5\text{-}125)$$

其中网络的第 j 个节点的中心矢量为 $\boldsymbol{c}_j=(c_{j1},\ c_{j1},\ \cdots,\ c_{jn})$。

设网络的基宽向量为

$$\boldsymbol{B}=(b_1,b_2,\cdots,b_m)^{\mathrm{T}}$$

其中 b_j 为节点 j 的基宽度参数，其为大于零的数。网络的权值向量为

$$\boldsymbol{W}=(w_1,w_2,\cdots,w_m)^{\mathrm{T}}$$

k 时刻 RBF 网络的输出为

$$y_m(k)=wh=w_1h_1+w_2h_2+\cdots+w_mh_m \qquad (25.5\text{-}126)$$

设理想输出为 $y(k)$，则 RBF 网络性能指标函数为

$$E(k)=\frac{1}{2}[y(k)-y_m(k)]^2 \qquad (25.5\text{-}127)$$

根据梯度下降法，输出权值、节点中心及节点基宽参数的迭代算法如下：

$$w_j(k)=w_j(k-1)+\eta[y(k)-y_m(k)]h_j+\alpha[w_j(k-1)-w_j(k-2)] \qquad (25.5\text{-}128)$$

$$\Delta b_j=[y(k)-y_m(k)]w_jh_j\frac{\|X-c_j\|^2}{b_j^3} \qquad (25.5\text{-}129)$$

$$b_j(k)=b_j(k-1)+\eta\,\Delta b_j+\alpha[b_j(k-1)-b_j(k-2)] \qquad (25.5\text{-}130)$$

$$\Delta c_{ji}=[y(k)-y_m(k)]w_j\frac{x_j-c_{ji}}{b_j^2} \qquad (25.5\text{-}131)$$

$$c_{ij}(k)=c_{ij}(k-1)+\eta\,\Delta c_{ij}+\alpha[c_{ij}(k-1)-c_{ij}(k-2)] \qquad (25.5\text{-}132)$$

其中，η 为学习速率，α 为动量因子。

例 25.5-2 基于 BP 神经网络的 PID 整定原理。

PID 控制要取得较好的控制效果，就必须通过调整好比例、积分和微分三种控制作用，形成控制量中恰当的既相互配合又相互制约的关系。神经网络所具有的任意非线性表达能力可以通过对系统性能的学习来实现具有最佳组合的 PID 控制。其控制结构如图 25.5-37 所示。

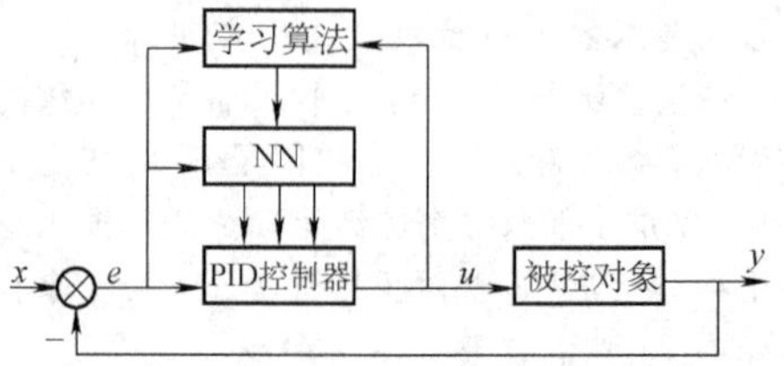

图 25.5-37 控制结构

具体实现步骤如下：

1）选定 BP 神经网络 NN 的结构，即选定输入层节点数 M 和隐含层节点数 N，并给出权系数的初值，选定学习速率和平滑因子，$k=1$。

2）采样得到输入值 $x(k)$ 和输出值 $y(k)$，计算 $e(k)=r(k)-y(k)$。

3）对输入 $r(i)$，$y(i)$，$u(i-1)$，$e(i)(i=k,\ k-1,\ \cdots,\ k-p)$ 进行归一化处理，作为 NN 的输入。

4）前向计算 NN 的各层神经元的输入和输出，NN 输出层的输出即为 PID 控制器的三个可调参数 $K_{\mathrm{P}}(k)$，$K_{\mathrm{I}}(k)$，$K_{\mathrm{D}}(k)$。

5）计算 PID 控制器的控制输出 $u(k)$，参与控制和计算。

6）计算修正输出层的权系数和隐含层系数。

7）置 $k=k+1$，返回步骤 2）。

例 25.5-3 基于径向基函数神经网络的机械臂轨迹跟踪控制。

在机械臂的轨迹跟踪控制中，由于建立的机械臂动力学模型不精确，会导致机械臂控制性能的下降，因此可利用 RBF 神经网络的非线性曲线拟合能力与自适应能力对不确定项进行有效地逼近，以达到对机械臂轨迹精确稳定地控制。

（1）机械臂动力学模型分析

设 n 关节机械手的动力学方程为

$$\boldsymbol{M}(\boldsymbol{q})\ddot{\boldsymbol{q}}+\boldsymbol{C}(\boldsymbol{q},\dot{\boldsymbol{q}})\dot{\boldsymbol{q}}+\boldsymbol{G}(\boldsymbol{q})=\boldsymbol{\tau}+\boldsymbol{d} \tag{25.5-133}$$

其中，$\boldsymbol{M}(\boldsymbol{q})$ 为 $n\times n$ 阶正定惯性矩阵，$\boldsymbol{C}(\boldsymbol{q})$ 为 $n\times 1$ 的离心力和哥氏力矢量，$\boldsymbol{G}(\boldsymbol{q})$ 为重力矢量，$\boldsymbol{\tau}$ 为控制力矩，$\boldsymbol{d}$ 为干扰项。

如果模型精确，且 $d=0$，则控制律可设计为

$$\boldsymbol{\tau}=\boldsymbol{M}(\boldsymbol{q})(\ddot{\boldsymbol{q}}_{\mathrm{d}}-\boldsymbol{k}_{\mathrm{v}}\dot{\boldsymbol{e}}-\boldsymbol{k}_{\mathrm{p}}\boldsymbol{e})+\boldsymbol{C}(\boldsymbol{q},\dot{\boldsymbol{q}})\dot{\boldsymbol{q}}+\boldsymbol{G}(\boldsymbol{q}) \tag{25.5-134}$$

其中，$\boldsymbol{k}_{\mathrm{p}}=\begin{pmatrix}\alpha^2 & 0\\ 0 & \alpha^2\end{pmatrix}$，$\boldsymbol{k}_{\mathrm{v}}=\begin{pmatrix}2\alpha & 0\\ 0 & 2\alpha\end{pmatrix}$，$\alpha>0$。

将控制律式（25.5-134）代入式（25.5-133），可得稳定的闭环系统为

$$\ddot{\boldsymbol{e}}+\boldsymbol{k}_{\mathrm{v}}\dot{\boldsymbol{e}}+\boldsymbol{k}_{\mathrm{p}}\boldsymbol{e}=\boldsymbol{0} \tag{25.5-135}$$

其中，$\boldsymbol{q}_{\mathrm{d}}$为理想角度，$\boldsymbol{e}=\boldsymbol{q}-\boldsymbol{q}_{\mathrm{d}}$，$\dot{\boldsymbol{e}}=\dot{\boldsymbol{q}}-\dot{\boldsymbol{q}}_{\mathrm{d}}$。

在实际工程中，控制对象的模型难以精确地获得，即无法得到精确的 $\boldsymbol{M}(\boldsymbol{q})$、$\boldsymbol{C}(\boldsymbol{q},\dot{\boldsymbol{q}})$、$\boldsymbol{G}(\boldsymbol{q})$，只能确定其估计值$\boldsymbol{M}_0(\boldsymbol{q})$、$\boldsymbol{C}_0(\boldsymbol{q},\dot{\boldsymbol{q}})$、$\boldsymbol{G}_0(\boldsymbol{q})$，因此针对机器人实际模型的控制律可表示为

$$\boldsymbol{\tau}=\boldsymbol{M}_0(\boldsymbol{q})(\ddot{\boldsymbol{q}}_{\mathrm{d}}-\boldsymbol{k}_{\mathrm{v}}\dot{\boldsymbol{e}}-\boldsymbol{k}_{\mathrm{p}}\boldsymbol{e})+\boldsymbol{C}_0(\boldsymbol{q},\dot{\boldsymbol{q}})\dot{\boldsymbol{q}}+\boldsymbol{G}_0(\boldsymbol{q}) \tag{25.5-136}$$

将控制律式（25.5-136）代入式（25.5-131），可得

$$\boldsymbol{M}(\boldsymbol{q})\ddot{\boldsymbol{q}}+\boldsymbol{C}(\boldsymbol{q},\dot{\boldsymbol{q}})\dot{\boldsymbol{q}}+\boldsymbol{G}(\boldsymbol{q})=\boldsymbol{M}_0(\boldsymbol{q})(\ddot{\boldsymbol{q}}_{\mathrm{d}}-\boldsymbol{k}_{\mathrm{v}}\dot{\boldsymbol{e}}-\boldsymbol{k}_{\mathrm{p}}\boldsymbol{e})+\boldsymbol{C}_0(\boldsymbol{q},\dot{\boldsymbol{q}})\dot{\boldsymbol{q}}+\boldsymbol{G}_0(\boldsymbol{q})+\boldsymbol{d} \tag{25.5-137}$$

以$\boldsymbol{M}_0(\boldsymbol{q})\ddot{\boldsymbol{q}}+\boldsymbol{C}_0(\boldsymbol{q},\dot{\boldsymbol{q}})\dot{\boldsymbol{q}}+\boldsymbol{G}_0(\boldsymbol{q})$ 分别减去上式两端，取 $\Delta\boldsymbol{D}=\boldsymbol{D}_0-\boldsymbol{D}$，$\Delta\boldsymbol{C}=\boldsymbol{C}_0-\boldsymbol{C}$，$\Delta\boldsymbol{G}=\boldsymbol{G}_0-\boldsymbol{G}$，则

$$\ddot{\boldsymbol{e}}+\boldsymbol{k}_{\mathrm{v}}\dot{\boldsymbol{e}}+\boldsymbol{k}_{\mathrm{p}}\boldsymbol{e}=\boldsymbol{M}_0^{-1}(\Delta\boldsymbol{M}\ddot{\boldsymbol{q}}+\Delta\boldsymbol{C}\dot{\boldsymbol{q}}+\Delta\boldsymbol{G}+\boldsymbol{d}) \tag{25.5-138}$$

由式（25.5-138）可见，由于模型建模的不精确性会导致控制性能的下降，因此需要对建模不精确部分进行逼近。

在式（25.5-139）中，取建模不精确部分为

$$f(\boldsymbol{x})=\boldsymbol{M}_0^{-1}(\Delta\boldsymbol{M}\ddot{\boldsymbol{q}}+\Delta\boldsymbol{C}\dot{\boldsymbol{q}}+\Delta\boldsymbol{G}+\boldsymbol{d}) \tag{25.5-139}$$

当建模不确定项$f(\boldsymbol{x})$ 为已知时，则可修正控制律为

$$\boldsymbol{\tau}=\boldsymbol{M}_0(\boldsymbol{q})[\ddot{\boldsymbol{q}}_{\mathrm{d}}-\boldsymbol{k}_{\mathrm{v}}\dot{\boldsymbol{e}}-\boldsymbol{k}_{\mathrm{p}}\boldsymbol{e}-f(\boldsymbol{x})]+\boldsymbol{C}_0(\boldsymbol{q},\dot{\boldsymbol{q}})\dot{\boldsymbol{q}}+\boldsymbol{G}_0(\boldsymbol{q}) \tag{25.5-140}$$

将修正后的控制律式（25.5-140）代入式（25.5-131），即可得到稳定的闭环控制系统式（25.5-133）。

在实际工程中，模型不确定项$f(\boldsymbol{x})$ 为未知，因此需要对不确定项$f(\boldsymbol{x})$ 进行逼近，从而在控制律中实现对不确定项$f(\boldsymbol{x})$ 的补偿。

（2）控制器的设计分析

在非线性的机械手模型中存在不确定项和关节位姿都不可测的情形下，利用 RBF 神经网络的非线性曲线拟合能力与自适应能力，对不确定项进行有效地逼近，保证了机械手系统在复杂环境下能有较好的稳定性和动态性。不确定部分的逼近模型可表示为

$$\varphi_i=g\left(\frac{\|x-c_i\|^2}{b_i^2}\right)\quad(i=1,2,\cdots,n) \tag{25.5-141}$$

$$\boldsymbol{y}=\boldsymbol{\theta}^{\mathrm{T}}\varphi(\boldsymbol{x}) \tag{25.5-142}$$

其中，$\boldsymbol{x}$ 为网络的输入信号，$\boldsymbol{y}$ 为网络的输出信号，$\boldsymbol{\varphi}=(\varphi_1,\varphi_2,\cdots,\varphi_n)$ 为高斯基函数的输出，$\boldsymbol{\theta}$ 为神经网络的权值。RBF 自适应神经网络对非线性机械手动态系统模型轨迹跟踪控制主要由并行工作的前馈神经网络控制器与线性比例微分反馈控制器组成。其中比例微分控制保证在神经网络训练初期系统具有较好的轨迹跟踪性能。前馈神经网络控制器的输出力矩τ_2与反馈控制器的输出力矩τ_1之和 τ 作为控制器的信号驱动末端执行器，实现轨迹跟踪。其控制器结构如图 25.5-38 所示。

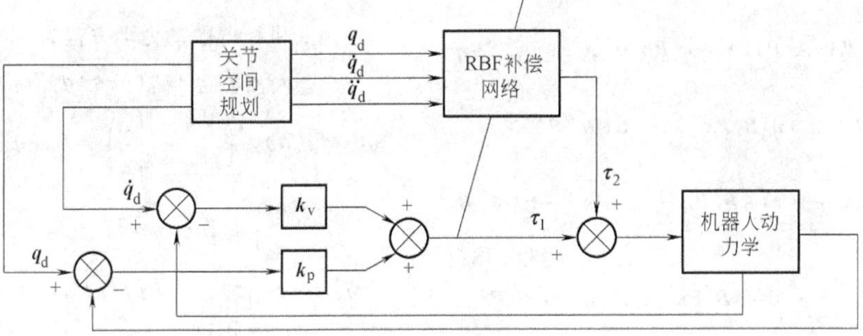

图 25.5-38　控制器结构

控制器设计为

$$\boldsymbol{\tau}=\boldsymbol{\tau}_1+\boldsymbol{\tau}_2 \tag{25.5-143}$$

其中，

$$\boldsymbol{\tau}_1=\boldsymbol{M}_0(\boldsymbol{q})(\ddot{\boldsymbol{q}}_{\mathrm{d}}-\boldsymbol{k}_{\mathrm{v}}\dot{\boldsymbol{e}}-\boldsymbol{k}_{\mathrm{p}}\boldsymbol{e})+\boldsymbol{C}_0(\boldsymbol{q},\dot{\boldsymbol{q}})\dot{\boldsymbol{q}}+\boldsymbol{G}_0(q) \tag{25.5-144}$$

$$\boldsymbol{\tau}_2=-\boldsymbol{M}_0(\boldsymbol{q})\hat{f}(\boldsymbol{x},\boldsymbol{\theta}) \tag{25.5-145}$$

其中$\hat{\boldsymbol{\theta}}$为$\boldsymbol{\theta}^*$估计值，$\hat{f}(\boldsymbol{x},\boldsymbol{\theta})=\hat{\boldsymbol{\theta}}^{\mathrm{T}}\varphi(\boldsymbol{x})$。

将$\boldsymbol{\tau}_1$、$\boldsymbol{\tau}_2$代入式（25.5-131），可得闭环系统为

$$\ddot{\boldsymbol{e}}+\boldsymbol{k}_{\mathrm{v}}\dot{\boldsymbol{e}}+\boldsymbol{k}_{\mathrm{p}}\boldsymbol{e}+\hat{f}(\boldsymbol{x},\boldsymbol{\theta})=f(\boldsymbol{x}) \tag{25.5-146}$$

取$\boldsymbol{x}=(\boldsymbol{e},\dot{\boldsymbol{e}})^{\mathrm{T}}$，则式（25.5-146）可表示为

$$\dot{\boldsymbol{x}}=\boldsymbol{A}\boldsymbol{x}+\boldsymbol{B}[f(\boldsymbol{x})-\hat{f}(\boldsymbol{x},\boldsymbol{\theta})] \tag{25.5-147}$$

其中，$\boldsymbol{A}=\begin{pmatrix}\boldsymbol{0} & \boldsymbol{I}\\ -\boldsymbol{k}_{\mathrm{p}} & -\boldsymbol{k}_{\mathrm{v}}\end{pmatrix}$，$\boldsymbol{B}=\begin{pmatrix}\boldsymbol{0}\\ \boldsymbol{I}\end{pmatrix}$。

由于

$$f(\boldsymbol{x})-\hat{f}(\boldsymbol{x},\boldsymbol{\theta})=f(\boldsymbol{x})-\hat{f}(\boldsymbol{x},\boldsymbol{\theta}^*)+\hat{f}(\boldsymbol{x},\boldsymbol{\theta}^*)-\hat{f}(\boldsymbol{x},\boldsymbol{\theta})$$

$$=\boldsymbol{\eta}+\boldsymbol{\theta}^{*\mathrm{T}}\varphi(\boldsymbol{x})-\hat{\boldsymbol{\theta}}^{\mathrm{T}}\varphi(\boldsymbol{x})=\boldsymbol{\eta}-\tilde{\boldsymbol{\theta}}^{\mathrm{T}}\varphi(\boldsymbol{x})$$

其中$\tilde{\boldsymbol{\theta}}=\hat{\boldsymbol{\theta}}-\boldsymbol{\theta}^*$为神经网络的参数误差，$\boldsymbol{\eta}=f(\boldsymbol{x})-\hat{f}(\boldsymbol{x},\boldsymbol{\theta})$为理想神经网络的逼近误差。

所以，

$$\dot{\boldsymbol{x}}=\boldsymbol{A}\boldsymbol{x}+\boldsymbol{B}\{\boldsymbol{\eta}-\tilde{\boldsymbol{\theta}}^{\mathrm{T}}\varphi(\boldsymbol{x})\} \tag{25.5-148}$$

定义 Lyapunov 函数为

$$V=\frac{1}{2}\boldsymbol{x}^{\mathrm{T}}\boldsymbol{P}\boldsymbol{x}+\frac{1}{2\gamma}\|\tilde{\boldsymbol{\theta}}\|^2 \tag{25.5-149}$$

其中 $\gamma>0$。

矩阵 $\boldsymbol{P}$ 为对称正定矩阵，并满足如下 Lyapunov 方程：

$$\boldsymbol{P}\boldsymbol{A}+\boldsymbol{A}^{\mathrm{T}}\boldsymbol{P}=-\boldsymbol{Q} \tag{25.5-150}$$

其中（$Q\geqslant 0$）。

$$\dot{V}=\frac{1}{2}(\boldsymbol{x}^{\mathrm{T}}\boldsymbol{P}\dot{\boldsymbol{x}}+\dot{\boldsymbol{x}}^{\mathrm{T}}\boldsymbol{P}\boldsymbol{x})+\frac{1}{\gamma}\mathrm{tr}(\dot{\tilde{\boldsymbol{\theta}}}^{\mathrm{T}}\tilde{\boldsymbol{\theta}})$$

$$=\frac{1}{2}\{\boldsymbol{x}^{\mathrm{T}}\boldsymbol{P}[\boldsymbol{A}\boldsymbol{x}+\boldsymbol{B}(\boldsymbol{\eta}-\tilde{\boldsymbol{\theta}}^{\mathrm{T}}\varphi(\boldsymbol{x}))+(\boldsymbol{x}^{\mathrm{T}}\boldsymbol{A}^{\mathrm{T}}+$$

$$(\boldsymbol{\eta}-\tilde{\boldsymbol{\theta}}^{\mathrm{T}}\varphi(\boldsymbol{x}))^{\mathrm{T}}\boldsymbol{B}^{\mathrm{T}}]\boldsymbol{P}\boldsymbol{x}\}+\frac{1}{\gamma}\mathrm{tr}(\dot{\tilde{\boldsymbol{\theta}}}^{\mathrm{T}}\tilde{\boldsymbol{\theta}})$$

$$=\frac{1}{2}\{\boldsymbol{x}^{\mathrm{T}}(\boldsymbol{P}\boldsymbol{A}+\boldsymbol{A}^{\mathrm{T}}\boldsymbol{P})\boldsymbol{x}+[-\boldsymbol{x}^{\mathrm{T}}\boldsymbol{P}\boldsymbol{B}\tilde{\boldsymbol{\theta}}^{\mathrm{T}}\varphi(\boldsymbol{x})+\boldsymbol{x}^{\mathrm{T}}\boldsymbol{P}\boldsymbol{B}\boldsymbol{\eta}-$$

$$\varphi^{\mathrm{T}}(\boldsymbol{x})\tilde{\boldsymbol{\theta}}\boldsymbol{B}^{\mathrm{T}}\boldsymbol{P}\boldsymbol{x}+\boldsymbol{\eta}^{\mathrm{T}}\boldsymbol{B}^{\mathrm{T}}\boldsymbol{P}\boldsymbol{x}]\}+\frac{1}{\gamma}\mathrm{tr}(\dot{\tilde{\boldsymbol{\theta}}}^{\mathrm{T}}\tilde{\boldsymbol{\theta}})$$

$$=-\frac{1}{2}\boldsymbol{x}^{\mathrm{T}}\boldsymbol{Q}\boldsymbol{x}-\varphi^{\mathrm{T}}(\boldsymbol{x})\tilde{\boldsymbol{\theta}}\boldsymbol{B}^{\mathrm{T}}\boldsymbol{P}\boldsymbol{x}+\boldsymbol{\eta}^{\mathrm{T}}\boldsymbol{B}^{\mathrm{T}}\boldsymbol{P}\boldsymbol{x}+\frac{1}{\gamma}\mathrm{tr}(\dot{\tilde{\boldsymbol{\theta}}}^{\mathrm{T}}\tilde{\boldsymbol{\theta}}) \tag{25.5-151}$$

其中$\boldsymbol{x}^{\mathrm{T}}\boldsymbol{P}\boldsymbol{B}\tilde{\boldsymbol{\theta}}^{\mathrm{T}}\varphi(\boldsymbol{x})=\varphi^{\mathrm{T}}(\boldsymbol{x})\tilde{\boldsymbol{\theta}}\boldsymbol{B}^{\mathrm{T}}\boldsymbol{P}\boldsymbol{x}$，$\boldsymbol{x}^{\mathrm{T}}\boldsymbol{P}\boldsymbol{B}\boldsymbol{\eta}=\boldsymbol{\eta}^{\mathrm{T}}\boldsymbol{B}^{\mathrm{T}}\boldsymbol{P}\boldsymbol{x}$。

由于

$$\varphi^{\mathrm{T}}(\boldsymbol{x})\tilde{\boldsymbol{\theta}}\boldsymbol{B}^{\mathrm{T}}\boldsymbol{P}\boldsymbol{x}=\mathrm{tr}[\boldsymbol{B}^{\mathrm{T}}\boldsymbol{P}\boldsymbol{x}\,\varphi^{\mathrm{T}}(\boldsymbol{x})\tilde{\boldsymbol{\theta}}]$$

则

$$\dot{V}=-\frac{1}{2}\boldsymbol{x}^{\mathrm{T}}\boldsymbol{Q}\boldsymbol{x}+\frac{1}{\gamma}\mathrm{tr}[-\gamma\boldsymbol{B}^{\mathrm{T}}\boldsymbol{P}\boldsymbol{x}\,\varphi^{\mathrm{T}}(\boldsymbol{x})\tilde{\boldsymbol{\theta}}+\dot{\tilde{\boldsymbol{\theta}}}^{\mathrm{T}}\tilde{\boldsymbol{\theta}}]+\boldsymbol{\eta}^{\mathrm{T}}\boldsymbol{B}^{\mathrm{T}}\boldsymbol{P}\boldsymbol{x} \tag{25.5-152}$$

取自适应律为

$$\dot{\hat{\boldsymbol{\theta}}}^{\mathrm{T}}=\gamma\boldsymbol{B}^{\mathrm{T}}\boldsymbol{P}\boldsymbol{x}\,\varphi^{\mathrm{T}}(\boldsymbol{x})$$

其中 $\gamma>0$，则

$$\dot{\hat{\boldsymbol{\theta}}}=\gamma\varphi(\boldsymbol{x})\boldsymbol{x}^{\mathrm{T}}\boldsymbol{P}^{\mathrm{T}}\boldsymbol{B} \tag{25.5-153}$$

由于$\dot{\tilde{\boldsymbol{\theta}}}=\dot{\hat{\boldsymbol{\theta}}}$，则

$$\dot{V}=-\frac{1}{2}\boldsymbol{x}^{\mathrm{T}}\boldsymbol{Q}\boldsymbol{x}+\boldsymbol{\eta}^{\mathrm{T}}\boldsymbol{B}^{\mathrm{T}}\boldsymbol{P}\boldsymbol{x} \tag{25.5-154}$$

由于$-\frac{1}{2}\boldsymbol{x}^{\mathrm{T}}\boldsymbol{Q}\boldsymbol{x}<0$，通过选取最小逼近误差非常小的神经网络，可实现$\dot{V}<0$。

（3）实例分析

如图 25.5-39a 所示的三自由度机器臂利用三组平行四边形结构，可以始终保持腕关节的水平状态，其中第一关节和第二关节为俯仰运动关节，第三关节为水平面转动关节。另外由于第三关节只影响末端的姿态，因此在计算其末端轨迹的时候，可以忽略第三关节的影响。因此，可将该机械臂作为二自由度机械臂考虑。建立其 D-H 坐标系如图 25.5-39b 所示。

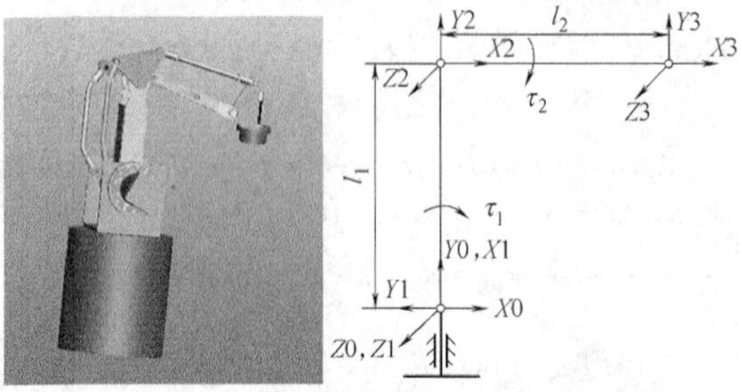

a) b)

图 25.5-39 三自由度机械臂

因此机械臂的动力学方程为

$$\boldsymbol{M}_0(\boldsymbol{q})\ddot{\boldsymbol{q}}+\boldsymbol{C}_0(\boldsymbol{q},\dot{\boldsymbol{q}})\dot{\boldsymbol{q}}+\boldsymbol{G}_0(\boldsymbol{q})=\boldsymbol{\tau}+\boldsymbol{d}$$

其中$\boldsymbol{M}_0(\boldsymbol{q})=\begin{pmatrix}M_{11} & M_{12}\\ M_{21} & M_{22}\end{pmatrix}$，$\boldsymbol{C}_0(\boldsymbol{q},\dot{\boldsymbol{q}})=\begin{pmatrix}c_{11} & c_{12}\\ c_{21} & c_{22}\end{pmatrix}$，$\boldsymbol{G}_0(\boldsymbol{q})=\begin{pmatrix}g_1\\ g_2\end{pmatrix}$。扰动 $d=0$。

$$M_{11}=m_1L_{c1}{}^2+I_{c1}+m_2[L_1^2+L_{c2}^2+2L_1L_2\cos(q_2)]+I_{c2}$$

$$M_{12}=M_{21}=m_2[L_{c2}^2+L_1L_{c2}\cos(q_2)]+I_{c2}$$

$$c_{11}=-m_2L_1L_{c2}\dot{q}_2\sin(q_2)$$

$$c_{12}=-m_2L_1L_{c2}(\dot{q}_1+\dot{q}_2)\sin(q_2)$$

$$g_1=m_1g\,L_{c1}\cos(q_1)+m_2g[L_1\cos(q_1)+L_{c2}\cos(q_1+q_2)]$$

$$M_{22}=m_2L_{c2}^2+I_{c2}$$

$$c_{21}=m_2L_1L_{c2}(\dot{q}_1)\sin(q_2)$$

$$c_{22}=0$$

$$g_2=m_2g\,L_{c2}\cos(q_1+q_2)$$

其中，机械臂模型参数为：$m_1=m_2=5\text{kg}$；$L_1=L_2=0.5\text{m}$；$L_{c1}=L_{c2}=0.25\text{m}$；$I_{c1}=I_{c2}=0.42\text{kg}\cdot\text{m}^2$；$g=9.8\text{m/s}^2$。

位置指令：$\begin{cases} q_{1d}=1.57-0.2\sin(0.5\pi t) \\ q_{2d}=-1.57+0.2\cos(0.5\pi t) \end{cases}$

被控对象的初始值为 $(\boldsymbol{q}_1,\ \dot{\boldsymbol{q}}_1,\ \boldsymbol{q}_2,\ \dot{\boldsymbol{q}}_2)^{\mathrm{T}}=(1.57,\ 0,\ -1.57,\ 0)^{\mathrm{T}}$。取 $\Delta\boldsymbol{M}$、$\Delta\boldsymbol{C}$、$\Delta\boldsymbol{G}$ 的变化量为20%。取自适应律参数 $\gamma=20$。因此，建模不精确部分为 $f(x)=\boldsymbol{M}_0^{-1}(\Delta\boldsymbol{M}\ddot{\boldsymbol{q}}+\Delta\boldsymbol{C}\dot{\boldsymbol{q}}+\Delta\boldsymbol{G})$。$f(\boldsymbol{x})=(f_1f_2)^{\mathrm{T}}$，$f_1$为一杆的不精确部分，$f_2$为二杆的不精确部分。

$\boldsymbol{\tau}_1=\boldsymbol{M}_0(\boldsymbol{q})(\ddot{\boldsymbol{q}}_{\mathrm{d}}-\boldsymbol{k}_{\mathrm{v}}\dot{\boldsymbol{e}}-\boldsymbol{k}_{\mathrm{p}}\boldsymbol{e})+\boldsymbol{C}_0(\boldsymbol{q},\dot{\boldsymbol{q}})\dot{\boldsymbol{q}}+\boldsymbol{G}_0(\boldsymbol{q})$；$\boldsymbol{\tau}_1=(\tau_{11}\quad\tau_{12})$

$\boldsymbol{\tau}_2=-\boldsymbol{M}_0(\boldsymbol{q})\hat{f}(\boldsymbol{x},\boldsymbol{\theta})$；　$\boldsymbol{\tau}_2=(\tau_{21}\quad\tau_{22})$

其中$\boldsymbol{k}_{\mathrm{p}}=\begin{pmatrix}\alpha^2 & 0\\ 0 & \alpha^2\end{pmatrix}$，$\boldsymbol{k}_{\mathrm{v}}=\begin{pmatrix}2\alpha & 0\\ 0 & 2\alpha\end{pmatrix}$，$\alpha=3.5$。

所以，对于二自由度的机械臂的闭环系统为：$\ddot{\boldsymbol{e}}+\boldsymbol{k}_{\mathrm{v}}\dot{\boldsymbol{e}}+\boldsymbol{k}_{\mathrm{p}}\boldsymbol{e}+\hat{f}(\boldsymbol{x},\boldsymbol{\theta})=f(\boldsymbol{x})$，$[\boldsymbol{e}=(e_1e_2)^{\mathrm{T}}]$。

取 $\boldsymbol{x}=(e_1e_2\dot{e}_1\dot{e}_2)^{\mathrm{T}}$，由式（25.5-148）可得 $\dot{\boldsymbol{x}}=\boldsymbol{A}\boldsymbol{x}+\boldsymbol{B}\ [\boldsymbol{\eta}-\widetilde{\boldsymbol{\theta}}^{\mathrm{T}}\varphi(\boldsymbol{x})]$

其中，$\boldsymbol{A}=\begin{pmatrix}0 & 0 & 1 & 0\\ 0 & 0 & 0 & 1\\ -\alpha^2 & 0 & -\alpha & 0\\ 0 & -\alpha^2 & 0 & -\alpha\end{pmatrix}$，$\alpha=3.5$。

$\boldsymbol{B}=\begin{pmatrix}0 & 0\\ 0 & 0\\ 1 & 0\\ 0 & 1\end{pmatrix}$。

采用自适应控制律：$\dot{\hat{\boldsymbol{\theta}}}^{\mathrm{T}}=\gamma\ \boldsymbol{B}^{\mathrm{T}}\boldsymbol{P}\boldsymbol{x}\ \varphi^{\mathrm{T}}(\boldsymbol{x})$，取 $\gamma=20$。

RBF 神经网络隐层神经元的个数取 $m=5$；网络结构为 4-5-2。高斯函数的初始值取 $c_{i\times j}=0.6$，$b_j=3.0$。网络的输入为 $\boldsymbol{x}=(e_1,\ e_2,\ \dot{e}_1,\ \dot{e}_2)^{\mathrm{T}}$，则不精确部分的拟合输出为$\hat{f}(\boldsymbol{x},\boldsymbol{\theta})=\hat{\boldsymbol{\theta}}^{\mathrm{T}}\boldsymbol{h}(j)$。

仿真结果如图 25.5-40~图 25.5-43 所示（所得结果均是在 MATLAB2013b 中运行得出）。

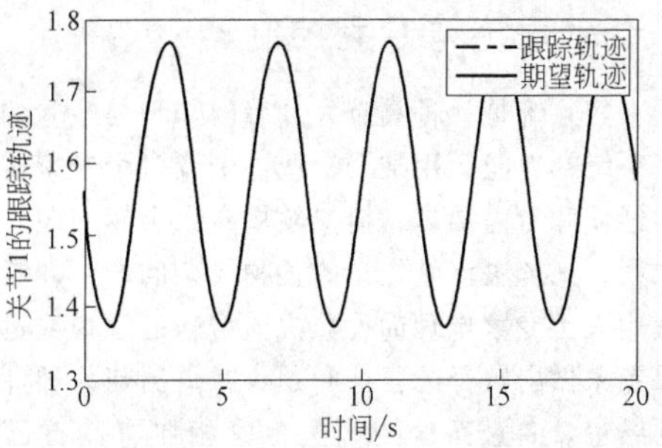

图 25.5-40　关节 1 位置跟踪曲线

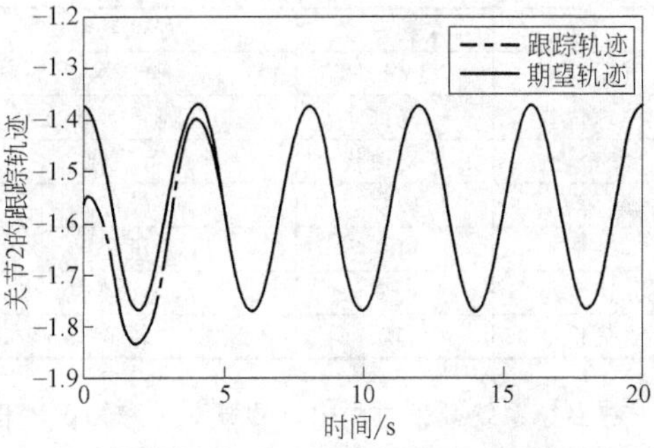

图 25.5-41　关节 2 位置跟踪曲线

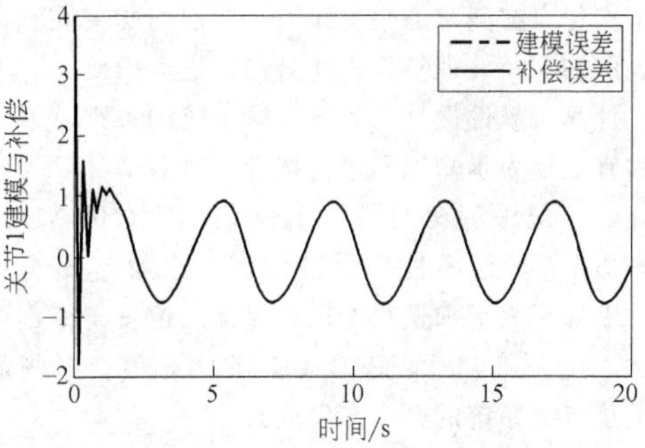

图 25.5-42　关节 1 不精确部分与拟合曲线

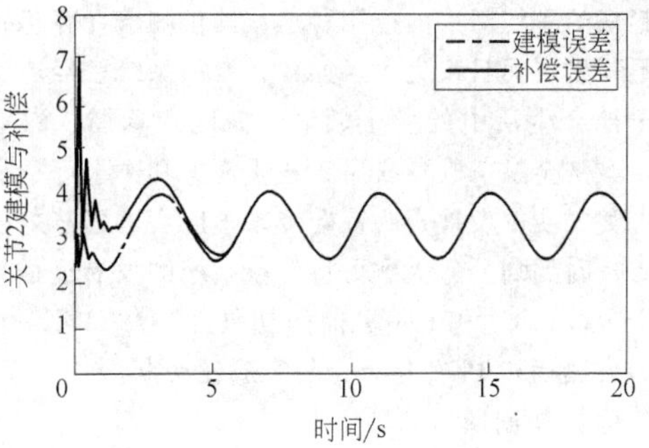

图 25.5-43　关节 2 不精确部分与拟合曲线

7 专家系统与专家控制器

专家系统是一种具有大量专门知识与经验的智能程序系统，它能运用某个领域一个或多个专家多年积累的经验和专门知识，模拟领域专家求解问题时的思维过程，来解决该领域中的各种复杂问题，即专家系统使用人类专家推理的计算机模型来处理现实世界中需要专家做出解释的复杂问题，并得出与人类专家相同的结论。专家系统与人类专家相比有其自己的优点，二者的对比见表25.5-6。

表25.5-6 人类专家与专家系统对比

因素	人类专家	专家系统
可用时间	工作日	全天候
地理位置	局部	任何可行地方
安全性	不可取代	可取代
耐用性	较次	较优
性能	可变	恒定
速度	可变	恒定(较快)
代价	高	较低

在专家系统开发过程中，领域专家和知识工程师发挥着关键作用。领域专家，顾名思义是指那些具有以超越他人的方式求解特定问题的知识和技能的人。知识工程师是设计、构建和测试专家系统的人，他们的工作焦点在问题的相关知识上，他们的主要职责就是获取知识及处理知识，并对知识进行编码。

计算机软件设计是实现专家系统的关键，为了合适和有效地表示知识和进行推理，以数值计算为主要目标的传统编程语言（如BASIC、FORTRAN、C和PASCAL等）已不能满足要求，一些面向任务和知识，以知识表示和逻辑推理为目标的逻辑型编程语言应运而生，如LISP、PROLOG和OPS等。这些语言促进了专家系统的开发与发展。

7.1 专家系统的产生与发展

专家系统是在20世纪60年代初期产生并逐步发展起来的一门新兴的应用科学，其正随着计算机技术的不断发展而日臻完善。如今，专家系统已经广泛应用于社会生活中的各个领域，如医疗诊断、农业生产、经济金融、教学科研、地质勘探和军事等，促进了人类文明的发展，为社会带来了巨大的经济效益。

按时期划分，大致可将专家系统的发展过程分为三个阶段，即1971年以前的初创期、1972年~1977年的成熟期和1978年至今的集成发展期。

（1）初创期

专家系统作为人工智能的一个重要分支，它的发展离不开人工智能的推动。1936年，被后人称为人工智能之父的图灵创立了自动机理论，提出了一个通用的非数字计算模型，并且以一个理论的计算机模型证明了计算机可能以某种类似于人脑的工作方式工作，推动了人工智能，特别是思维机器的研究。20世纪40年代初，McCulloch开创了从结构上研究人类大脑的先河，创造性地提出了世界上第一个神经网络的模型——“mindlike machine”，为人工智能开发与建立提供了有效方法。人工智能的开拓者们在自动机理论、数理逻辑、计算本质、神经网络和电子计算机等方面做出的创造性贡献，奠定了人工智能发展的理论基础，也为专家系统的产生与发展提供了重要的理论依据和必不可少的先决条件。

1965年，美国斯坦福大学的DENRAL系统的成功研制，标志着初期专家系统的诞生。DENRAL的问世使人工智能研究者意识到智能行为不仅依赖于推理方法，更依赖于其推理所用的知识，为专家系统的发展指明了方向。在此之后，卡内基-梅隆大学开发了致力于语音识别的专家系统HEARSAY，这个系统在理论上证明了计算机可以通过编制的程序与人进行交谈。可以看出，知识在智能行为中所起的作用已经引起了研究者的注意，这就为以专门知识为核心求解具体问题的专家系统的产生与发展奠定了思想基础。在这个时期，专家系统的研究者们已经初步掌握了一种简单的体系结构来构建专家系统，这个体系结构包括存储问题知识的知识库模块、用于处理规则的推理机模块、包含问题特定事实与推理机得出结论的工作内存模块。

（2）成熟期

到20世纪70年代中期，专家系统已逐步成熟起来，其观念逐渐被不同领域从业人员所接受，并涌现了一批经典的专家系统，如MYCIN系统。该系统不但能够诊断病情，给出处方建议，而且具有解释功能和知识获取功能，可在使用过程中不断充实完善，堪称专家系统的经典之作。这个时期，另一个非常具有代表性的专家系统PROSPECTOR也在斯坦福大学成功完成。它用于辅助地质学家勘探矿藏，据称其功能完全可以与一位经验丰富的地质专家相比拟。它也是第一个取得显著经济效益的专家系统。这一时期除了这些成功的实例外，还有XCON、AM等影响力较大的专家系统。诸多专家系统的成功开发，表明专家系统逐步走向成熟。此时，专家系统已被看作一种解决实际问题的实用工具，标志着在许多应用领域大规模建造专家系统的时机已经到来。

（3）集成发展期

20世纪80年代初，专家系统的从业团体迅速壮大，许多大学迅速开设专家系统的相关课程，众多公司启动专家系统项目，组建专家系统团队。80 年代初期诞生了一大批易于开发的医疗诊断专家系统。到了 80 年代中期，专家系统发展应用于实际的最显著特点是出现了大量的投入商业化运行的系统，产出了显著的经济效益。例如，DuPont 公司到 1988 年利用自己建造的专家系统，每年为公司节省约 1000 万美元。专家系统的应用日益广泛，处理问题的难度和复杂程度不断增大，导致了传统的专家系统无法满足较为复杂的情况，迫切需要新的方法和技术支持。

20 世纪 80 年代后期开始，伴随着信息产业革命的升级和深入，对智能化的要求也越来越高。模糊技术、神经网络和面向对象等新思想、新技术也迅速崛起。这些新技术的成熟加快推动了专家系统的升级换代。

现在，专家系统已经遍布人类生活的各个领域。例如，在建猪场方面，有辅助诊断猪窝大小问题的专家系统；在解聘问题雇员方面，有辅助老板决定开除哪些雇员的专家系统。专家系统已经成为人类常用的解决问题的手段之一。

7.2　专家系统的基本结构与原理

7.2.1　专家系统的结构

专家系统的结构如图 25.5-44 所示，包括知识库、推理机、解释器、数据库、人机接口等模块。各个模块的功能如下：

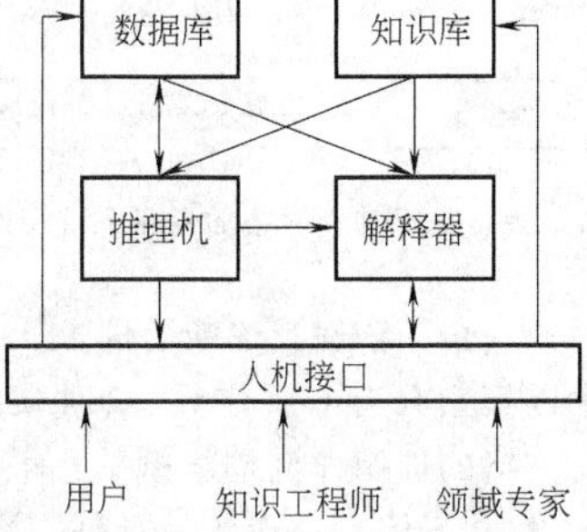

图 25.5-44　专家系统结构

（1）知识库

知识库是专家系统存储领域知识的部分。知识库存放着以一定形式表示的与领域相关的知识，以备系统推理判断之用。知识库管理系统具有知识存储、检索、编排、增删、修改和扩充等功能。知识库的设计与构建是专家系统的一项关键性工作。

常用的知识表示方法有：产生式规则，框架，案例、模型语义网络等。

（2）数据库

数据库亦称全局数据库，用于存储求解问题的初始数据和推理过程得到的中间数据，所以数据库的内容是在不断变化的。

（3）推理机

推理机是专家系统的知识处理器，它将工作内容中的事实与知识库中的领域知识相匹配，以得出问题的结论。推理机包括三种推理方式：

1）正向推理：从原始数据和已知条件得到结论。

2）反向推理：先提出假设的结论，然后寻找支持的证据，若证据存在，则假设成立。

3）双向推理：运用正向推理提出假设的结论，运用反向推理来证实假设。

（4）解释器

解释器根据用户的提问，对系统给出的结论、求解过程和系统当前的求解状态提供说明，以便于用户理解系统的问题求解，增加用户对求解结果的信任程度。

（5）人机接口

人机接口是专家系统与领域专家、知识工程师以及一般用户间的界面，由一组程序及相应的硬件组成，用于完成输入与输出工作。领域专家、知识工程师通过它输入知识，更新、完善知识库；一般用户通过它输入欲求解的问题、已知事实以及向系统提出的询问；系统通过它输出运行结果、回答用户的询问或者向用户索取进一步的事实。

由于每个专家系统所需要完成的任务不同，因此其系统结构也不尽相同。系统结构选择恰当与否，与专家系统的适用性和有效性密切相关。知识库和推理机是专家系统最基本的模块。知识表示的方法不同，知识库的结构也就不同。推理机对知识库中的知识进行操作，推理机程序与知识表示的方法及知识库结构紧密相关，不同的知识表示有不同的推理机。

7.2.2　几种专家系统的工作原理

不同种类的专家系统，其工作原理不尽相同。专家系统分为基于规则的专家系统、基于框架的专家系统、基于神经网络的专家系统和基于网络的专家系统等。

（1）基于规则的专家系统

基于规则的专家系统是指采用产生式知识表示方法的专家系统。产生式规则是一个以“如果满足这个条件，就应当采取某些操作”形式表示的语句，其表达方式为：IF E THEN H。其中，E 表示规则的前提条件，它可以是单独命题，也可以是复合命题；H 表示规则的结论部分。基于规则的专家系统最基本的工作模型如图 25.5-45 所示。其中，规则库是基于规则专家系统的知识库，由于专家系统的知识采用产生式规则表示，因此称为规则库；推理机是基于规则专家系统的推理机构。以正向推理为例，它把规则库中的规则的前提条件与数据库中的已知事实进行匹配，找出可使用规则，并利用这些规则进行推理，直到推出所需要的结论或推理失败为止。

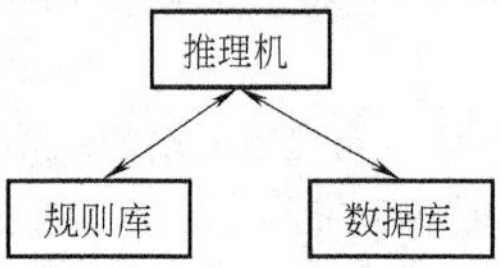

图 25.5-45　基于规则专家系统的工作模型

（2）基于框架的专家系统

框架是一种描述对象（事物、事件或概念等）属性的数据结构，即当新情况发生时，人们只要把新的数据加入到该通用数据结构中便可形成一个具体的实体，这样的通用数据结构称为框架。框架通常由描述事物的各个方面的槽组成，每个槽可有若干个侧面，每个侧面又可以拥有若干个值，一个框架的一般结构如下：

<框架名>

<槽 1><侧面 11><值 111>……

<侧面 12><值 121>……

……

<槽 2><侧面 21><值 211>……

……

<槽 n><侧面 n1><值 n11>……

……

<侧面 nm><值 nm1>……

例如，一个硕士生的简单实例框架：

框架名：<7 号硕士生>

<槽 1><姓名><李学表>

<性别><男>

<年龄><25>

<研究方向><人工智能>

当知识比较复杂时，往往需要把多个相互联系的框架组织起来，形成一个框架系统。框架系统具有树状结构，如学生框架系统的层次结构如图 25.5-46 所示。

（3）基于神经网络的专家系统

基于神经网络专家系统的知识表示方法与传统人工智能系统所用的方法（如产生式、框架等）完全不同。传统人工智能系统所用的方法是知识的显示表示，而神经网络知识的表示是一种隐式的表示方法，是把某一问题领域的若干知识彼此关联地表示在一个

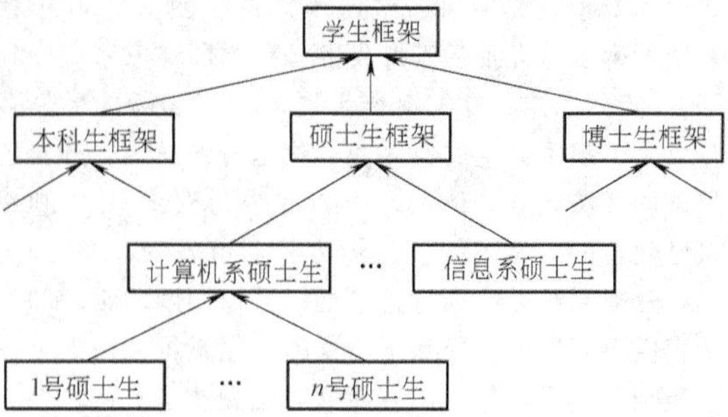

图 25.5-46　框架系统的层次结构

神经网络中。

神经网络专家系统的基本结构如图 25.5-47 所示。其中，自动知识获取模块输入、组织并存储专家提供的学习实例，选定神经网络的结构，调用神经网络学习算法。知识库由自动知识获取得到，它是推理机制完成推理和问题求解的基础，知识库可以不断更新。解释器是用户界面，提出问题并获得结果。基于神经网络专家系统的推理机制与现有的专家系统所用的基于逻辑的演绎方法不同，它的推理机制是一数值计算过程。

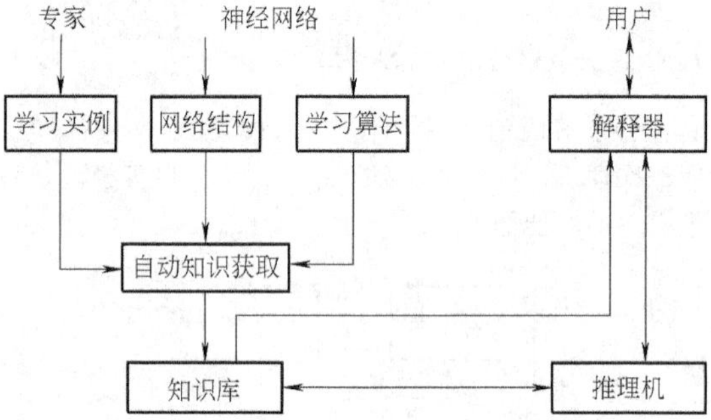

图 25.5-47　基于神经网络的专家系统层次结构

下面讨论一个用于医疗诊断的例子。假设整个系统的简易诊断模型只有 6 种症状、2 种疾病、3 种治疗方案。对网络的训练样例是选择一批合适的病人并从病历中采集如下信息：症状，对每一症状只采集有、无及没有记录这 3 种信息；疾病，对每一疾病也只采集有、无及没有记录这 3 种信息；治疗方案，对每一治疗方案只采集是否采用这两种信息。其中，对“有”“无”“没有记录”分别用 1、-1、0 表示，这样对每一个病人就可以构成训练样例。假设根据病症、疾病及治疗方案的因果关系以及通过训练得到图 25.5-48 所示的医疗诊断系统连接模型。其中，x_1，x_2，…，x_6 为症状输入；x_7，x_8 为疾病名；x_9，x_{10}，x_{11} 为治疗方案；x_a，x_b，x_c 为附加节点，这是由于学习算法的需要增加的。

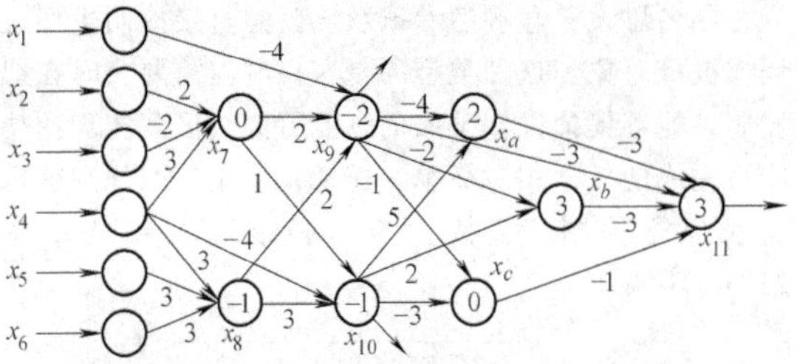

图 25.5-48　医疗诊断系统连接模型

对图 25.5-48 说明如下：

1）这是一个带有正负权值的前向网络，由 w_{ij} 可构成相应的学习矩阵，当 $i \geqslant j$ 时，$w_{ij}=0$；当 $i<j$ 且节点 i 与节点 j 之间不存在连接线时，w_{ij} 也为 0，其余为连接线上标出的数字。

2）特性函数为一离散型函数，计算公式为

$$X_j = \sum_{i=0}^{n} w_{ij}x_i \qquad (25.5\text{-}155)$$

$$X'_j = \begin{cases} +1 & (\text{若 } X_j>0) \\ 0 & (\text{若 } X_j=0) \\ -1 & (\text{若 } X_j<0) \end{cases} \qquad (25.5\text{-}156)$$

其中，X_j 表示节点 j 输入的加权和，X'_j 表示节点 j 的输出。为计算方便，式（25.5-155）中增加了 w_{0j}，x_0 的值为常数 1，w_{0j} 的值标在了节点的圆圈中。

3）图中连接线上标出的 w_{ij} 值是根据一组训练样例，通过运用某种学习算法对网络训练得到，这就是基于神经网络专家系统的知识获取。

4）由全体 w_{ij} 的值及各种症状、疾病、治疗方案名所构成的几何就形成了该疾病诊治系统的知识库。

基于神经网络的推理，如某患者有症状 x_2，没有 x_3 和 x_4 症状，对于症状 x_1、x_5、x_6 无记录，则得到该症状输入向量 $\boldsymbol{X}=(0,\ 1,\ -1,\ -1,\ 0,\ 0)$，网络计算得到：

$X_7 = 0\times1+2\times1+(-2)\times(-1)+3\times(-1) = 1>0$　　得 $X'_7=1$；

$X_8 = (-1)\times1+3\times(-1)+0\times3+0\times3 = -4>0$　　得 $X'_8=-1$；

$X_9 = (-2)\times1+(-4)\times0+2\times1+2\times(-1) = -2<0$　　得 $X'_9=-1$；

$X_{10} = (-1)\times1+1\times1+(-4)\times(-1)+3\times(-1) = 1>0$　　得 $X'_{10}=1$；

$X_a = 2\times1+(-4)\times(-1)+5\times1 = 11>0$　　得 $X'_a=1$；

$X_b = 3\times1+(-2)\times(-1)+2\times1 = 7>0$　　得 $X'_b=1$；

$X_c = 0\times1+(-1)\times(-1)+(-3)\times1 = 7>0$　　得 $X'_c=1$；

$X_{11} = 3\times1+(-3)\times1+(-3)\times(-1)+(-3)\times1+1\times1+(-1)\times(-1) = 2>0$　　得 $X'_{11}=-1$；

由此可知，该病人患的疾病是 x_7，患者选择治疗方案是 x_{10} 和 x_{11} 进行治疗。

（4）基于网络的专家系统

随着 Internet 技术的发展，网络化已成为现代软件的一个基本特征，基于网络的专家系统是网络数据交换技术与传统专家系统集成所得到的一种新型专家系统，它利用网络浏览器实现人机交互，使得用户可通过浏览器很方便地访问专家系统。基于网络的专家系统基本结构如图 25.5-49 所示，它由网络浏览器、应用服务器和数据库服务器三个层次所组成，它包括网络接口、推理机、知识库、数据库和解释器。

在图 25.5-49 中，基于网络专家系统各部分功能与其他类型的专家系统类似。基于网络专家系统将人机交互定位在 Internet 层次上，系统中的各类用户，包括领域专家、知识工程师和普通用户都可通过浏览器访问专家系统的应用服务器，将问题传递给网络推理机，然后网络推理机通过后台数据库服务器，并利用数据库和知识库进行推理，推导出问题结论，最后将结论告诉用户。

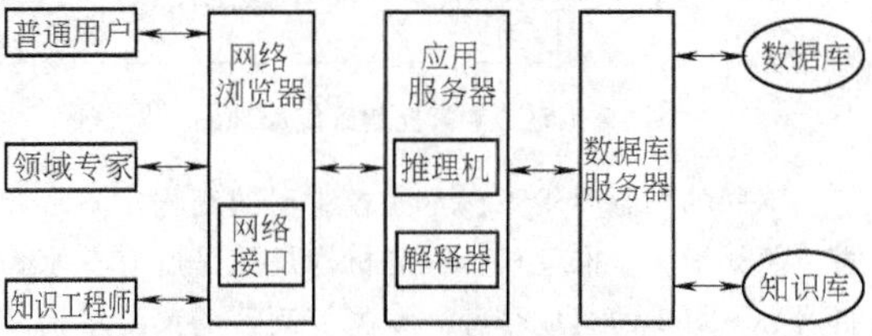

图 25.5-49　基于网络的专家系统结构

通用配套件选型是快速形成企业动态协作的关键技术之一。图 25.5-50 所示为基于网络通用配套件选型的专家系统结构。

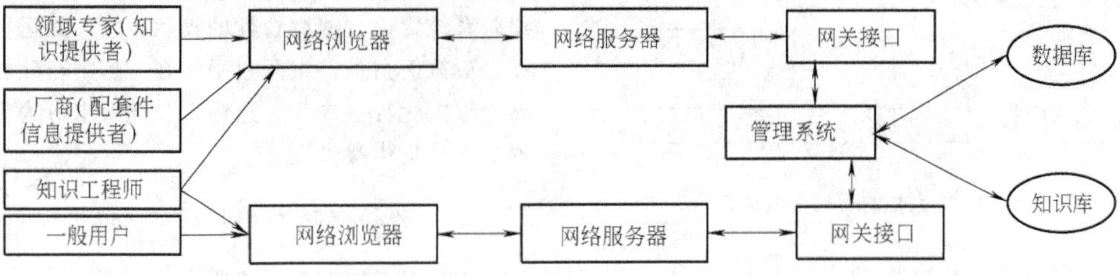

图 25.5-50　基于网络通用配套件选型专家系统结构

Internet上的专家系统较之传统的专家系统有着更高的共享度，任何网上用户只需要使用浏览器即可访问运行有专家系统的站点，实现该平台的目的就是提供一个平台，实现资源共享，为更多的用户提供选择配套件的技术指导，同时提供相关的生产厂家的信息。

7.3　专家控制器的组成

“专家控制”的概念是瑞典学者K. J. Astrom于1986年提出的。所谓专家控制，是将专家系统的理论和技术同控制理论、方法与技术相结合，仿效人类专家的控制知识与经验，实现对系统的控制。专家控制系统的原理如图25.5-51所示。

专家控制系统引入了专家系统的思想，但与专家系统有一些重要的区别：专家系统是辅助用户决策，而专家控制能进行独立和自动地对控制做出决策；专家系统在离线状态下工作，而专家控制需要在线实时获取反馈信息，是在线工作方式。

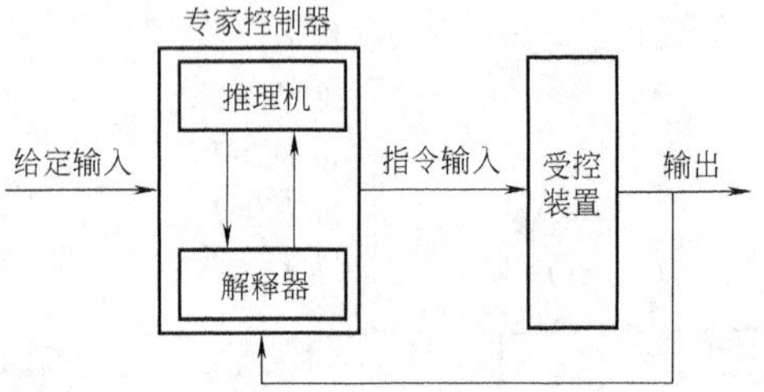

图25.5-51　专家控制系统原理图

不同的控制要求下，专家控制器的结构也不尽相同，而知识库、推理机、控制机构是几乎所有专家控制器必不可少的组成部分。专家控制器的典型结构如图25.5-52所示。根据专家控制器的作用与功能，又可将其划分为直接型专家控制器和间接型专家控制器。

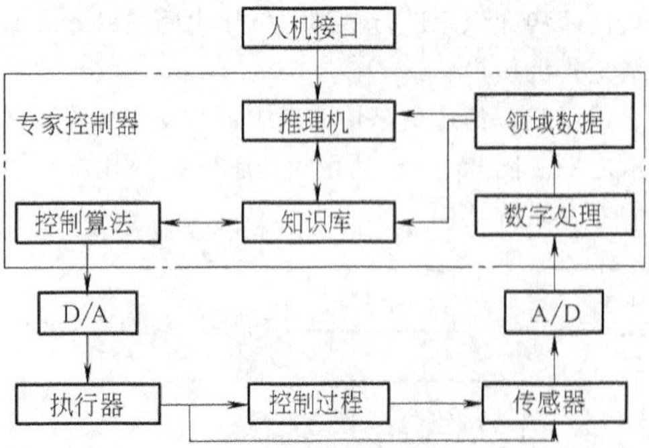

图25.5-52　专家控制器的典型结构

(1) 直接型专家控制器

顾名思义，直接型专家系统就是直接控制生产过程或被控对象。这种类型的专家控制器需要实时在线控制，能够模拟操作工人的智能行为，但其实现的功能与完成的任务相对简单，通常几十条生产规则就可实现智能控制。直接型专家控制器的结构如图25.5-53所示。

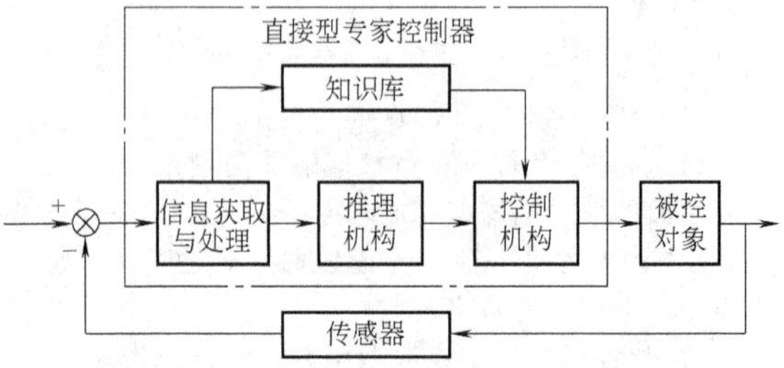

图25.5-53　直接型专家控制器的结构

(2) 间接型专家控制器

间接型专家控制器通常会搭配常规控制器一起使用，以实现对生产过程或被控对象的间接控制。相对于直接型专家控制器，它具有更高层次的智能水平，能够模拟控制工程师的智能行为，具有利用专家经验协调组织各种算法、参数等进行高层决策的功能。间接型专家控制器工作时就像一个颇有经验的控制专家，能够熟练地调度系统参数与结构，并及时回答用户的咨询。间接型专家控制器的结构如图25.5-54所示。

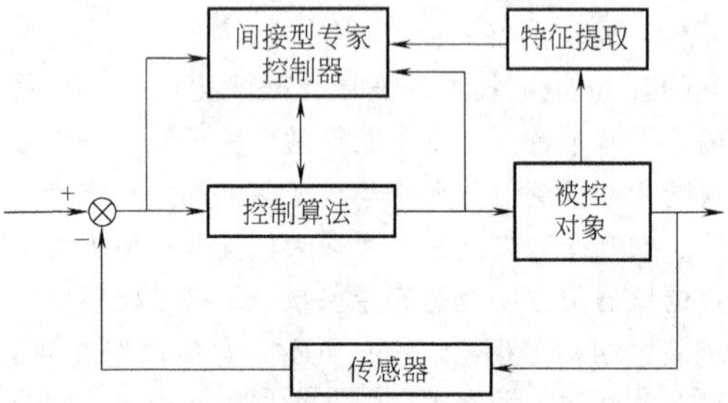

图25.5-54　间接型专家控制器的结构

7.4　专家控制器设计

专家控制系统并没有统一的标准和固定的要求，不过可以根据专家系统的工作性质和结构特点对专家控制系统提出一些综合性的控制要求，如运行可靠性高、决策能力强、应用通用性好、控制与处理灵活性高、智能化程度高等。这些综合性要求可为专家控制器的设计提供参考。

7.4.1　专家控制器的设计原则

通过对专家控制系统要求的分析，可对专家控制器提出如下设计原则：

（1）模型描述的多样性

传统的控制理论对控制系统的设计大多唯一依赖于受控对象的数学解析模型。而在专家控制器的设计中，由于采用了专家系统技术，能够处理各种定性的与定量的、精确的与模糊的信息，因而允许对模型采取多种形式的描述。

（2）信息处理的灵巧性

灵活地处理与应用在线信息将提高系统的信息处理能力和决策水平，如在信息存储方面，对有助于做出控制决策的信息进行记忆，对于过时的信息则应加以遗忘。

（3）控制策略的灵活性

生产过程和被控对象的时变性和现场干扰的随机性，要求控制器能够及时地变更控制策略，并能通过在线信息灵活地修改控制参数。

（4）推理与决策的实时性

工业过程中的控制系统要求其具有很强的实时性，所以要求专家控制器进行实时地推理与决策。失去时效性就失去了控制的价值。

7.4.2　专家控制器的建模

下面以直接型专家控制器为例，对专家控制器的建模过程进行介绍。

（1）知识库的建立

知识库是专家控制器的核心，它存储关于生产过程或被控对象控制的专业知识，一般由数据库的规则集组成。不同类型的专家控制器，其知识的表达方式也不尽相同。最常用的知识表达形式如下：

$$r = \text{IF } \Phi \text{ THEN } \Psi \qquad (25.5\text{-}157)$$

这种以过程性知识为中心的表达法具有很强的模块性，每条知识都可以独立地增删和修改，具有较高的灵活性，便于知识库管理。另外，这种知识表达方式与人的思维方式接近，便于操作人员理解，是专家系统中应用最为广泛的知识表达方式。

（2）推理机的实现

推理机构的主要功能是实现实时推理，故其结构应尽可能简单。一般采用数据驱动的正向推理策略，这对于搜索空间较小的知识库是比较合适的。对某些在线故障诊断的规则也可采用目标驱动的反向推理策略或双向推理策略，以提高搜索效率。

（3）信息获取与处理机构的建立

信息的获取与加工是实现专家控制的先决条件。它的主要作用是对信息进行加工、处理和特征的抽取，将原始信息转化为便于为知识库和推理机构利用的特征信息，为实时推理与决策提供依据。构建一个性能良好的信息获取与处理器应尽可能多地采集系统的信息，除常规的输入、输出以及误差外，输出误差的一、二阶导数等其他参数也是有利用价值的，同样需要采集。

（4）控制机构的建立

控制机构是专家控制器直接控制级，负责实施被控过程的各种控制决策。专家控制器中的控制机构一般由正常情况下的控制模式子集和异常情况下的控制策略子集构成。正常情况下的控制模式子集可以是用解析关系式描述的各种智能控制算法，也可以是用启发式规则表达的知识控制模式。当系统发生偶然故障时，推理机构将根据在线抽取的关于故障现象的特征模式和故障诊断规则判断类别与故障源，计算故障发生的置信度，从而推出诊断结果，并给出相应的处理决策。异常情况下的控制策略子集中的规则是对这些故障进行实时诊断和处理的基本策略。

7.4.3　专家控制器的应用实例

近 20 年来，在流程工业中开发和应用专家系统的兴趣与日俱增，大部分涉及监控和故障诊断，而且越来越多的专家系统被用于实时过程控制。现以高炉监控专家系统为例，讲述专家控制器的应用。

当高炉的工况比较稳定时，传统的控制方式是能够满足使用要求的。但是，当一些突发状况或非正常工况严重干扰高炉运行，导致炉内状况非常复杂时，还是要依靠有经验的操作员或专家进行操控，因此引入专家控制器来改善高炉的运行状况是非常必要的。

（1）高炉监控专家控制器的结构与功能

该专家控制器具有两部分功能：一是异常炉况预测功能，用于预测炉内料滑动和沟道的产生情况；二是高炉熔炼监控功能，用于判断炉内熔炼过程并指导操作员对高炉进行合理操作。

这个专家控制器集合了观察和控制双重功能，能够处理时间序列数据，具有实时性。为了实现这些特性，系统应具备两部分特性：其一是推理的预处理部分，它用常规的方法在过程计算机上执行，采集传感器的数据，并把它们寄存在时间序列数据库中，经预处理后形成推理所需的事实数据，并显示推理结果；其二是推理部分，它用人工智能处理器实现，利用从前者所产生的事实数据和知识库的规则，对高炉的状况进行推理。其结构如图 25.5-55 所示。

（2）监控专家系统开发过程

本专家控制器采用基于 LISP 语言的开发工具，常规算法的开发采用 FORTRAN 语言。对于高炉控制与诊断这样具体的专家系统，其开发过程主要包括以下几个方面：

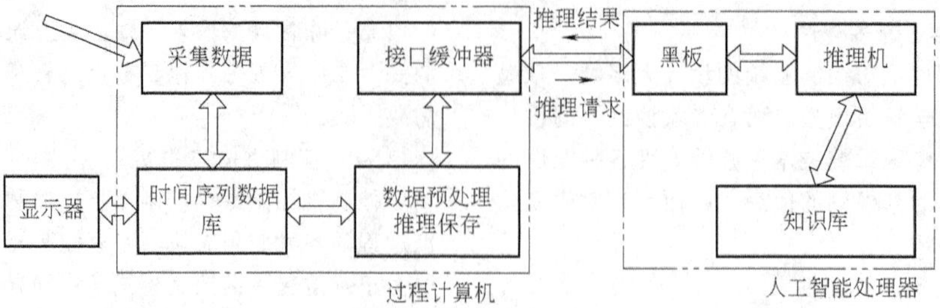

图 25.5-55 高炉专家控制器的结构

1）确定目标：明确控制器的功能与所涉及的知识范围。

2）获取知识：研究有关高炉领域的技术文献资料，研究高炉操作员手册；从领域专家处搜集知识。

3）知识的汇编与系统化：把专家的思维过程进行归纳整理分类；检查其合理性和存在的矛盾；传感器数据模式整理和分类、数据滤波、分级和求导（差分）；知识模糊性（不确定性）的表示。

4）规则结构的设计：将规则分组和结构化，考虑推理的速度。

5）系统功能的划分：实现在线实时处理；将系统功能划分为预处理和推理两部分。

6）构造原型系统：描述规则和黑板模型；将实际系统和测试系统形式化。

7）评估与调整：利用离线测试系统调试系统；检查系统的有效性；调节确定性因子的值。

8）应用和升级：增加和校正规则。

（3）专家控制器的知识表示与知识库结构

采用阶梯式结构搭建整个知识库。将采集到的领域专业知识、经验和启发性规则都存放在知识库中，基本上采用产生式规则来表示知识，即 r = IF Φ THEN Ψ 的形式。为便于在线实时推理，根据所选传感器的功能属性将知识库划分为由若干规则集合组成的几个知识单元。在异常炉况下预测系统知识库中，建立了约 100 条规则；在高炉熔炼监控系统中的知识库中，约有 300 条规则。

在专家控制器的工作过程中，由于人类专家之间所具有的经验不同，即使观察到的数据相同，判断炉况的结果也可能会有所差别，因此判断具有一定程度的不确定性。为了改善系统运行品质，就需要采用确定性因子和隶属函数来处理其模糊性。在高炉控制过程中，完全可以用模糊集合的原理和方法来确定或选择控制的规则。

经试验测定，高炉采用专家控制器以后，减轻了操作工人的劳动强度，并能相对及时、正确地进行处理故障；提高了金属产品的熔炼能力，生产率提高了 5%～8%。

第 6 章　机械运动控制系统

机械工程自动控制系统主要是对机械运动的控制，包括对机械系统位置、速度及加速度的控制。伺服系统的设计首先根据对系统工作及性能的要求搭建基本系统结构，主要确定机械结构及传动方案、自动控制方案，选择其中的元器件，对系统进行运动学和动力学分析及建模，然后对所搭建的系统进行系统性能分析和动态系统设计。动态系统设计主要是对补偿装置的设计，即对控制器的设计。

1　系统机械结构及传动

机械运动自动控制系统的设计主要考虑伺服系统功能和性能指标能否满足技术要求、执行电动机功率与过载能力、各主要元器件选择与线路设计、各级增益分配与阻抗匹配、信号传递和抗干扰措施等。通常先从系统应具有的输出能力（特别是快速性）要求出发，选定执行元件和传动装置；再从系统精度要求出发，选择和设计检测装置；然后设计系统信号主通道的各部件；最后通过动态计算设计校正补偿装置，完善电源和其他辅助线路设计。下面分别介绍各部分的选择与设计思路。

1.1　系统结构及载荷

1.1.1　系统载荷分析计算

机械工程伺服系统通常通过伺服电动机或者液压气动系统带动被控对象做机械运动。自动控制系统的载荷分为惯性载荷和非惯性载荷，系统载荷的具体形式与系统传动和运动形式有关。

运动形式主要有直线运动和旋转运动两种，由此产生两种不同的载荷表述形式。具体负载往往比较复杂，为便于分析，常将它分解成几种典型负载，结合系统运动规律再将它们组合起来，便于定量设计计算。

（1）惯性载荷

直线运动时，惯性负载以负载质量 m(kg) 和惯性力 F_m(N) 来表征；转动时，惯性负载以负载转动惯量 $J(\mathrm{kg \cdot m^2})$ 和惯性转矩 T_J 来表征：

$$\begin{cases} F_m = ma \\ T_J = J\varepsilon \end{cases} \tag{25.6-1}$$

式中　a——负载线加速度（$\mathrm{m/s^2}$）；

ε——负载角加速度（$\mathrm{rad/s^2}$）。

（2）非惯性载荷

1）黏性阻尼载荷。采用 F_b(N) 和 T_b(N·m) 分别表示直线运动黏性阻尼负载和旋转运动黏性阻尼负载：

$$\begin{cases} F_b = b_1 v \\ T_b = b_2 \omega \end{cases} \tag{25.6-2}$$

式中　b_1——直线运动黏性阻尼系数（N·s/m）；

b_2——旋转运动黏性阻尼系数（N·m·s）。

即黏性阻尼力 F_b 与负载运动线速度 v 成正比，黏性阻尼力矩 T_b 与负载角速度 ω 呈线性关系。

2）位能负载。直线运动时，位能负载用重力 G(N) 表示；旋转运动时，位能负载用不平衡力矩 T_G(N·m) 表示。一般情况下 G 或 T_G 为常值，且方向不变。

3）弹性负载。直线运动时，弹力 F_k 与线位移 l 成正比；旋转运动时，弹性力矩 T_k 与角位移 φ 成正比：

$$\begin{cases} F_k = K_1 l \\ T_k = K_2 \varphi \end{cases} \tag{25.6-3}$$

式中，弹性系数 K_1（N/m）和 K_2（N·m/rad）均为常值。

4）风阻负载。通常，风阻力矩 F_f 可简化成与负载线速度的二次方（v^2）成正比，负载摩擦力矩 T_f 与负载角速度的二次方（ω^2）成正比：

$$\begin{cases} F_f = f_1 v^2 \\ T_f = f_2 \omega^2 \end{cases} \tag{25.6-4}$$

式中，风阻系数 $f_1(\mathrm{N \cdot s^2/m})$ 和 $f_2(\mathrm{N \cdot m \cdot s^2})$ 均为常值。

对具体系统而言，其负载特性可用以上典型负载来组合，但并不一定上述典型负载都包含在内。最为普遍的是惯性负载。在设计系统时，必须对被控对象及其运动做具体分析，才能决定由哪几种典型负载来组合，有时需要实测才能获得具体的数值。

1.1.2　负载折算

运动伺服系统的被控对象（如电梯、机床刀架、轧钢机的压下装置等）做直线运动，而机床的主轴传动、机器人手臂的关节传动、跟踪卫星的雷达天线、舰船上的防摇稳定平台等做旋转运动。伺服系统执行元件做旋转运动的有旋转式电动机和液压马达，做直线运动的有直线电动机和液压缸，但用得较多的还是旋转式电动机，如他励直流电动机，异步电动机和交流永磁同步伺服电动机等。执行元件与被控对象之间有直接连接的，也有通过机械传动装置间接连接的，而后者占大多数。因此，在进行动力学分析计算时，需要进行负载折算。

如图 25.6-1a 所示，直线电动机的滑块（初级线圈）与负载直接相连。假设直线电动机的滑块质量为 m_d，负载质量为 m_c，运动时存在干摩擦力 F_c 和黏性阻尼力 $F_b=bv$，忽略其他因素，则电动机带动负载一起运动时，电磁力 F_Σ 为

$$F_\Sigma = F_c + bv + (m_d + m_c)a \qquad (25.6\text{-}5)$$

式中　v——线速度（m/s）；

a——线加速度（m/s^2）。

如图 25.6-1b 所示，旋转电动机轴直接与负载轴相连的情形即为单轴传动。设电动机转子的转动惯量为 J_d，负载的转动惯量为 J_z，负载干摩擦力矩为 T_c，其余因素可以忽略不计时，电动机内产生的电磁力矩 T_Σ 为

$$T_\Sigma = T_c + (J_d + J_z)\varepsilon \qquad (25.6\text{-}6)$$

式中　ε——负载转动的角加速度（rad/s^2）。

具有齿轮减速装置的传动如图 25.6-1c 所示。电动机的转速较高而转矩较小，而负载一般需要的转速较低而转矩较大。图中表示的是三级齿轮减速的情形，齿轮齿数分别为 z_{11}、z_{12}、z_{21}、z_{22}、z_{31}、z_{32}，三级减速比分别为 $i_1=\dfrac{z_{12}}{z_{11}}$、$i_2=\dfrac{z_{22}}{z_{21}}$、$i_3=\dfrac{z_{32}}{z_{31}}$，总速比为 $i=i_1i_2i_3$。

当电动机以 ω_d 等速旋转时，轴 1、轴 2 和负载轴的角速度分别为 ω_1、ω_2、ω_z，并且满足以下关系式：

$$\omega_d = i_1\omega_1 = i_1i_2\omega_2 = i\omega_z \qquad (25.6\text{-}7)$$

如果忽略减速器损耗，根据能量守恒原理，电动机输出功率 $T_d\omega_d$（T_d 为电动机输出力矩）应等于负载消耗的功率 $T_z\omega_z$（T_z 为负载总力矩），即

$$T_d\omega_d = T_z\omega_z \qquad (25.6\text{-}8)$$

考虑到减速器存在机械传动损耗，传动效率 $\eta<1$（$\eta=\eta_1\eta_2\eta_3$ 为每级齿轮传动效率的乘积），式（25.6-8）可改写成

$$T_d\omega_d = \frac{T_z\omega_z}{\eta} \qquad (25.6\text{-}9)$$

可得

$$T_d = \frac{T_z}{i\eta} \qquad (25.6\text{-}10)$$

式（25.6-10）就是负载转矩的折算公式，即负载转矩 T_z 除以传动效率 η 和传动比 i，即得到折算到电动机轴上的等效负载转矩。这里传动效率 η 已将减速器的摩擦考虑在内。

将负载轴转矩折算成电动机轴上的转矩，求解电动机转矩是其中一种方法；另一种方法是将负载轴上的黏性阻尼系数 b、弹性系数 K、转动惯量 J 和风阻系数 f 等参数分别等效折算到电动机轴上。由式（25.6-7）可知，电动机轴角速度 ω_d 等于负载轴角速度 ω_z 乘以减速比 i，它们之间的转角和角加速度也应用相同的关系：

$$\begin{cases}\varphi_d = i\varphi_z \\ \varepsilon_d = i\dot{\omega}_z\end{cases} \qquad (25.6\text{-}11)$$

式中　φ_d——电动机轴转角（rad）；

ε_d——电动机轴角加速度（rad/s^2）；

φ_z——负载轴转角（rad）；

$\dot{\omega}_z$——负载轴角加速度（rad/s^2）。

由以上各式，可得出以下折算关系：

$$\begin{cases}b' = \dfrac{b}{i^2\eta} \\ J' = \dfrac{J_z}{i^2\eta} \\ K' = \dfrac{K}{i^2\eta} \\ f' = \dfrac{f}{i^3\eta}\end{cases} \qquad (25.6\text{-}12)$$

式（25.6-12）等号右边的参数对应于负载轴，等号左边为折算到电动机轴上的等效参数。

如图 25.6-1d 所示，电动机带动一轱辘转动，用绳索将负载提升或下降。这是将转动转变为直线运动的一种形式，负载是位能负载，重量 $G=mg$，其中 m 为质量，g 为重力加速度。电动机转子转动惯量为 J_d，轱辘转动惯量为 J_p，轱辘直径为 $2R$。电动机和轱辘以角速度 ω 运动时，负载的线速度 $v=R\omega$。

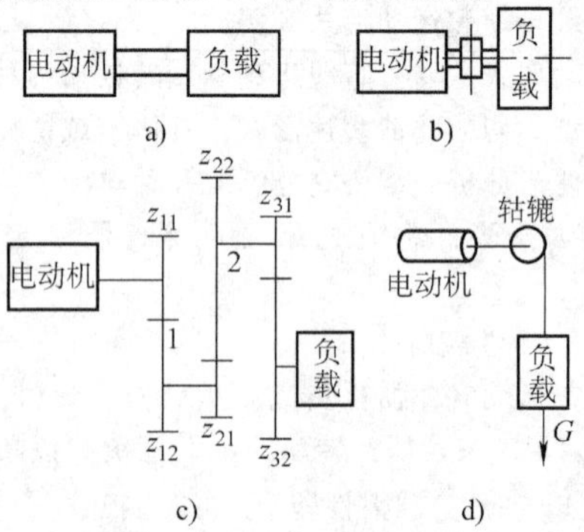

图 25.6-1　执行元件和负载传动示意图

a）直线电动机直接传动　b）旋转电动机单轴传动　c）旋转电动机多轴传动　d）旋转电动机/轱辘传动

由于 G 方向不变，因此提升和下放负载电动机轴承受的力矩不同。忽略摩擦力矩，电动机轴上只有重力引起的不平衡力矩 GR 和惯性力矩，提升负载时电动机总负载力矩为

$$T_{上} = (J_d + J_p + mR^2)\varepsilon_1 + GR \quad (25.6\text{-}13)$$

下放负载时电动机的总负载力矩为

$$T_{下} = (J_d + J_p + mR^2)\varepsilon_2 - GR \quad (25.6\text{-}14)$$

式中　ε_1——提升时电动机轴的角加速度（rad/s^2）；

ε_2——下放时电动机轴的角加速度（rad/s^2）。

如果电动机轴与轱辘轴之间还存在减速比 i，传动效率为 η，则上面式（25.6-13）和式（25.6-14）中的参数 J_P、mR^2、GR 分别变成$\frac{J_P}{i^2\eta}$、$\frac{mR^2}{i^2\eta}$、$\frac{GR}{i\eta}$。执行元件与被控对象之间的传动形式多种多样，但都可以采用上述原理进行负载折算，将复杂的多轴传动转化成单轴传动问题来处理。

1.1.3　负载综合计算

负载力矩不仅与负载性质有关，还与运动状况有关。伺服系统多种多样，有的运动有规律，有的则很难用简单的关系式来描述，但是在选择执行元件和传动机构时，需要做出定量的核算。下面通过几种典型实例来说明应该考虑的问题和工程近似处理的方法。

例 25.6-1　龙门刨床工作台的传动原理如图25.6-2所示。龙门刨工作台运动部分负载特性参数包括：执行电动机转子的转动惯量 J_d；减速齿轮副的速比 i；与齿条相啮合的齿轮节圆半径 R；总传动效率 η；往复运动部分的总质量 m；干摩擦力 F_c；切削加工时的切削阻力 F_p。其他因素可忽略。执行电动机带动工作台做往复运动，工作台运动速度 v 成周期性变化，可近似用如图25.6-3a所示的曲线来表示。$v>0$ 为工作段，对应电动机正转；$v<0$ 为回程段，对应电动机反转。工作段包含起动段（$t_0 \sim t_1$）、切削加工段（$t_1 \sim t_2$）和制动段（$t_2 \sim t_3$）；回程段包括起动段（$t_3 \sim t_4$）、等速段（$t_4 \sim t_5$）和制动段（$t_5 \sim t_6$）。试进行负载核算，计算负载可按一个周期进行。

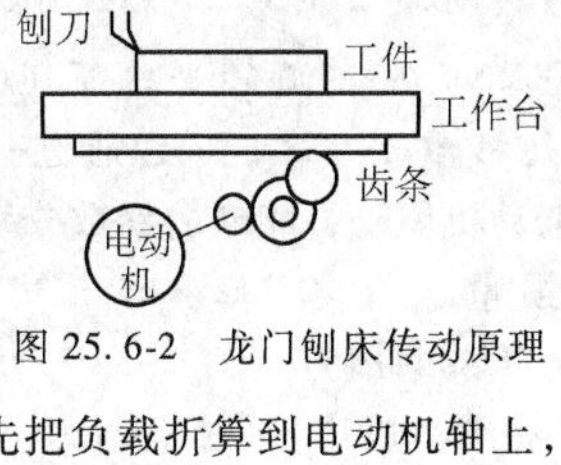

图 25.6-2　龙门刨床传动原理

解：首先把负载折算到电动机轴上，干摩擦和切削力矩折算的结果为

$$T_c = \frac{F_cR}{i\eta},\quad T_p = \frac{F_pR}{i\eta}$$

电动机轴上的总惯性转矩为

$$T_J = \left(J_d + \frac{mR^2}{i^2\eta}\right)\varepsilon$$

式中，角加速度 ε 对应图25.6-3a中的起动段和制动段。

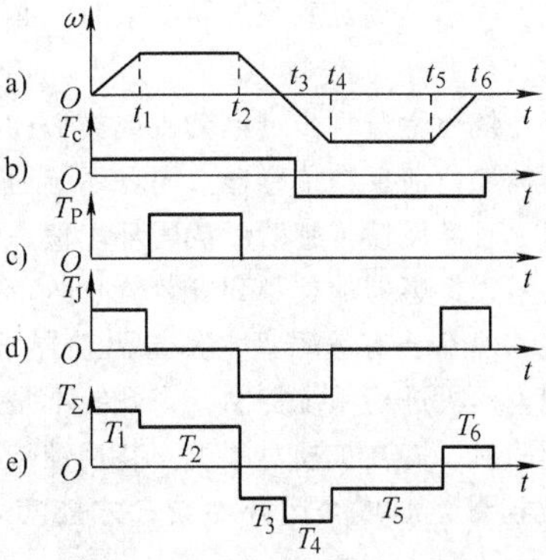

图 25.6-3　龙门刨工作台运动负荷图

a）电动机转角速度　b）干摩擦　c）切削阻力

d）惯性转矩　e）电动机轴总负载力矩

根据图25.6-3a和上面三式，分别画出 T_c、T_p 和 T_J 的变化曲线，分别如图25.6-3b、c、d所示，将它们叠加起来，即得到电动机的总负载力矩 T_Σ，如图25.6-3e所示。由 T_Σ 曲线不难看出：正向起动和切削加工段负载力矩较大，而制动段、回程段负载力矩较小。每个工作段的负载力矩分别用 $T_1 \sim T_6$ 表示，每段转换时刻用 $t_1 \sim t_6$ 表示，不难找到最大负载力矩和它的持续时间。考虑实际加工过程往复次数很多，首先需要检验执行电动机的发热与升温，为此，要计算一个周期内力矩的均方根值 T_{dr}。

$$T_{dr} = \{[T_1^2t_1 + T_2^2(t_2-t_1) + T_3^2(t_3-t_2) + T_4^2(t_4-t_3) + T_5^2(t_5-t_4) + T_6^2(t_6-t_5)]/[at_1 + (t_2-t_1) + a(t_4-t_2) + (t_5-t_4) + a(t_6-t_5)]\}^{1/2} \quad (25.6\text{-}15)$$

式中，一般可取 $a=0.75$，它是考虑电动机在起动、制动过程中低转速时散热条件较差所取的加权系数。若起动段和制动段在一个周期内所占比例较大，则可取 $a=0.5$。

这种周期运动的情况有许多，如高层建筑的升降电梯，它频繁地在楼层之间时升时降，也具有起动段、制动段、匀速段，但周期不像龙门刨床工作台那样有规律，每次载重量也不均衡，但也可按其运动高峰期的统计规律，得到类似图25.6-3a所示的曲线，作为选择执行电动机的依据之一。

1.2　驱动系统设计

在进行驱动系统的总体设计时，首先需要考虑控

制系统的控制类型，即开环控制还是闭环控制。这两种控制类型选择的主要依据是控制系统所要达到的控制精度，如果采用开环控制方式能达到控制精度要求，则不选用闭环控制方式，因为开环控制方式结构简单，系统的成本相对闭环控制大大降低。当然，当开环控制方式不能满足系统控制要求时，必须选用闭环控制方式。

开环系统通常选用步进电动机或类似的其他驱动装置，不需要任何反馈传感器。闭环系统通常选用伺服电动机，且需反馈传感器形成闭环。使用反馈传感器时需要考虑传感器的类型和安装位置。市场上的伺服电动机一般都装有编码盘，其与驱动器是成套的。利用伺服电动机进行系统控制，当系统不是刚性的或有回程间隙时，需在被控对象上安装反馈传感器，直接检测被控量，形成全闭环系统，才能实现高精度控制。

1.2.1　一般性设计原则

（1）电动机的选择

电动机的类型确定之后，其具体型号的确定主要依据负载的大小，包括由转动惯量引起的惯性力矩、负载摩擦力矩等。其计算公式为

$$T_g = J\varepsilon + T_f \tag{25.6-16}$$

式中　J——电动机与负载折合到电动机上的总转动惯量；

T_f——复合摩擦力矩；

ε——电动机所需的角加速度。

电动机的力矩选择包括两个重要的参数，即所需的连续力矩和峰值力矩。连续力矩 T_c 是电动机能够提供的连续工作力矩；峰值力矩用 T_p 表示，是所需瞬时的最大力矩。如果系统以一种循环的方式操作，力矩周期性地变化，那么所需的连续力矩就是力矩的平均值。为了计算力矩，设计者必须知道下列参数：负载折合到电动机轴上的转动惯量 J_L，电动机自身的转动惯量 J_m，所需的电动机最大角加速度 ε，折合到电动机轴上的摩擦力矩（或重力力矩）T_f。峰值力矩可以通过下列方程来计算

$$T_p = (J_m + J_L)\varepsilon + T_f \tag{25.6-17}$$

在工作过程中速度经常变化时，建议采用峰值力矩作为电动机的额定力矩来选择。对于速度不经常变化的工作过程，可以用所需力矩的方均根来计算连续力矩 T_c。

确定了所需的力矩，就可以选择电动机了。对于交流伺服电动机，同样驱动力矩的电动机又可分为大惯量、中惯量和小惯量电动机，设计者可根据系统惯量和对响应速度的要求来选择。

（2）减速器的选择

在机械自动控制系统中，减速器一般直接选用现有的产品而不自行设计。减速器的作用除了能减速之外，另外一个非常重要的作用就是可以增大输出力矩。根据下述原则选取减速器的最佳速比。

假定选用减速器的速比为 $n:1$，增加了电动机输出力矩，相当于减少了负载惯量和摩擦力矩的值，摩擦力矩减少至原来的 $1/n$，负载惯量减少至原来的$1/n^2$。

减速器最优速比的计算公式为

$$n = (J_L/J_m)^{1/2} \tag{25.6-18}$$

式中　J_L——未考虑减速器时负载折合到电动机轴上的转动惯量；

J_m——电动机自身的转动惯量。

由于受到负载速度的要求，减速器的速比不能满足式（25.6-18）要求时，可以在伺服电动机对惯量比（考虑了减速器后负载与电动机转子的惯量比）要求的范围内选择速比。

（3）位置传感器的选择

当位置传感器的分辨率增加时，可以提高系统反馈精度。但分辨率不是越高越好，分辨率高的传感器其价格也贵，有时候高分辨率的作用也发挥不出来，选择时要考虑系统控制器的采样频率。下面举例说明传感器分辨率的选择。

例 25.6-2　一个电动机所需的转速为 6000r/min，位置精度为 0.4°，控制器采样频率为 500kHz，那么编码器所允许的分辨率的范围是多少？

解：电动机最大速度 n_m 为 6000r/min，即 100 r/s，控制器采样频率 f_m 为 500kHz，那么最大分辨率 $R_{max}=f_m/n_m=500000\text{Hz}/100\text{r/s}=5000$ 脉冲/r。传感器分辨率应当高于所允许的位置误差，一般为其 2~4 倍。所允许的位置误差为 0.4°，则相应地有：$R_{min}=(360/0.2)$ 脉冲/r = 1800 脉冲/r。编码器分辨率应当在 1800~5000 脉冲/r 之间，可以选择 4000 脉冲/r。目前，市场上伺服电动机的编码器对一般精度要求的系统都是适用的。

1.2.2　设计举例

一个具有转动惯量 $J_L=1.6\times10^{-3}\text{kg}\cdot\text{m}^2$ 以及摩擦力矩 $T_f=0.2\text{N}\cdot\text{m}$ 的旋转平台需在 60ms 内旋转 20°，运动是每秒重复 5 次，平台通过一减速器由一个直流伺服电动机驱动，相应的参数分别为：电动机转子的转动惯量 $J_m=10^{-4}\text{kg}\cdot\text{m}^2$，力矩常数 $K_t=0.1\text{N}\cdot\text{m/A}$，负载摩擦力矩 $T_f=0.4\text{N}\cdot\text{m}$，峰值力矩 $T_p=2\text{N}\cdot\text{m}$，连续力矩 $T_c=0.5\text{N}\cdot\text{m}$，所需的位置精度为 0.1°，运动控制器采样频率为 500kHz。需确定的问题如下：

1）确定电动机与负载之间的最优减速比。

2）确定电动机能否执行所需要的运动。

3）确定编码器的分辨率。

根据题意，做如下分析。

（1）减速比

减速比由式（25.6-18）得

$$n = (J_L/J_m)^{\frac{1}{2}} = [(1.6 \times 10^{-3})/10^{-4}]^{\frac{1}{2}} = 4$$

即最优减速比为 4∶1。

（2）电动机功率

电动机和负载总的转动惯量为

$$J = J_L/n^2 + J_m = 2 \times 10^{-4} \mathrm{kg \cdot m^2}$$

负载摩擦力矩反映到电动机上的值为

$$T_{fz} = 0.2\mathrm{N \cdot m}/4 = 0.05\mathrm{N \cdot m}$$

减速器增加了电动机的旋转角度

$$\theta_m = n\theta_L = 4 \times 20° = 80°$$

假定速度轮廓为具有等时间间隔加速度、恒速以及减速度的梯形，如图 25.6-4 所示。电动机旋转的角度为 80°（1.4rad），根据图 25.6-4 所示的速度曲线，其运行的最大速度 ω_o 计算为：由 $\omega_o(40 \times 10^{-3}) = 1.4$，解得 $\omega_o = 35\mathrm{rad/s}$。所以其加速度为：$\varepsilon = \omega_o/T_a = (35/0.02)\ \mathrm{rad/s^2} = 1750\mathrm{rad/s^2}$。

为了确定所需要的峰值力矩，由式（25.6-17）得

$$T_p = 1750 \times (2 \times 10^{-4})\mathrm{N \cdot m} + 0.05\mathrm{N \cdot m} = 0.4\mathrm{N \cdot m}$$

显然，所需的峰值力矩小于电动机的连续力矩 T_c，所以电动机不但能够产生所需的运动，也适合经常变速的要求。

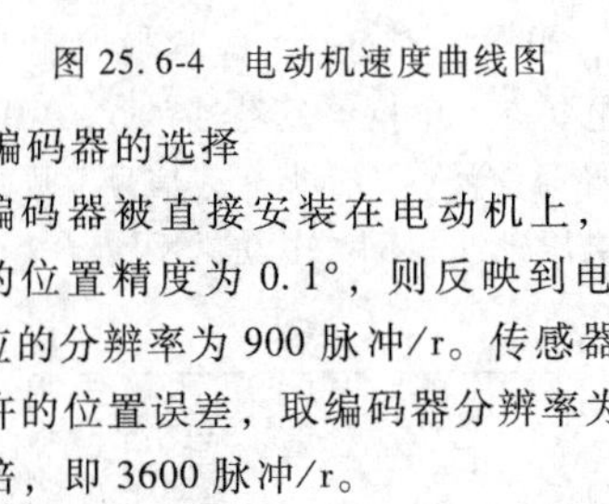

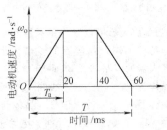

图 25.6-4　电动机速度曲线图

（3）编码器的选择

假定编码器被直接安装在电动机上，为刚性耦合，所需的位置精度为 0.1°，则反映到电动机上为 0.4°，对应的分辨率为 900 脉冲/r。传感器分辨率应高于所允许的位置误差，取编码器分辨率为允许位置误差的 4 倍，即 3600 脉冲/r。

因为电动机最大速度为 35rad/s（5.57r/s），最高编码器输出脉冲频率必须限制在 500kHz 以内，编码器分辨率应当限制在（500000/5.57）脉冲/r = 90000（脉冲）/r 以内，所以编码器分辨率应当在 3600~90000 脉冲/r 之间，可以选择一个 4000 脉冲/r 的编码器。

2　运动驱动器

运动驱动器是产生系统动力的装置。根据使用能量的不同，可以将驱动器分为电动式、液压式、气压式和特殊功能材料等几种类型，如图 25.6-5 所示。

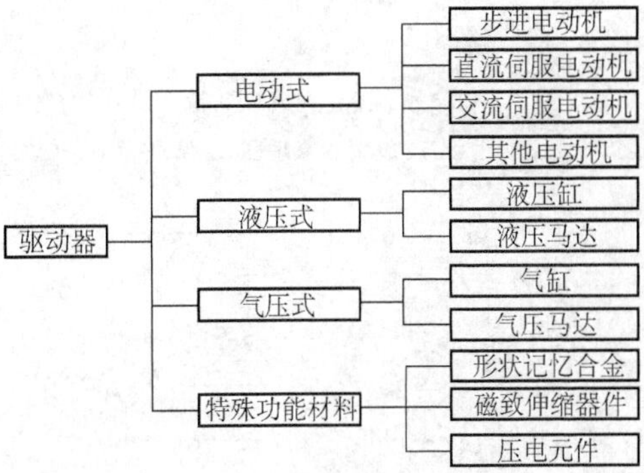

图 25.6-5　驱动器分类

在现代机械工程自动控制系统中，电动式驱动器应用最为广泛，下面主要介绍一些电动式驱动器的基本控制特性和相关应用。

2.1　直流伺服电动机

2.1.1　直流伺服电动机的驱动

直流电动机的驱动电路（也称为功率放大器）是用于放大控制信号并向电动机提供必要能量的电子装置。它的性能将直接影响系统性能。功率放大器应该能够提供足够的电功率，具有相当宽的频带和尽可能高的效率。目前，广泛应用的半导体功率放大器有三类：线性型、开关型和晶闸管型。下面主要介绍前两类。

（1）线性型直流功率放大器

线性型功率放大器一般用于高精度定位与恒速控制的小功率直流伺服电动机或要求产生电磁干扰较小的系统中。线性型功率放大器主要包括单极性功率放大器和双极性功率放大器两种。

单极性功率放大器是功率放大器中最简单的一种，是只适合单方向转动的系统。如图 25.6-6 所示为一个最简单的单极性功率放大器的原理图。图中 VD 为续流二极管，以防电流急剧减小时电动机线圈产生过高的自感电动势而击穿晶体管。如果在单极性放大器上加上动力制动，则可以提高电动机的减速能力。

双极性功率放大器可以输出正、负两个极性的电压和电流，电动机能够正、反两个方向运行。如图 25.6-7 所示为 T 形和 H 形两种典型双极性功率放大

器的原理图。

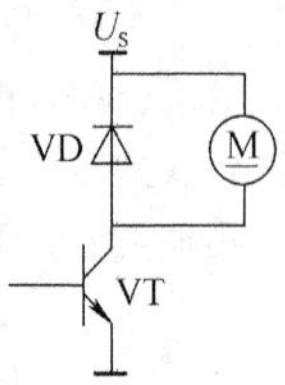

图 25.6-6　单极性功率放大器原理图

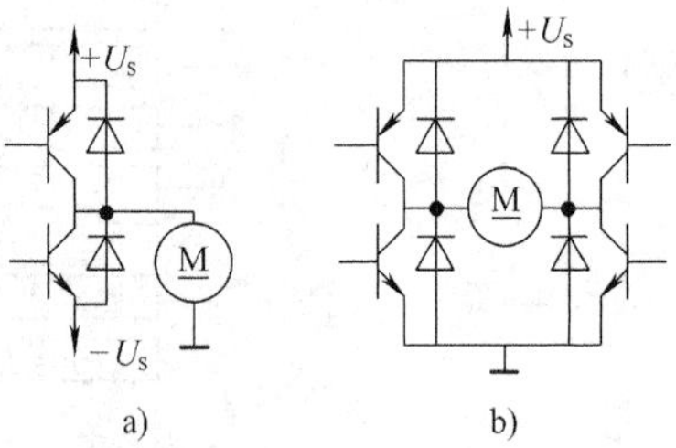

图 25.6-7　双极性功率放大器原理图
a）T 形　b）H 形

T 形放大器线路较为简单、成熟，因而得到广泛的应用，但它要使用正、负电源供电，晶体管耐压要求高，要能承受 $2U_s$ 电压。H 形电路较为复杂，功率元件多，一般在功率较大的系统中应用。在 H 形电路中，晶体管的耐压要求较低，只要求能承受 U_s 电压即可。

（2）开关型直流功率放大器

开关型放大器中的功率元件工作在开关状态，它不是直接控制其输出电压的幅值，而是通过控制其输出电压的占空比，使其输出电压的平均值同控制信号成比例。这类功率放大器的优点是具有很高的效率，缺点是电磁干扰较大，一般应用于几百瓦至几十千瓦的系统中。开关型功率放大器分脉冲宽度调制型（PWM，简称脉宽调制型）和脉冲频率调制型两种，也有两种形式混合的。脉宽调制放大器的输出电压是幅值恒定、频率恒定、脉宽可调的波形，如图 25.6-8 所示。对图 25.6-8 所示的波形进行傅里叶级数展开，可得

$$U_m(t) = (2D-1)U_s + \sum_{n=1}^{\infty} \frac{4U_s}{n\pi} \sin n\pi \cdot D\cos\frac{2\pi nt}{T_s} \tag{25.6-19}$$

式中，$D=\tau/T_s$，即占空比。

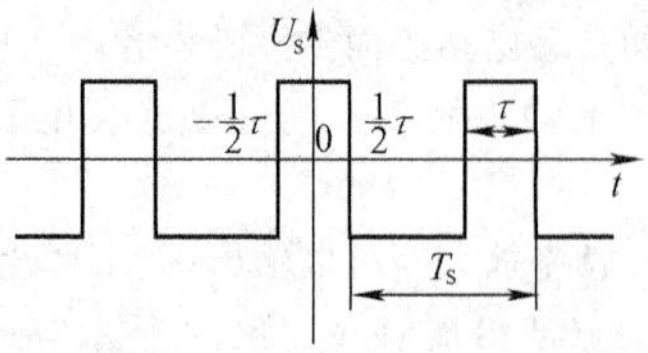

图 25.6-8　PWM 放大器输出电压波形

从式（25.6-19）中可看出，脉宽调制放大器输出的直流分量与占空比成比例关系。当脉冲周期 T_s 比电动机电磁时间常数 T_a 小很多时，由于电枢电感的滤波作用和转子惯量的平滑作用，式（25.6-19）中的交流分量产生的作用很小，可以忽略不计，所以，控制直流电动机的脉宽调制电压可以等价为直流控制电压。

如图 25.6-9 所示为实现脉宽调制的原理图，u_i 为输入控制电压，u_p 为三角波的幅值。容易证明，比较器输出的脉宽调制波形的占空比为

$$D = \frac{\tau}{T_s} = \frac{u_p + u_i}{2u_p} = \frac{1}{2}\left(1 + \frac{u_i}{u_p}\right)$$

可得

$$U_m(t) = U_s\frac{u_i}{u_p} + \sum_{n=1}^{\infty}\frac{4U_s}{n\pi}\sin n\pi \cdot \frac{1+\dfrac{u_i}{u_p}}{2} \cdot \cos\frac{2\pi nt}{T_s} \tag{25.6-20}$$

由式（25.6-20）可知，脉宽调制波的直流分量与控制电压 u_i 成正比。因此，PWM 放大器实质上是控制电压的比例放大环节。

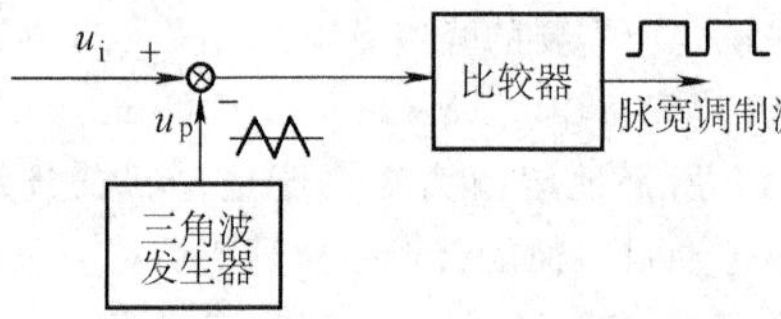

图 25.6-9　脉宽调制电路原理图

PWM 功率放大器可以分为单极性和双极性两种工作方式。每种工作方式包括 T 形和 H 形。H 形单极性开关放大器的电路如图 25.6-10 所示。它的控制方式是在晶体管 VT_1、VT_2 基极加相位相反的脉宽调制信号，晶体管 VT_3 加截止信号，晶体管 VT_4 加导通信号。当 VT_1 导通，VT_2 截止时，电动机电枢电压 U_{AB} 为 $+U_s$；当 VT_1 截止，VT_2 导通时，电动机处于无电源供电状态，电枢电流经过 VT_4，VD_2 续流。如果 VT_3 加导通信号，VT_4 加截止信号，则加在电动机电枢上的电压极性相反，电动机反转。

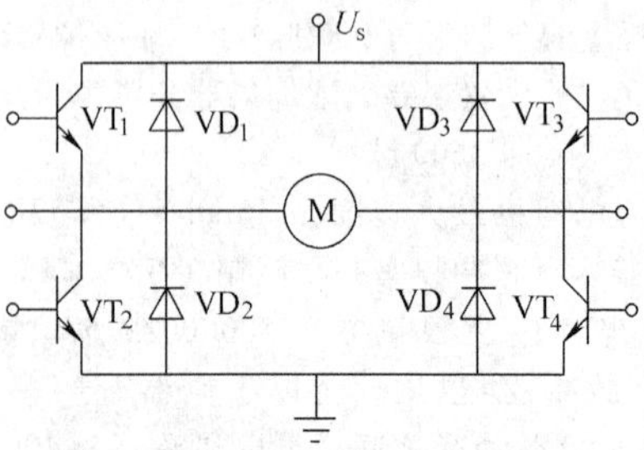

图 25.6-10　H 形单极性开关放大器电路

2.1.2　直流伺服电动机的控制

在控制系统中，需要对电动机的转矩、速度和位置等物理量进行控制。因此，从控制的角度来看，对直流电动机驱动及其控制过程有电流反馈、速度反馈和位置反馈等控制形式。如图 25.6-11 所示为一种典型的位置控制系统框图。位置控制系统由 PID 控制器、PWM 功率放大器（由三角波发生器、电压比较器 H 形功率电路组成）、直流伺服电动机、工作对象和用于测量直流伺服电动机位置的电位器负反馈电路组成。PWM 功率放大器的作用是根据由电位器反馈回来的实际位置与给定位置的偏差，调整直流伺服电动机的转速和转向。

下面给出一种实用的 PID 控制器与 PWM 功率放大器电路的搭建方法，如图 25.6-12 所示。

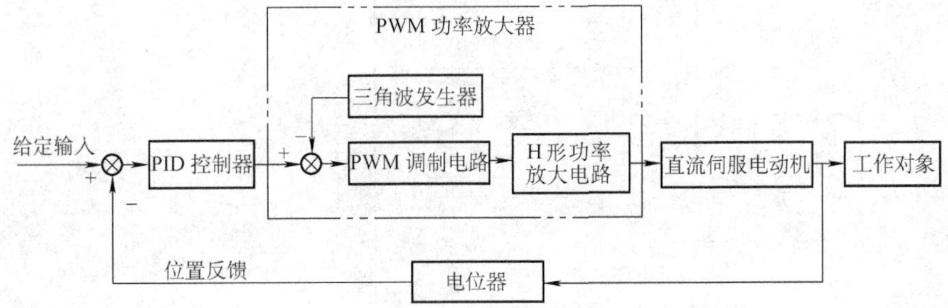

图 25.6-11　位置控制系统框图

2.2　交流伺服电动机

采用交流电励磁的电动机称为交流电动机。按其工作原理的不同，交流电动机主要可以分为同步电动机和异步电动机两大类。在现代机械自动控制系统中常使用同步交流伺服电动机，由于同步交流伺服电动机通常装有永磁的转子，故常被称为永磁同步交流伺服电动机。

2.2.1　永磁同步电动机的结构与工作原理

永磁同步电动机由定子和转子两部分组成，如图 25.6-13 所示。定子主要包括电枢铁心和三相（或多相）对称电枢绕组，绕组嵌放在铁心的槽中；转子主要由永磁体、导磁轭和转轴构成。永磁体贴在导磁轭上，导磁轭为圆筒形，套在转轴上。在转子轴上连接有光电编码盘，用于检测转子磁极相对于定子绕组的相对位置以及转子转速。

当永磁同步电动机的定子电枢绕组中通过对称的三相电流时，定子将产生一个以同步转速旋转的磁场。在稳态情况下，转子的转速与定子产生的旋转磁场转速相同。定子旋转磁场与转子的永磁体产生的主极磁场之间相互作用，产生电磁转矩，拖动转子旋转，进行机电能量转换。当负载发生变化时，转子的瞬时转速就会发生变化，这时，通过传感器检测转子的位置和速度，根据转子永磁体磁场与定子磁场的相对位置变化，利用逆变器控制定子绕组中电流的大小，调节定子的旋转磁场强度，从而改变作用在转子上的力矩，使转子的转动与定子的旋转磁场保持同步，这就是闭环控制的永磁同步电动机的工作原理。

2.2.2　永磁同步电动机的数学模型

（1）永磁同步电动机的基本方程

三相永磁同步电动机的解析模型如图 25.6-14 所示。为简化分析，做如下假设：①忽略铁心饱和效应；②气隙磁场呈正弦分布；③不计涡流和磁滞损耗；④转子上没有阻尼绕组，永磁体也没有阻尼作用。

根据图 25.6-14 所示的解析模型，永磁同步电动机在三相静止坐标系 u-v-w 下的电压方程为

$$\begin{pmatrix} u_u \\ u_v \\ u_w \end{pmatrix} = \begin{pmatrix} R_a+PL_u & PM_{uv} & PM_{wu} \\ PM_{uw} & R_a+PL_v & PM_{vw} \\ PM_{wu} & PM_{vw} & R_a+PL_w \end{pmatrix} \times \begin{pmatrix} i_u \\ i_v \\ i_w \end{pmatrix} + \begin{pmatrix} e_u \\ e_v \\ e_w \end{pmatrix} \tag{25.6-21}$$

式中　u_u、u_v、u_w——分别为 u、v、w 相定子电压；

i_u、i_v、i_w——分别为 u、v、w 相定子电流；

e_u、e_v、e_w——永磁体磁场在 u、v、w 相电枢绕组中感应的旋转电动势；

R_a——定子绕组电阻；

P——微分算子，$P=\mathrm{d}/\mathrm{d}t$；

M_{uv}、M_{vw}、M_{wu}——绕组间的互感，

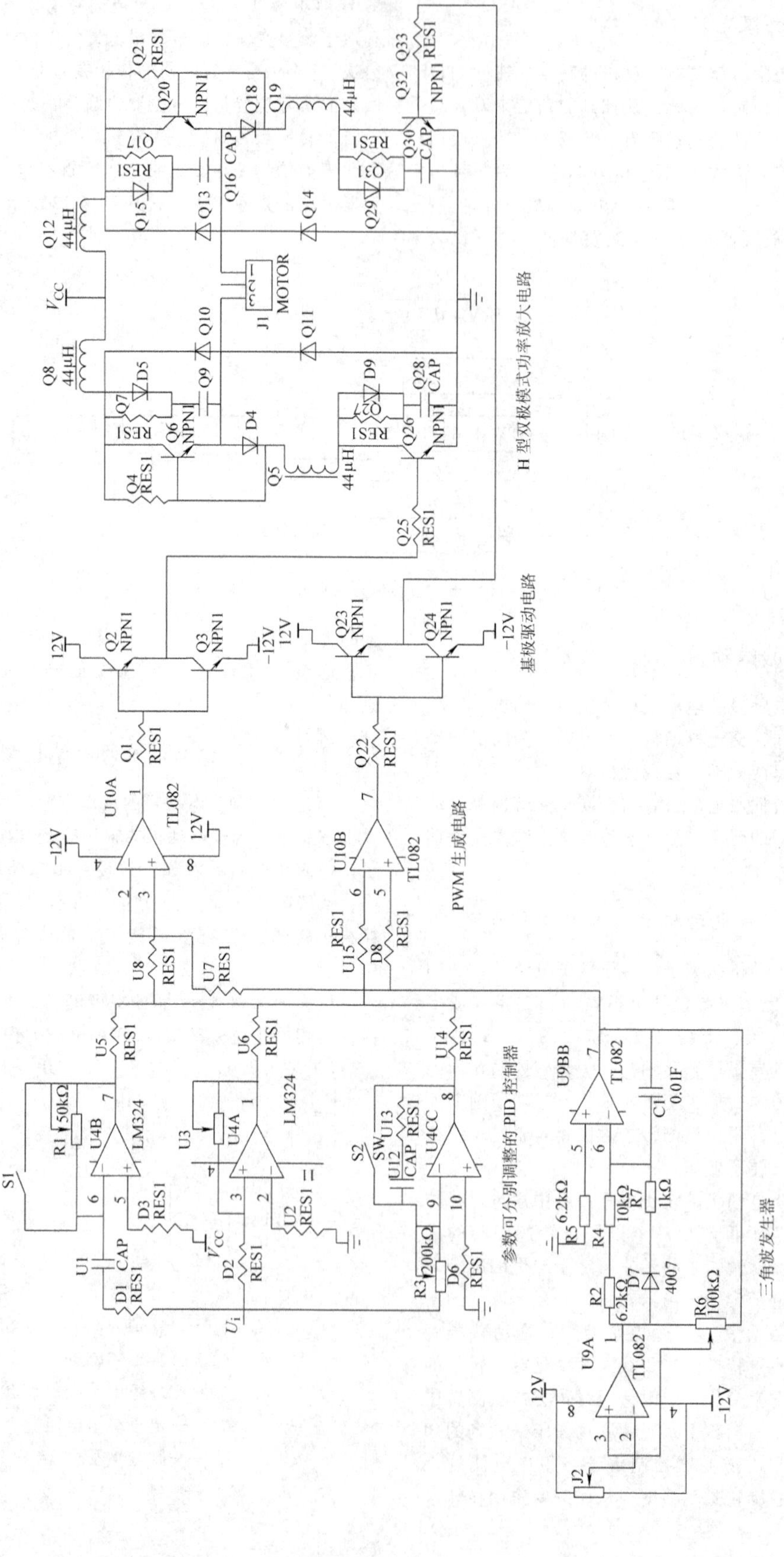

图 25.6-12 PID控制器与PWM功率放大器电路组成

$$\begin{cases} M_{uv} = -\dfrac{1}{2}L_{a0} - L_{a2}\cos\left(2\theta - \dfrac{2}{3}\pi\right) \\ M_{vw} = -\dfrac{1}{2}L_{a0} - L_{a2}\cos 2\theta \\ M_{wu} = -\dfrac{1}{2}L_{a0} - L_{a2}\cos\left(2\theta + \dfrac{2}{3}\pi\right) \end{cases} \tag{25.6-22}$$

L_u、L_v、L_w——定子绕组自感，

$$\begin{cases} L_u = L_{a\sigma} + L_{a0} - L_{a2}\cos 2\theta \\ L_v = L_{a\sigma} + L_{a0} - L_{a2}\cos\left(2\theta + \dfrac{2}{3}\pi\right) \\ L_w = L_{a\sigma} + L_{a0} - L_{a2}\cos\left(2\theta - \dfrac{2}{3}\pi\right) \end{cases} \tag{25.6-23}$$

式中　$l_{a\sigma}$——定子绕组的漏感；

L_{a0}——定子绕组自感的平均值；

L_{a2}——定子绕组自感的第二次谐波幅值；

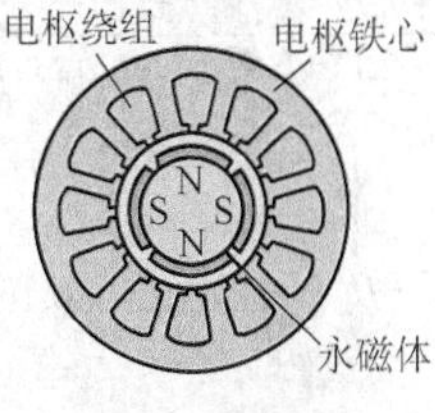

图 25.6-13　永磁同步电动机的结构示意图

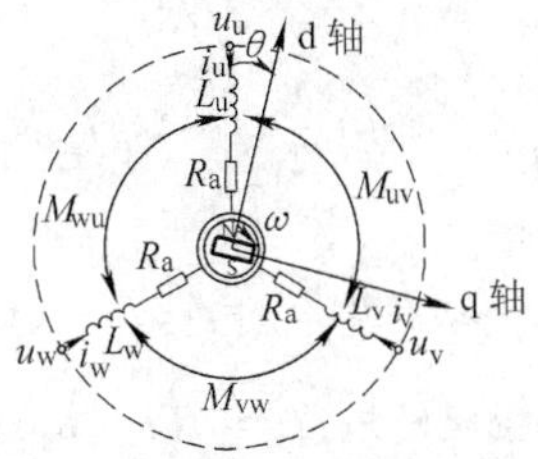

图 25.6-14　三相永磁同步电动机的解析模型

与定子 u、v、w 相绕组交链的永磁体磁链为

$$\begin{cases} \psi_{fv} = \psi_{fm}\cos\theta \\ \psi_{fv} = \psi_{fm}\cos\left(\theta - \dfrac{2\pi}{3}\right) \\ \psi_{fv} = \psi_{fm}\cos\left(\theta + \dfrac{2\pi}{3}\right) \end{cases} \tag{25.6-24}$$

式中　ψ_{fm}——与定子 u、v、w 相绕组交链的永磁体磁链幅值；

θ——u 相绕组轴线与永磁体基波磁场轴线之间的角度。

若 ω 为转子旋转的角速度（电角度），则有

$$\theta = \int \omega \mathrm{d}t \tag{25.6-25}$$

这时永磁体磁场在定子 u、v、w 相绕组中感应的旋转电动势 e_u、e_v、e_w 为

$$\begin{cases} e_u = P_n\psi_{fu} = -\omega\psi_{fm}\sin\theta \\ e_v = P_n\psi_{fv} = -\omega\psi_{fm}\sin\left(\theta - \dfrac{2}{3}\pi\right) \\ e_w = P_n\psi_{fw} = -\omega\psi_{fm}\sin\left(\theta + \dfrac{2}{3}\pi\right) \end{cases} \tag{25.6-26}$$

设两相同步旋转坐标系的 d 轴与三相静止坐标系的 u 轴夹角也为 θ，即取 d 轴方向与永磁体基波磁场轴线方向一致，则从三相静止坐标系 u-v-w 到两相旋转坐标系 d-p 的变换矩阵为

$$[C] = \begin{pmatrix} \cos\theta & \sin\theta \\ -\sin\theta & \cos\theta \end{pmatrix}\sqrt{\frac{2}{3}}\begin{pmatrix} 1 & -\dfrac{1}{2} & -\dfrac{1}{2} \\ 0 & \dfrac{\sqrt{3}}{2} & \dfrac{\sqrt{3}}{2} \end{pmatrix} = \sqrt{\frac{2}{3}}\begin{pmatrix} \cos\theta & \cos\left(\theta - \dfrac{2}{3}\pi\right) & \cos\left(\theta + \dfrac{2}{3}\pi\right) \\ -\sin\theta & -\sin\left(\theta - \dfrac{2}{3}\pi\right) & -\sin\left(\theta + \dfrac{2}{3}\pi\right) \end{pmatrix} \tag{25.6-27}$$

利用式（25.6-27）的变换矩阵，把式（25.6-21）电压方程式变换到同步旋转坐标系下的电压方程为

$$\begin{pmatrix} u_d \\ u_q \end{pmatrix} = \begin{pmatrix} R_a + PL_d & -\omega L_q \\ \omega L_d & R_a + PL_q \end{pmatrix}\begin{pmatrix} i_d \\ i_q \end{pmatrix} + \begin{pmatrix} 0 \\ \omega\psi_f \end{pmatrix} \tag{25.6-28}$$

式中　u_d、u_q——分别为 d、q 轴定子电压；

i_d、i_q——分别为 d、q 轴定子电流；

L_d、L_q——定子绕组自感。

$$\begin{cases} L_d = L_{a\sigma} + \dfrac{3}{2}(L_{a0} - L_{a2}) \\ L_q = L_{a\sigma} + \dfrac{3}{2}(L_{a0} + L_{a2}) \\ \psi_f = \sqrt{\dfrac{3}{2}}\psi_{fm} \end{cases} \tag{25.6-29}$$

如图 25.6-15 所示为三相永磁同步电动机的 d-q 变换模型。由于在定子上静止的三相绕组被变换成与转子同步旋转的 d、q 轴两个绕组，因此等效于相对静止，可以把 d、q 轴两个绕组看成电气上相互独立的两个直流回路。

式（25.6-28）和图 25.6-15 表明，坐标变换后，d、q 轴电动机模型相当于直流电动机，电枢绕组沿半径方向接在无数换向片（集电环）上，通过配置在与励磁磁场相同转速 d、q 轴上的电刷给电枢绕组施加电压 u_d、u_q，而流过电流 i_d、i_q。如果 u_d、u_q 为直流电压，则 i_d、i_q 为直流电流，可以作为两轴直

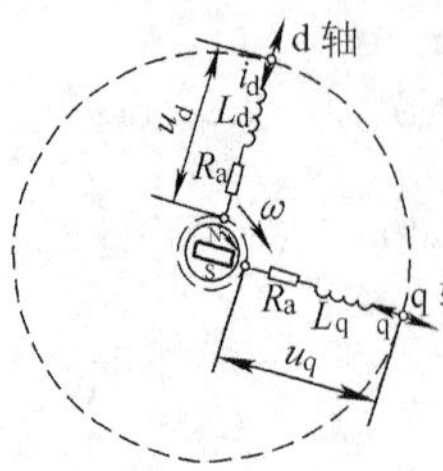

图 25.6-15　三相永磁同步电动机的 d-q 变换模型

流来处理。由于永磁体励磁磁场的轴线在 d 轴上，因此只在相位超前 π/2 的 q 轴上感应旋转电动势，该电动势是直流电动势。

永磁同步电动机稳态运行时的基本矢量图如图 25.6-16 所示。

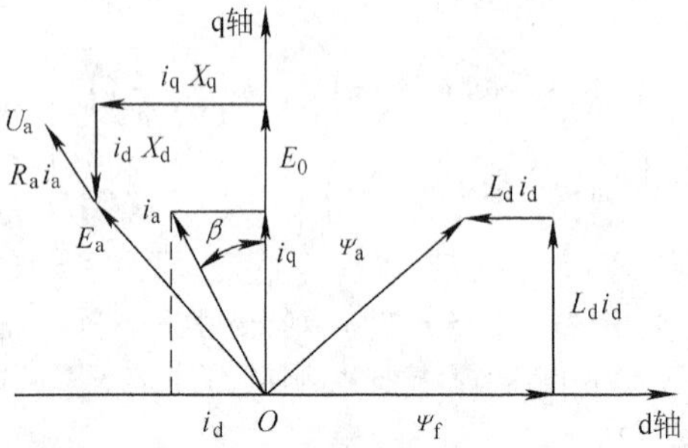

图 25.6-16　基本矢量图

电磁转矩 T_e 可以用电枢绕组交链的永磁体磁链与电枢绕组电流乘积的和来表示，根据前面的坐标变换过程可得电磁转矩 T_e 的表达式为

$$T_e = p_n \psi_{fm}\left[-i_u \sin\theta - i_v \sin\left(\theta - \frac{2\pi}{3}\right) - i_w \sin\left(\theta + \frac{2\pi}{3}\right)\right]$$
$$= p_n[\psi_f i_q + (L_d - L_q) i_d i_q] \qquad (25.6\text{-}30)$$

式 (25.6-30) 右边的第一项为永磁体与 q 轴电流作用产生的永磁转矩，第二项为凸极效应产生的磁场转矩。从图 25.6-16 中可以看出，负向 d 轴电流产生的 d 轴电枢反映磁通与永磁体极性相反。

(2) 永磁同步电动机的 d、q 轴数学模型

为分析及控制简单起见，在永磁同步电动机的各种电流控制方法中，通常都采用忽略铁损时的 d、q 轴数学模型，该模型称为基本数学模型。忽略铁损时，永磁同步电动机各状态量之间的关系整理如下。

电流关系式

$$I_a = \sqrt{i_d^2 + i_q^2} \qquad (25.6\text{-}31)$$

$$\begin{cases} i_d = -I_a \sin\beta \\ i_q = I_a \cos\beta \end{cases} \qquad (25.6\text{-}32)$$

稳态时，$I_a = \sqrt{3} I_\phi$ (I_ϕ 为相电流有效值)。

磁链关系式

$$\begin{pmatrix} \psi_{ad} \\ \psi_{aq} \end{pmatrix} = \begin{pmatrix} L_d & 0 \\ 0 & L_q \end{pmatrix} \begin{pmatrix} i_d \\ i_q \end{pmatrix} + \begin{pmatrix} \psi_f \\ 0 \end{pmatrix} \qquad (25.6\text{-}33)$$

$$\psi_a = \sqrt{\psi_{ad}^2 + \psi_{aq}^2} = \sqrt{(L_d i_d + \psi_f)^2 + (L_q i_q)^2} \qquad (25.6\text{-}34)$$

电压关系

$$\begin{pmatrix} u_d \\ u_q \end{pmatrix} = \begin{pmatrix} R_a & 0 \\ 0 & R_a \end{pmatrix} \begin{pmatrix} i_d \\ i_q \end{pmatrix} + \begin{pmatrix} e_{ad} \\ e_{aq} \end{pmatrix} + P \begin{pmatrix} L_d & 0 \\ 0 & L_q \end{pmatrix} \begin{pmatrix} i_d \\ i_q \end{pmatrix} \qquad (25.6\text{-}35)$$

$$\begin{pmatrix} e_{ad} \\ e_{aq} \end{pmatrix} = \begin{pmatrix} 0 & -\omega L_q \\ \omega L_d & 0 \end{pmatrix} \begin{pmatrix} i_d \\ i_q \end{pmatrix} + \begin{pmatrix} 0 \\ \omega\psi_f \end{pmatrix} \qquad (25.6\text{-}36)$$

$$E_a = \sqrt{e_{ad}^2 + e_{aq}^2} = \omega\psi_a = \omega\sqrt{(L_d i_d + \psi_f)^2 + (L_q i_q)^2} \qquad (25.6\text{-}37)$$

$$U_a = \sqrt{u_d^2 + u_q^2}$$
$$= \sqrt{(R_a i_d - \omega L_q i_q)^2 + (R_a i_q + \omega L_d i_d + \omega\psi_f)^2} \qquad (25.6\text{-}38)$$

$$\begin{cases} u_d = -U_a \sin\delta \\ u_q = U_a \cos\delta \end{cases} \qquad (25.6\text{-}39)$$

稳态时，$U_a = U_1$ (U_1 为线电压有效值)。

功率因数

$$\cos\varphi = \cos(\delta - \beta) \qquad (25.6\text{-}40)$$

电磁转矩

$$T_e = p_n[\psi_f i_q + (L_d - L_q) i_d i_q]$$
$$= p_n\left[\psi_f I_a \cos\beta + \frac{1}{2}(L_q - L_d) I_a^2 \sin 2\beta\right]$$
$$= T_m + T_r \qquad (25.6\text{-}41)$$

式中　T_m——永磁转矩，$T_m = p_n \psi_f i_q = p_n \psi_f I_a \cos\beta$；

T_r——磁阻转矩，$T_r = p_n (L_q - L_d) i_d i_q = \frac{p_n}{2}(L_q - L_d) I_a^2 \sin 2\beta$。

2.2.3　正弦波永磁同步电动机的矢量控制方法

(1) $i_d = 0$ 控制

保持 d 轴电流为 0 ($i_d = 0$) 的控制是永磁同步电动机常用的控制方法，这时的电流矢量随负载状态的变化，在 q 轴上移动。

根据式 (25.6-41)，可得 $i_d = 0$ 时电动机的电磁转矩为

$$T_e = p_n \psi_f i_q = p_n \psi_f I_a \qquad (25.6\text{-}42)$$

可见，$i_d = 0$ 时，电动机电磁转矩和交轴电流呈线性关系，转矩中只有永磁转矩分量。此时在产生所要求转矩的情况下，只需要最小的定子电流，就能使铜损下降，效率有所提高；对控制系统来说，只要检

测出转子位置（d 轴），使三相定子电流的合成电流矢量位于 q 轴上就可以了。

采用 $i_d=0$ 控制时，电动机端电压、功角及功率因数为

$$U_a = \sqrt{(\omega\psi_f + R_a i_q)^2 + (\omega L_q i_q)^2} \tag{25.6-43}$$

$$\delta = \arctan\frac{\omega L_q i_q}{\omega\psi_f + R_a i_q} \approx \arctan\frac{L_q i_q}{\psi_f} \tag{25.6-44}$$

$$\cos\phi = \cos\delta = \cos\left(\arctan\frac{L_q i_q}{\psi_f}\right) \tag{25.6-45}$$

从式（25.6-43）和式（25.6-45）中可以看出，采用 $i_d=0$ 控制时，随着负载增加，电动机端电压增加，系统所需逆变器容量增大，功角增加，电动机功率因数减小；电动机的最高转速受逆变器可提供的最高电压和电动机负载大小两方面的影响。

（2）最大转矩控制

1）最大转矩电流比控制。对同一电流，存在能够产生最大转矩的电流相位，这是电枢电流最有效地产生转矩的条件。为了达到这种状态，控制电流矢量的方式就叫作最大转矩电流比控制。满足该条件的最佳电流相位可以根据用 I_a 和 β 表示的电磁转矩公式（25.6-41）得出，对 β 求偏微分后，使其等于 0 即可得出，即

$$\beta = \arcsin\left(\frac{-\psi_f + \sqrt{\psi_f^2 + 8(L_q - L_d)^2 I_a^2}}{4(L_d - L_q)I_a}\right) \tag{25.6-46}$$

再根据式（25.6-31）和式（25.6-32），可得 d、q 轴电流为

$$\begin{cases} i_d = -\dfrac{-\psi_f + \sqrt{\psi_f^2 + 8(L_q - L_d)^2 I_a^2}}{4(L_d - L_q)} \\ i_q = \sqrt{I_a^2 - i_d^2} \end{cases} \tag{25.6-47}$$

在控制时，随着输出转矩增加，电动机 d、q 轴按所求解析关系式（25.6-47）变化，电动机特性便按最大转矩电流比的曲线变化。电动机输出同样转矩时电流最小，铜损最低，对逆变器容量的要求也最小。在此控制方式下，随着输出转矩的增加，电动机端电压增加，功率因数下降，但输出电压没有 $i_d=0$ 时输出得快，功率因数也没有 $i_d=0$ 时下降得快。

2）最大转矩磁链比控制（最大转矩电动势比控制）。产生同样的转矩，存在磁链最小的条件，这是对于磁链最有效产生转矩的条件，也是铁损最小的条件。为达到这种状态而采用的控制方式就叫作最大转矩电动势比控制。

根据磁链表达式（25.6-34）和转矩表达式（25.6-41），消去 i_d，把转矩用 ψ_a 和 i_d 表示，求 $\partial T/\partial i_d=0$，就可以得到如下所示的最大转矩磁链比控制的条件，即

$$i_d = \frac{\psi_f + \Delta\psi_d}{L_d} \tag{25.6-48}$$

$$i_d = \frac{\sqrt{\psi_a^2 - \Delta\psi_d^2}}{L_q} \tag{25.6-49}$$

$$\Delta\psi_d = \frac{-L_q\psi_f + \sqrt{(L_q\psi_f)^2 + 8(L_q - L_d)^2\psi_a^2}}{4(L_q - L_d)} \tag{25.6-50}$$

根据关系式 $E_a=\omega\psi_a$ 可知，转矩磁化链比（T/ψ_a）最大的条件与相对于感应电动势 E_a 的转矩或输出功率最大的条件等效。从而也可以把最大转矩磁链比控制称为最大转矩电动势比控制或最大输出功率电动势比控制。

3）弱磁控制。如果在绕组中有负向的 d 轴电流流过，则可以利用 d 轴电枢反应的去磁效应，使 d 轴方向的磁通量减少，能够实现等效的弱控制。为区别于直接控制励磁磁通的弱磁控制，把这种控制称作弱磁控制。

对于电励磁同步电动机，其弱磁控制是伴随着转速的升高，使励磁电流减小，而永磁同步电动机的弱磁控制是增加负向 d 轴电流。

通过弱磁控制，可以把电动机端电压 U_a 控制在限制以下。在这里为了简单化，考虑把感应电动势 E_a 保持在极限 E_{am} 以上。把 $E_a=E_{am}$ 代入式（25.6-37）中，可得如下关系式

$$(L_d i_d + \psi_f)^2 + (L_q i_q)^2 = \left(\frac{E_{am}}{\omega}\right)^2 \tag{25.6-51}$$

根据式（25.6-31）和式（25.6-51）可知，在 i_d-i_q 平面上，最大电流极限是以（0，0）为圆心，半径固定的圆（称为电流极限圆）；随着电动机转速的提高，最大电动势极限是一簇不断缩小，变成以（$-\psi_f/L_d$，0）为中心的椭圆（称为电动势极限椭圆）。电流矢量必须位于电流极限圆和电动势极限椭圆内，否则电枢电流不能跟随给定电流，永磁同步电动机的调速性能将下降。在电动机低速运行区域，电动势极限椭圆较大，电流控制器输出电流能力主要受到电流极限圆的约束，限制了永磁同步电动机低速时的输出转矩。在高速运行区域，电动势极限椭圆不断缩小，电动势极限椭圆成为逆变器输出约束的主要方面，从而限制了永磁同步电动机的调速运行范围。

如果速度和 q 轴电流已经给定，根据式

(25.6-51)，可以得到如下的 d 轴流量表达式

$$i_d=\frac{-\psi_f+\sqrt{\left(\frac{E_{am}}{\omega}\right)^2-(L_q i_q)^2}}{L_d} \tag{25.6-52}$$

$$i_d=\frac{-\psi_f-\sqrt{\left(\frac{E_{am}}{\omega}\right)^2-(L_q i_q)^2}}{L_d} \tag{25.6-53}$$

式中，$|i_q| \leqslant \frac{E_{am}}{\omega L_q}$。

对于同一个 q 轴电流，有两个 d 轴电流可供选择，但由于电流值越小越好，因此，当负载增加，达到$i_d=-\psi_f/L_d$ 后，可按照式（25.6-53）来确定 d 轴电流。

电压型逆变器驱动的电动机系统中，在电动机极端电压不可能提高的情况下，通过采用弱磁控制，可以使电动机运行在额定转速以上，避免了电流控制器饱和，拓宽了电动机系统的调速范围，并可保持输出频率恒定。

4）$\cos\phi=1$ 控制。根据式（25.6-40）可知，为了实现功率因数 $\cos\phi=1$，只要满足 $\delta=\beta$ 即可。根据式（25.6-32）和式（25.6-39）可得 $i_d/i_q=u_d/u_q$，再根据式（25.6-35）和式（25.6-36），d、q 轴电流只要满足下面的关系式即可：

$$\left(i_d+\frac{\psi_f}{2L_d}\right)^2+\left(\sqrt{\frac{L_q}{L_d}}i_q\right)^2=\left(\frac{\psi_f}{2L_d}\right)^2 \tag{25.6-54}$$

可以看出，式（25.6-54）是一椭圆方程，d 轴电流可由式（25.6-55）给出：

$$i_d=\frac{-\psi_f\pm\sqrt{\psi_f^2-4L_dL_qi_q^2}}{2L_d} \tag{25.6-55}$$

式中，$|i_q| \leqslant \frac{\psi_f}{2\sqrt{L_dL_q}}$。

采用功率因数等于 1 的控制方式时，逆变器的容量可以得到充分利用。

2.2.4　交流伺服电动机的使用

下面介绍一种交流伺服系统的搭建方法。交流伺服电动机和驱动器的外形如图 25.6-17 所示，它们是成套使用的。伺服电动机分为小惯量、中惯量和大惯量。小惯量电动机的额定转速比大惯量和中惯量的高。在同等额定功率下，惯量小的电动机，其额定转矩也小，价格也相对低一些。绝大多数机械自动控制系统是非单向运动的，它们的负载为惯性负载和负载转矩的动态组合。

关于伺服电动机的选择，要从伺服电动机的额定功率、额定转矩、额定转速和惯量等几个方面考虑：首先，伺服电动机的最大功率应大于给定任务的峰值功率，通常选择的安全系数为 1.5 或 2，即 $P_{max}=(1.5\sim2)P_{峰值}$；其次，还必须考虑转矩和转速。通常，伺服电动机的最高转速和最大转矩应分别满足以下 3 个条件：

图 25.6-17　伺服电动机和驱动器

1）折合到伺服电动机转子轴上的负载峰值转速应小于伺服电动机的最高转速。

2）折合到伺服电动机转子轴上的负载转矩与伺服电动机转子加速时的惯性转矩之和应小于伺服电动机的最大转矩。

3）折合到伺服电动机转子轴上的负载转动惯量与电动机转子转动惯量之比应满足电动机对惯量比的要求。过大的惯量比会影响系统运行的平稳性。

交流伺服电动机的一般主环路线路如图 25.6-18 所示。在主电路中主要用到的电路保护器有无熔丝断路器、噪声滤波器、电磁接触器以及再生放电电阻等。其作用分别介绍如下。

（1）断路器

在日常生活中，断路器的应用比较广泛，用于不频繁地接通和分断电路。当电路中发生短路、过负载及欠电压等故障时，能自动分断电路。它是低压配电系统中重要的保护电器元件之一。这里主要用来保护驱动器过电流时切断电路。

（2）噪声滤波器

其作用是防止外来电磁噪声干扰驱动器的控制电路，抑制驱动器本身产生的电磁干扰外传，以及抑制由其他设备产生而经过驱动器外传的电磁干扰等。

（3）接触器

接触器是电力系统和自动控制系统中应用最普遍的一种电器元件，一般接在主回路中，直接控制负载运行与否。它可以频繁地接通和分断带有负载的主电路或大容量控制电路。这里主要用来接通和断开伺服电动机的主电源。通常，磁力接触器应与浪涌吸收器联合使用。

伺服电动机上自带编码器，不需要用户再单独选

配，编码器电缆直接与驱动器连接，如图 25.6-18 所示。自备连接电缆时，需选用截面积≥0.18mm^2 的屏蔽双绞线，以有足够的耐弯曲力，且电缆长度不宜长于 20m。驱动器上的控制器连接端（CN I/F）与上位控制器连接，如可以与各种运动控制卡连接，上位控制器与驱动器之间的最大距离为 3m。控制器连接电缆与主电路电缆要隔开一定距离，至少相隔 0.3m，不能让这两种电缆共用同一个线槽或把它们捆扎在一起。

通信连接器 CN SER 和 CN NET 用作 RS-232 和 RS-485 通信，可用于与计算机连接以及驱动器之间的连接，通过特定的通信控制软件，可在计算机上显示驱动器的状态参数和波形图等内容，共有如下三种连接方法：

1）只用于 RS-232 通信。将驱动器上的通信连接器（CN SER）与计算机连接，而通信连接器（CN NET）空置不用。一台计算机可以连接多台驱动器。

2）用于 RS-232 和 RS-485 通信。该种连接方式是计算机与第一台驱动器的通信连接器（CN SER）连接，其通信方式是 RS-232 通信。然后，第一台驱动器的通信连接器（CN NET）再与第二台驱动器的通信连接器（CN NET）连接，它们的通信方式是 RS-485 通信。依此类推，一台计算机最多可以连接 15 台驱动器。

3）只用于 RS-485 通信。该种用法的连接方法与上一种完全相同，只是计算机与第一台驱动器的通信方式采用 RS-485 通信。

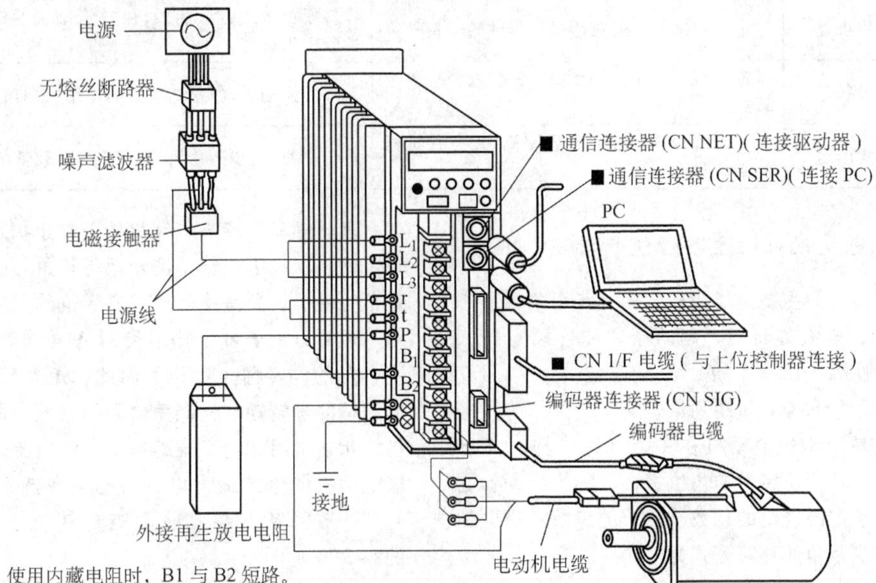

使用内藏电阻时，B1 与 B2 短路。
使用外接电阻时，B1 与 B2 开路 :P、B2 间外接电阻。

图 25.6-18　伺服电动机一般主环路线路

通常情况下，计算机和驱动器的连接很少使用，除非当对驱动器的某些参数和特性需要特别关注时才用到。

交流永磁同步电动机和直流永磁伺服电动机相似，二者的区别为：交流永磁同步电动机的定子绕组一般是短距分布式绕组，转子磁钢极面呈抛物线形，在气隙中的磁通密度与转子转角成正弦函数关系；交流永磁同步电动机位置传感器的测角分辨率较高，它要生成角度的正余弦函数，故采用光电编码器等精密的测角传感器，而霍尔元件和光开关元件已不适用；交流永磁同步电动机采用三相正弦波电流供电，取代了直流永磁伺服电动机的方波电流供电方式，消除了换向时的转矩脉动，运行性能更加平稳，其静、动特性更好。

2.3　步进电动机

2.3.1　步进电动机的种类

步进电动机种类繁多，按电磁设计一般分为变磁阻式（VR 型，也称为反应式）、永磁式（PM 型）和混合式（HB 型）步进电动机，见表 25.6-1。

表 25.6-2 列出了变磁阻式（VR 型）和永磁式（PM 型）步进电动机的概略比较。

表 25.6-1 步进电动机的分类（按电磁设计分）

分类	特 征 表 述
变磁阻式	一般为三相,其定子和转子都由硅钢片叠成的铁心组成。定子有若干对磁极,磁极上有控制绕组。在转子的圆柱上有均匀分布的小齿,依靠磁场吸力的作用,转子向定子与转子间磁阻最小的位置转动,步距角一般在1.5°~15°之间。此类步进电动机结构简单,可实现大转矩输出,但转子阻尼大,噪声大,所以早在20世纪80年代,一些发达国家已将其淘汰
永磁式	定子由硅钢片叠成,绕有线圈。转子由一对或多对星形永久磁铁组成,定子极上相应有两相或多相控制绕组。当绕组通电后,定子和转子磁极之间将产生吸引力,转子在这些磁力作用下产生转动。此类电动机效率高,造价便宜,步距角一般在7.5°~18°之间。它的步距角大,起动频率低,有定位转矩
混合式	结合了永磁式步进电动机和变磁阻式步进电动机的优点,多为两相和五相。两相步进角一般为1.8°,五相步进角一般为0.72°。其定子结构与变磁阻式基本相似,磁极上有控制绕组。转子由环形永久磁铁且两端罩上两段帽式铁心构成。这两段铁心也带有均匀分布的小齿,但两者的装配位置从轴上看上去错开半个齿距。这种步进电动机应用最为广泛,如打印机用的大部分都是混合式步进电动机。永磁式电动机步距角较大,不适合用于控制比较精细的机械系统

表 25.6-2 变磁阻式和永磁式步进电动机的比较

比较项目	变磁阻式步进电动机	永磁式步进电动机
旋转力产生机理	定子的磁极吸引磁性材料导致转子旋转	转子由永久磁铁制成,由定子磁极同转子磁极的磁性吸引力旋转
无励磁时的状态	定子没有励磁时(线圈不通电)不产生转矩	即使无励磁,因永久磁铁的作用,也有转矩产生
特征和主要用途	大输出,高精度;用于数控机床、各种机器的驱动源等	价格便宜,步距角大,适用于速度较低的步进动作

2.3.2 步进电动机的主要性能指标

步进电动机的主要性能指标包括：步距角及静态步距角误差、最大静转矩、起动频率和连续运行频率、矩频特性等。

（1）步距角和静态步距角误差

步距角是指步进电动机在一个（即一拍）电脉冲的作用下，转子所转过的角位移，也称为步距，它的大小与定子控制绕组的相数、转子的齿数和通电的方式有关，步距角的计算公式为

$$\theta_s = \text{齿距} / \text{拍数} = \text{齿距} / Km = 360° / Kmz \tag{25.6-56}$$

式中，θ_s是步进电动机的步距角；K为状态系数，当相邻两次通电的相数相同（如采用单三拍或双三拍通电方式运行）时，$K=1$，而采用相邻两次通电的相数不同（如单、双六拍通电方式运行）时，$K=2$；m为控制绕组的相数；z为转子的齿数。

例如，步进电动机的转子齿数$z=40$，控制绕组相数$m=3$，当按三相单三拍运行时，由式(25.6-56)可得

$$\theta_s = \frac{360°}{1 \times 3 \times 40} = 3° \tag{25.6-57}$$

可见，步进电动机的相数和转子齿数越多，步距角就越小，控制越精确。

（2）最大静转矩

静转矩是指步进电动机处于静止状态下的电磁转矩。静止状态下，转子的转矩与转角之间的关系称为矩角特性。转角是指转子偏离零位的角度，称为失调角。通常，定子齿与转子齿对齐（或者说齿中心线重合）的位置称为零位。因此，矩角特性表示步进电动机的静转矩与失调角之间的关系。最大静力矩是指单相通电时，定子绕组通以额定电流的情况下，步进电动机产生的最大电磁力矩。在选择步进电动机时，一般要保证最大静力矩是转轴上负载阻力矩的2~3倍。

（3）起动频率和连续运行频率

步进电动机的工作频率一般包括起动频率、制动频率和连续运行频率。频率越高，转速越快。对同样的负载转矩来说，正、反向的起动频率和制动频率是一样的，所以一般技术数据中只给出起动频率和连续运行频率。步进电动机的起动频率是指在一定负载转矩下能够不失步起动的最高脉冲频率。起动频率的大小与驱动电路和负载大小有关，步距角越小，负载（包括负载转矩和转动惯量）越小，则起动频率越高。步进电动机的连续运行频率是指步进电动机起动后，当控制脉冲频率连续上升时，能不失步运行的最高频率，它的值也与负载有关。

（4）矩频特性

当步进电动机控制绕组的电脉冲时间间隔大于电动机机电过渡过程（指由于机械惯性及电磁惯性而

形成的过渡过程）所需的时间时，步进电动机进入连续运行状态，这时电动机产生的转矩称为动态转矩。步进电动机的动态转矩和脉冲频率的关系称为矩频特性，如图 25.6-19 所示为某步进电动机的矩频特性图。从图中可以看出，步进电动机的输出转矩随运行频率的升高而下降，但不是直线关系。

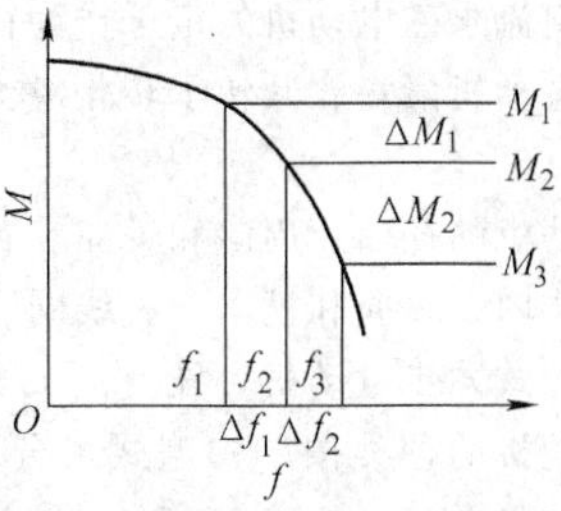

图 25.6-19　某步进电动机的矩频特性图

2.3.3　步进电动机的控制特性

步进电动机的控制主要有如下三种情况。

（1）点-位控制

所谓点-位控制，就是控制电动机拖动负载从一个位置运行到另一个位置。对步进电动机而言，就是控制电动机从一个锁定位置运行若干步到达另一个位置后进入锁定状态。

对于步进电动机的点-位控制系统，对从起点至终点的运行速度有一定要求。一般运行速度都需有一个加速-恒速-减速-低恒速-停止的过程。

（2）加减速控制

步进电动机的转速取决于脉冲频率、转子齿数和相数，与电压、负载、温度等因素无关。当步进电动机选定后（即转子齿数和相数一定），其转速只与输入脉冲频率成正比，改变脉冲频率就可以改变转速，能实现无级调速。工作转速较低时，步进电动机可以用相应的脉冲频率直接起动，并采用恒速工作方式；而工作转速较高时，就不能采用对应的脉冲频率直接起动，因为由步进电动机的矩频特性可知，起动频率越高，起动转矩越小，带负载能力越差，因此起动脉冲频率过高会出现失步现象，所以必须以低速起动，然后再慢慢加速到高速，从而实现高速运行。同样，停止时也要从高速慢慢降到低速，最后停止。

（3）闭环控制

在开环控制下，系统没有反馈，无法知道电动机是否失步，或者电动机的转速响应是否平稳。此外，如果输入脉冲链的频率太高，电动机就不能完全跟上脉冲的变化，也会导致控制的不准确。而采用位置反馈或速度反馈（即采用闭环控制），可以大大改进步进电动机的性能，获得更加精确的位置控制和平稳的转速。

2.3.4　步进电动机的选择与使用

步进电动机规格的选择主要考虑步距角（涉及相数）、静力矩和电流三大要素。一旦这三大要素确定，步进电动机的型号便可确定。一般情况下，使用单片机产生所需的控制脉冲频率和方向信号，而各相定子绕组中电压或电流的控制任务则由配套的步进电动机驱动器来完成。

步进电动机驱动器一般和步进电动机是配套销售的，驱动器主要由控制电路、电源分配电路、电流放大电路等组成。驱动器的输出信号接步进电动机的各相定子绕组，其输入信号包括电源、控制脉冲、方向控制信号和锁定控制信号等。其设定参数包括定子绕组电流值和细分数等。所谓细分数，是指步进电动机的实际转动步距角为固有步距角的等分数。例如，对于单拍运行步距角为 1°的步进电动机，如果细分数设为 20，则实际转动的步距角为 1°的 1/20，即 0.05°。步进电动机驱动器上有一组拨码开关，用来设定步进电动机的工作状态。拨码开关不同的位置，决定步进电动机不同的工作状态，主要包括工作电流和细分数。

驱动器接线示意图如图 25.6-20 所示。

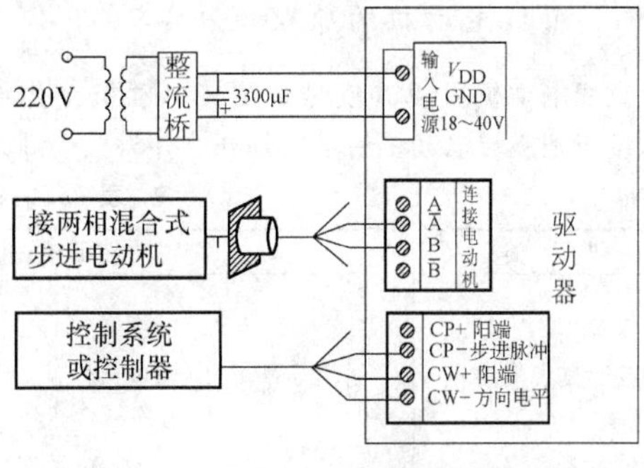

图 25.6-20　驱动器接线示意图

1）供电电源的接线端子 VDD。直流电源正端（18~40V）输入 220V 的交流电，需经由一个整流桥得到输入电压。GND：直流电源地线（与输入信号 CW-，CP-不共地）。

2）连接电动机的接线端子。$\overline{A}$和 A 接电动机线 A 相；$\overline{B}$和 B 接电动机线 B 相（该驱动器只能驱动二相步进电动机）。

3）控制信号接线端子 CP+、CW+为输入控制信号的公共阳端，CW-为方向控制信号输入端（此端子加低电平，电动机立即按反方向旋转），CP-为控制脉冲信号输入端（在 CP 高电平时，电动机锁定）。脉冲信号幅值要求高电平电压为 4.0~5.5V，低电平电压为 0~0.5V。控制信号输入电流为 5~20mA，一般使用输入电流 15mA。控制输入端（CW-和 CP-）的具体接线方法如图 25.6-21 所示，脉冲信号（CP-）和方向信号（CW-）输入回路上的外部电阻（R）阻值由输入电压确定，如果输入电压超过 5V，参照表 25.6-3 进行加装外接电阻 R，用以限流。

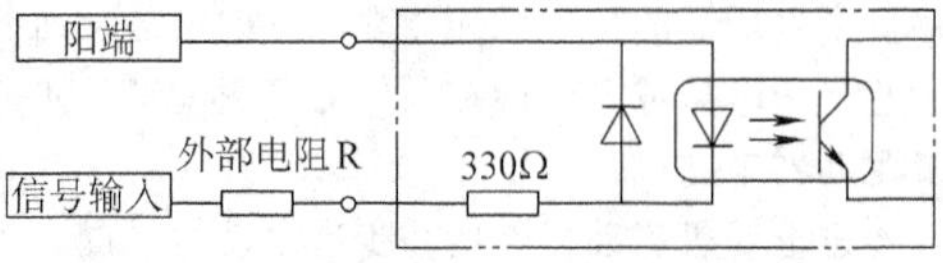

图 25.6-21　控制输入端的接线方法

表 25.6-3　加装外接电阻 R 的参考值

输入信号电压	外接电阻 R 阻值
5V	不加外接电阻
12V	680Ω
24V	1.8kΩ

2.4　直线电动机

直线电动机是一种将电能直接转换成直线运动机械能的电力转换装置。它可以省去大量中间传动机构，加快系统响应速度，提高系统精确度，所以得到了越来越广泛的应用。

2.4.1　直线电动机的原理和分类

直线电动机可以看成是从旋转电动机演化而来的。设想把旋转电动机沿轴向剖开，并将圆周展开成直线，就得到了直线电动机，如图 25.6-22 所示。旋转电动机的定子常称为初级线圈，剖开拉直后成为直线电动机的滑块，也称为线圈总成，是直线电动机的运动部件。旋转电动机的转子常称为次级线圈，剖开拉直后成为直线电动机的轨道。在精密自动控制系统中使用的直线电动机是由交流永磁同步电动机转化而来的。旋转交流永磁电动机的定子作为初级线圈常常转化为直线电动机滑块，其转子转化成由永磁铁构成的轨道。

旋转电动机的径向、周向和轴向在直线电动机中对应地称为法向、纵向和横向。直线同步电动机的工作原理和旋转式同步电动机一样。

直线电动机的种类按结构型式可分为：平板形、管形、弧形和盘形等，见表 25.6-4。

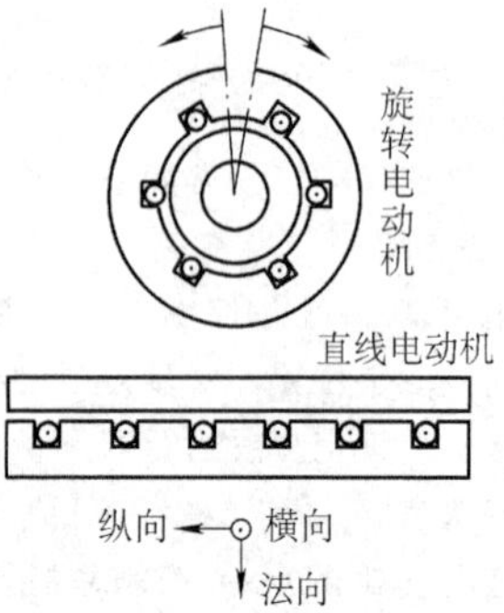

图 25.6-22　从旋转电动机到直线电动机的演化

表 25.6-4　直线电动机的分类

种　类	特征描述	结　构　图
平板形直线电动机	结构最基本，应用也最广泛	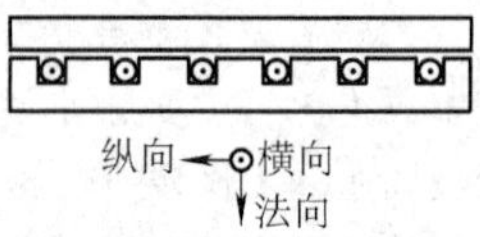
管形直线电动机	如果把平板形结构沿横向卷起来，就得到了管形结构，其优点是没有绕组端部，不存在横向边缘效应，次级的支承也比较方便。缺点是铁心必须沿周向叠片，才能阻挡由交变磁通在铁心中感应的涡流，这在工艺上比较复杂，散热条件也比较差	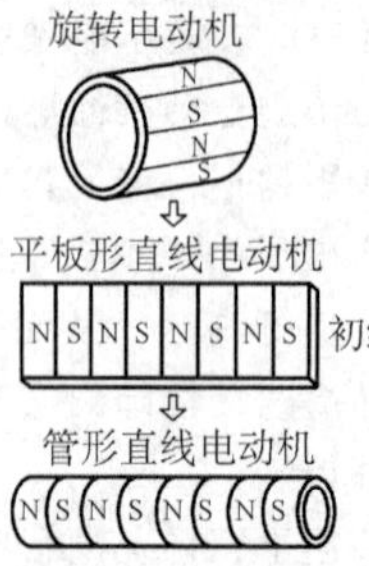
弧形直线电动机	将平板形初级沿运动方向改成弧形，并安放于圆柱形次级的柱面外侧	

直线电动机按工作原理，还可分为感应直线电动机、同步直线电动机、直流直线电动机和其他直线电动机（如直线步进电动机、直线压电电动机和直线磁阻电动机等）。

2.4.2　直线电动机的选用原则

虽然直线电动机在某些场合是旋转电动机所不能代替的，但是并不是在任何场合使用直线电动机都能取得良好效果，为此必须了解直线电动机的选用原则。下面给出几条主要的选用原则，见表25.6-5。

2.4.3　直线感应电动机的应用范围

直线感应电动机的应用范围相对比较广，在此主要介绍一些典型应用，见表25.6-6。

表25.6-5　直线电动机的选用原则

选用原则	特征表述
适中的运动速度	直线电动机运动速度的选择范围为1～25m/s。当运动速度低于这一选择范围的下限时，不宜使用直线感应电动机，除非使用变频电源，通过降低电源的频率来降低运动速度。在某些场合，也可用点动的方法来达到很低的速度
适中的推力	直线电动机无法用减速器改变速度和推力，因此它的推力不能扩大。要得到比较大的推力，只有依靠加大电动机的尺寸，这有时是不经济的。一般来说，在工业应用中，直线电动机适合推动轻负载，此时在制造成本、安装使用和供电耗电等方面都比较理想
适中的往复频率	在工业应用中，直线电动机常常是往复运动的。为了达到较高的劳动生产率，要求有较高的往复频率，这意味着电动机要在较短的时间内走完行程，在一个行程内要经历加速和减速的过程，也就是要起动一次和制动一次。往复频率越高，电动机的正加速度（起动时）和负加速度（制动时）也越大，加速度所对应的推力也越大。推力的提高导致电动机的尺寸加大，而其质量加大又引起加速度所对应的推力进一步提高，有时会产生恶性循环
适中的定位精度	直线电动机的定位精度除了与控制算法有关，还与电动机本身的形式有关。高精度直线电动机的制造成本高，因此应当根据系统工作的实际要求选择精度适中的直线电动机

表25.6-6　直线感应电动机的应用

应用场合	特点描述
高速列车	直线电动机用于高速列车是一个举世瞩目的课题。它与磁悬浮技术相结合，可使列车具有高速而无振动噪声的特点，成为一种最先进的地面交通工具。日本已研制成功使用直线感应电动机的HSST系列磁悬浮列车模型。列车中间下方安放直线感应电动机，两边是若干个转向架，起磁悬浮作用的支承电磁铁安装在各个转向架上，它们可以保证直线感应电动机具有不变的气隙，并能转弯和上下坡
传送车	直线感应电动机驱动的传送车是一种典型的应用。它分两种形式，即地上初级型和车上初级型。地上初级型传送车，其直线感应电动机的初级置于地面上，而次级置于传送车的下方。电动机的初级可以隔一段距离安放一个，等传送车下方的次级开始进入初级上方时通电，产生推力。其优点是车子结构简单可靠，地面供电安全；缺点是地面上初级较多，制造成本较高，多用于低速场合。车上初级型传送车，其直线感应电动机的初级置于传送车的下方，而次级置于地面上。车上初级型降低了地面制造成本，但车子结构比较复杂、自重较大，多用于速度较高的场合
传送线	在建筑物中将小型物品从一个房间传送到另一个房间，可考虑使用直线电动机空间传送线。它能沿传送线轨道做水平、垂直和曲线运动，可用于医院中传送药品和试样，图书馆中传送书籍，研究所中传送试验材料等
搬运钢材	在搬运钢材时，利用钢材本身导磁导电的特点，可以将钢材直接作为次级，用直线感应电动机的初级来推动。还可用于压力机加工薄钢板时的钢板进料装置
机械手	用直线感应电动机作为往复运动的机械手，与气动或液压传动的机械手相比，具有行程长、速度快、结构简单、制造方便等优点
电动门	使用直线感应电动机的电动门省去了普通电动门的变速箱和绳索牵引装置，结构简单。无论关门或开门，都依靠断电之后门的机械惯性到位，并用定位销定位。如要稳定门的速度，并减小到位时的冲击，可以加上测速反馈和电子交流调压器。这种电动门可用于各种大门、冷藏库门、电梯门等
加速器	在航空模拟试验时，需要被试对象以6～15m/s的速度做直线运动。这一速度可由直线感应电动机加速后达到。在航空模拟试验完成后，电动机的降速采用直流能耗制动，其优点是不会出现反方向运动，消耗电能较小，制动力较大且能调节；缺点是需要直流电源，在制动段端部需装有机械制动和缓冲装置作为保护
电磁锤	电磁锤是一种垂直运动的直线感应电动机驱动装置，向上运动后积聚了位能，落下时转变为动能来击打物体。电动机初级是固定的，次级上下运动。为了缩短行程或增加电动机运动到上端时的储能，可在上端设置弹簧，利用压缩弹簧来增加储能

（续）

应用场合	特 点 描 述
电磁搅拌器和电磁泵	直线感应电动机用作电磁搅拌器和电磁泵时，次级就是熔化的金属液体，它在初级的作用下产生运动，达到被搅拌或被输送的效果。使用直线感应电动机的电磁搅拌器可用于钢液搅拌，使熔化的钢液的金相结构细化和匀化，提高钢材的品质。它还成功地应用于浮法玻璃生产时驱动液态玻璃上面的熔化锡层，提高了玻璃的质量。使用直线感应电动机的电磁泵可用于核工业中液态钠、钾的抽取
帘幕驱动	使用直线感应电动机，可做成窗帘和幕布的自动开闭装置。开闭窗帘的电动机较小，宜使用管形电动机。开闭幕布可使用平板形电动机
其他应用	平板形直线感应电动机还应用于货车调车场的加减速器、铁路道口栏道栅门和吊车吊钩的移动器等；管形直线感应电动机在邮电部门用作推包机；盘形直线感应电动机已成功地用于转动旋转舞台和驱动烘茶叶机，它还可用于桥式起重机的牵引运动；弧形直线感应电动机可用于做长距离运行的平板形直线感应电动机的模拟实验装置

2.4.4　直线直流电动机的应用

直线直流电动机适宜应用在行程较短和速度较低的场合，主要有两种应用：一种是用于小推力、高定位精度的场合，如用于计算机读存磁头驱动器和记录仪、绘图仪等，这时可采用音圈电动机，它的惯量小，定位精度高；另一种是用于大推力的场合，如用于人工呼吸器，这时最好使用高性能永磁体，以便提高电动机的推力体积比。

3　控制系统典型元器件

3.1　运动控制器

常用运动控制器的类型见表 25.6-7。

表 25.6-7　常用运动控制器的类型

序号	产品类型	产品外形图	主要特性
1	PMAC1 PCI 运动控制器	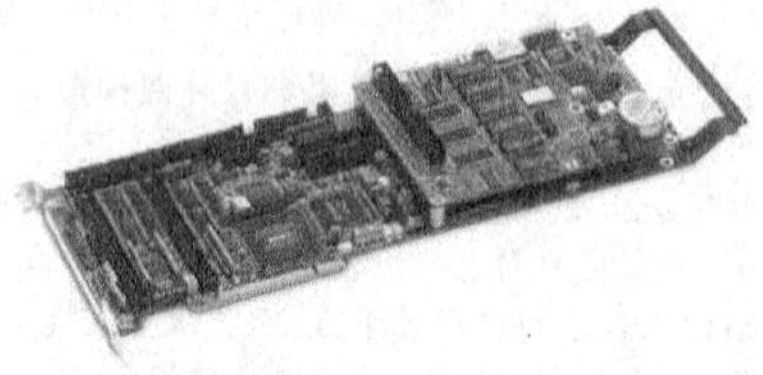	控制 1～8 轴，40MHz 的 CPU；128k×24 位 SRAM 用于编译/存储程序；快闪内存用于用户的备份和固件；RS-232/RS-422 串口通信，33MHz 5V PCI 总线接口；4 通道轴接口电路，每一个包括 16 位±10V 模拟量输出；[A/B/C(Z)]增量编码器输入；4 个标示信号输入（回零、限位、报警）；两个标示信号输出（使能、比较）。扩展 16 通道反馈，时钟频率在$\pm100\times10^{-6}$范围内。采用 PID/谐波/前馈伺服算法 其同类主要产品有下列几种：PMAC1 PCI，PMAC1 Lite PCI，Turbo PMAC1 PCI，Tuibo PMAC1 Lite PCI，PMAC2 PCI，PMAC2 Lite PCI，Turbo PMAC2 PCI，Tuibo PMAC2 Lite PCI
2	PMAC 104 运动控制器		控制 1～8 轴，40MHz 的 CPU；128k×24 位零等待 SRAM；512k×24 位快闪内存用于用户的备份和固件；RS-232 串口通信；4 通道轴接口电路，每一个包括 12 位±10V 模拟量输出和脉冲+方向数字量输出；[A/B/C(Z)]增量编码器输入；4 个标示信号输入（回零、限位、报警）；两个标示信号输出（使能、比较）。采用 PID/谐波/前馈伺服算法 用于扩展的主要产品有：扩展 ACC1P，ACC2P

（续）

序号	产品类型	产品外形图	主 要 特 性
3	Engelhardt 控制系统	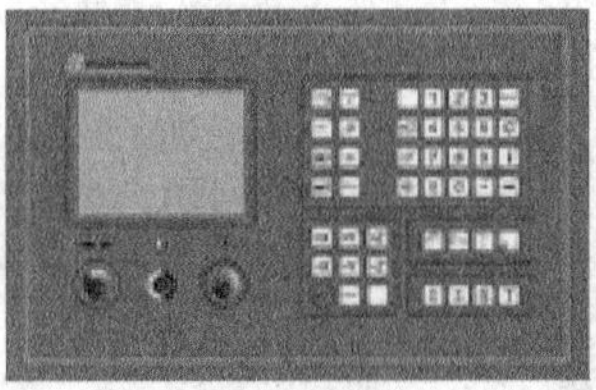	可实现单轴到 8 轴联动。可控制步进电动机和伺服电动机，采用美国 MOTOROLA 公司 32 位高速微处理器，内部为双 CPU 结构，系统高度开放，可满足客户各种场所的不同加工要求，分辨率为 0.001mm，带有手轮脉冲发生器和无级调速功能，交互式编程，工件图形大小和位置可任意改变，操作简单方便，具有符合切削循环，刀尖半径补偿和丝杆螺距补偿功能，可与 PC 进行程序交换和控制，并带有 DNC 功能，系统具有 18 个输入回路和 18 个输出回路（PLC 强电接口）供用户任意编程使用，整个系统硬件集成在一块板卡上，性能稳定可靠
4	MOVTEC 控制卡		专用控制步进电动机和伺服电动机的位置控制方式，最多可控制 4 轴联动，进行直线和圆弧插补等运动，也可以控制更多的运动轴。控制每个轴的最高脉冲输出频率为 100kHz。I/O 口可以任意编程使用，形成后台 PLC 功能实时监控 I/O 口。配备在 Windows 平台下的通用汉化软件 EdiTasc 使运动控制变得非常简单 每个控制器可以控制 1~4 个电动机，有 16 路输出，电压为 DC5V 或 DC24V，每路最大输出电流为 100mA，有 21 路输入，输入电压为 DC24V 或 DC5V（可选）

3.2　伺服电动机

常用伺服电动机的类型见表 25.6-8。

表 25.6-8　常用伺服电动机的类型

序号	产品类型	产品外形图	主 要 特 性
1	松下 A4 系列伺服系统		根据负载惯量的变化，与自适应滤波器配合，从低刚性到高刚性都可以自动调整增益。因旋转方向不同而产生不同负载转矩的垂直轴情况下，也可以自动进行调整。内置瞬时速度观测器，可以高速、高分辨率地检测出电动机的转速。内置自适应滤波器，可以根据机械共振频率不同而自动调整陷波滤波器的频率，可以控制由于机械不稳定以及共振频率变化而产生的噪声
2	富士 FALDIC-W 系列伺服系统		调试简单，带有 17 位高分辨率编码器，可选择电动机额定旋转速度；为解决机器人手臂前端等的振动问题，标准配备减振控制功能：可以减少低刚性机械的振动，实现机械的高节拍运行；标准配备 RS-485 两个通信接口，上位控制器与各伺服放大器之间采用 RS-485 通信
3	Lexium 05 伺服系统		本地控制模式下，伺服驱动器参数可以通过集成显示终端、远程终端或 PowerSuite 软件定义。运动由模拟信号（±10V）或 RS422 形式信号（脉冲/方向或 A/B 编码器信号）决定；网络控制模式下，整台伺服驱动器起动参数与操作模式有关的参数可以通过网络访问，也可以通过集成显示终端和 PowerSuite 软件访问

（续）

序号	产品类型	产品外形图	主要特性
4	百格拉 Twin Line 系列伺服系统		支持 RS-485/CANopen/DeviceNet/InterBus/PROFIbus 总线规范；有2路快速输入和1路快速输出；集成检测设备，可检测驱动器和电动机温度、接地、缺相、短路、中间电路电压；集成开关型位置控制装置有64步移位单元（点对点定位、速度、手动、学习、加减速、快速停车）；可通过总线控制多台伺服电动机。程序存储器为256KB，闪存为8KB，系统数据为128KB
5	百格拉步进电动机		材质优良，先进的制造工艺，定子转子之间气隙仅为50μm；转子定子直径比达到59%，大大提高了工作扭矩；磁极数多于五相电动机，平稳性和定位精度远高于五相混合式步进电动机；所用的磁钢能耐180°高温；高速、高响应，可在200/400/500/1000/2000/4000/5000/10000步/转状态下工作；最高速度可达3600r/min；驱动器具有掉电记忆功能，上、下电时电动机位置不变；高速扭矩提高40%，几乎没有共振区，比同样尺寸的反应式步进电动机产生功率大20%左右

3.3 减速器

（1）NEUGART 精密行星减速器

NEUGART 精密行星减速器的类型见表 25.6-9。

表 25.6-9　NEUGART 精密行星减速器的类型

系列编号	减速器类型	说明	减速比范围	输入转速/$r \cdot min^{-1}$	最大径向/轴向力/N	回程间隙
PLE		PLE40-PLE160 共7种外壳尺寸，22种减速比，传输效率高达96%	3~512	18000	6000/8000	<6′
WPLE		直角型减速器在节省安装空间的同时，传输效率高达94%，其各项性能指标可与PLE型减速器达到同样的要求	3~512	18000	6000/8000	<6′
PLS HP		该系列行星减速器在同类产品中比其他品牌同体积减速器输出扭矩高30%，寿命明显提高，更适用于自身温度较高的机器和长期高速运转的场合	4~64	10000	14000/12000	<3′

（2） APEX 减速器

APEX 减速器的类型见表 25.6-10。

表 25.6-10　APEX 减速器的类型

系列编号	减速器类型	说　明
AD 系列		额定输出力矩:14~2000N·m 背隙:单节,<5′;双节,<7′ 减速比:单节,5/7/10;双节,25/35/50/70/100 高效率:单节,≥97%;双节,≥94%
ADR 系列		额定输出力矩:14~2000N·m 背隙:单节,<5′;双节,<7′ 减速比:单节,5/7/10/14/20;双节,25/35/50/70/100/140/200 高效率:单节,≥95%;双节,≥92%
AB 系列		额定输出力矩:14~2000N·m 背隙:单节,≤1′/≤3′/≤5′;双节,≤3′/≤5′/≤7′ 减速比:单节,3/4/5/6/7/8/9/10 高效率:单节,≥97%;双节,≥94%
ABR 系列		额定输出力矩:10~2000N·m 背隙:单节,≤2′/≤4′/≤6′;双节,≤4′/≤7′/≤9′ 减速比:单节,3/4/5/6/7/8/9/10/14/20 高效率:单节,≥95%;双节,≥92%

3.4　编码器

常用编码器的类型见表 25.6-11。

表 25.6-11　常用编码器的类型

产品类型	产品外形图	主要特性简介
欧姆龙编码器 E6C2-CWZ5B, E6C2-CWZ3E		采用密封轴承,防滴、防油;增强耐轴负载性能;导线斜式引出方式。有导线横向引出和后部引出;附有逆接、负载短路保护回路,改善了可靠性(也备有线性驱动输出)
TAMAGAWA 多摩川编码器		应用纳米技术,旋转量所必需的模数转换、轴角定位等已被广泛应用并得到了提高。目前编码器已经广泛应用于工厂自动化测量设备、办公自动化设备、医疗器械及航空航天领域

(续)

产品类型	产品外形图	主要特性简介
LENORD+BAUER 编码器		4 大类：增量式、绝对式、线性刻度尺式和迷你式。电磁原理，抗振等级高；防露，防水，防尘，无需调整，允许温度大范围波动；绝对式多种编码输出二进制码、格雷码、BCD 码；模拟量、数字量(串行/并行)输出；最高转速 10000r/min
NEMICON 旋转编码器	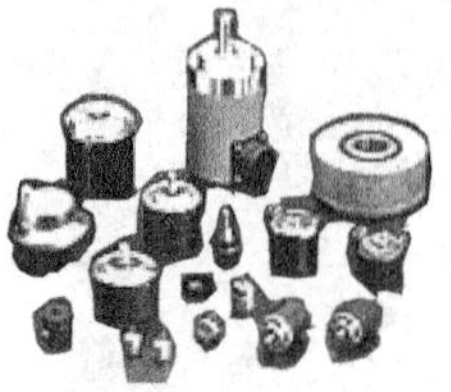	2000 高分辨率，成本低廉，最小直径为 12mm。分为增量式和绝对式编码器
瑞士 Micronor 编码器		瑞士 Micronor 公司通过多年实践经验生产出的高品质编码器，可用于准确定位、测速和测角度。主要包括增量式和绝对式，输出信号有方波和正弦波，通信可以用串口、并口、PROFIbus 总线和 CANopen

3.5 人机界面平台

常用人机界面平台的类型见表 25.6-12。

表 25.6-12 常用人机界面平台的类型

产品类型	产品外形图	主要特性简介
PanelVisa 系列触摸屏		PanelVisa PV035-TST，新世代人机界面，在通信反应、功能、图形显示方面均超越前世代，并有备份电池设计及支持宏指令，能够同时与多个 PLC 或伺服电动机、变频器、温度表等连接。小尺寸不仅不占空间，省配线，还与大尺寸触控屏共享 PanelMaster 软件
	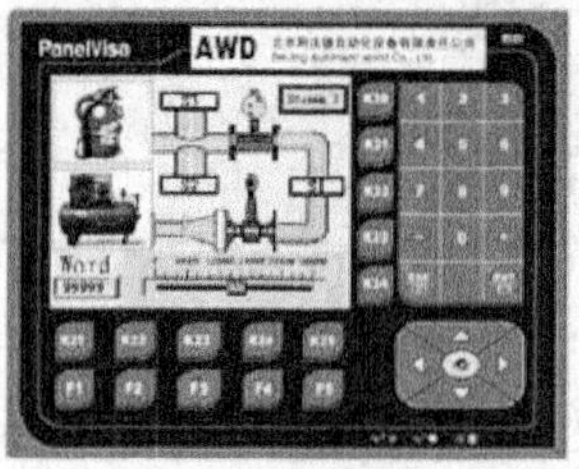	在所有自动控制应用设备中，PanelVisa 系列触摸屏是一种高性价比的控制显示组件，它具备各种基本功能，且可支持市面上大多数厂牌的控制器，如 PLC、变频器和温控器，除了具备标准坚固耐用的塑料外壳外，现在又推出了可由使用者随意规划、任意造型的开放式按键屏的新产品。该产品充分满足各式设计需求，外接一般各式按钮，在实际的应用中可随意的搭配专属按键面板，使其能符合各行业的多样需求。目前在工具机、送料机及特殊小型专门机上的应用较广泛
文本屏 XBTN/R		利用 PLC 通信口供电，无需外接电源；安装方便，XBTR 比 XBTN 多 12 个按键，既可作数字键，也可作功能键；支持打印，大容量应用程序，结构紧凑，质量稳定

（续）

产品类型	产品外形图	主要特性简介
TD220 文本显示器	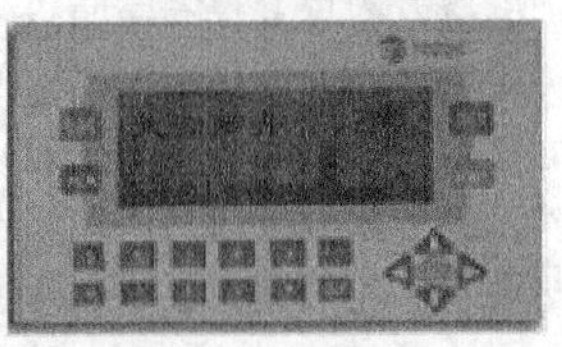	小型高功能人机界面，以数据图形曲线等形式显示并可修改 PLC 内部暂存器状态。通信协议和画面数据一同下载到显示器中，无需 PLC 编写通信程序；表面 IP65 构造，防水，防油；对应 PLC 机种广泛，也可和单片机通信；带背景光 STN 液晶显示，可显示 24 字符×4 行，即 12 汉字×4 行；20 个按键可被定义成功能键，可替代部分控制柜上的机械按键；自由选择通信方式，RS-232/RS-422/RS-485 可任选

3.6　线性伺服电动机

（1）异步直线电动机

LIMC 圆筒异步直线电动机外形图和相关技术参数分别见图 25.6-23 和表 25.6-13。该类电动机无轴向磁吸力，结构紧凑，安装方便，有效载荷高，行程无限制，常用于电梯门、地铁门等各种传动系统。

图 25.6-23　异步直线电动机

表 25.6-13　异步直线电动机技术参数

电动机型号	LIMC210201A-S-F-NC	LIMC410401A-S-F-NC
初级尺寸 $(D\times d\times L)$/mm	ϕ30(ϕ34)×ϕ15×136	ϕ60(ϕ68)×ϕ30×272
额定电压/V	380	380
额定气隙/V	0.2	0.25
堵动推力/N(28Hz)	15	46
绝缘等级	F	F
重量/kg	4	11.6

（2）平板永磁同步直线电动机

LSMF6 平板永磁同步直线电动机外形图和相关技术参数分别见图 25.6-24 和表 25.6-14。该类电动机推力大，内置水冷，行程可任意延长，常用于重载精密控制系统、数控机床、数控电火花机床、PCB 钻孔机、印刷制版和 SMT 设备等。

表 25.6-14　LSMF6 平板永磁同步直线电动机技术参数

电动机型号	LSMF600601
连续推力/N	2747
连续电流/A(rms)	28.1
峰值推力/N	8117
峰值电流/A(rms @ 1s)	83
功率损耗/W(120℃)	1303
力常数/(N/A)(rms)	97.8
电阻(p-n)/Ω(120℃)	0.4
动子重量/kg	25.7
定子重量/(kg/m)	26.4
电磁吸力/kN	12
初级规格	LSMF610601A-S-H-WC
次级规格	LSMF6201

图 25.6-24　LSMF6 平板永磁同步直线电动机

3.7　直驱电动机运动平台

LMSH1201A 直驱电动机运动平台外形图和相关技术参数分别见图 25.6-25 和表 25.6-15。该直驱电动机平台系统，响应速度快，定位准确，可靠性高，广泛应用于高速自动化设备、精密测量系统、电子与半导体加工设备、激光加工设备和生产线送料系统等领域。

图 25.6-25　LMSH1201A 直驱电动机运动平台

表 25.6-15　LMSH1201A 直驱电动机运动平台技术参数

有效行程	300mm×300mm
最大负载	25kg
重复精度	±5μm
直线度	±6μm
最大速度	1m/s
最大加速度	1.5g
重量	53kg

4 位置控制系统

位置控制系统是自动控制系统中的一类。随着微电子技术和计算机技术的发展，位置控制技术越来越趋于成熟，它的应用几乎遍及各个领域，主要适用范围见表25.6-16。

表25.6-16 位置控制的适用范围

适用范围	典型应用
机械制造业	机器人的位置控制，数控机床的位置控制，工作台位置控制系统等
工程机械	混凝土泵车布料杆的位置控制，装载机工作装置的位置控制，挖掘机工作装置的位置控制等
冶金工业	电弧炼钢炉、粉末冶金炉等的电极位置控制，水平连铸机的运动控制，轧钢机轧辊压下运动的位置控制等
运输业	高层建筑中电梯的升降控制，船舶的自动操舵，飞机的自动驾驶等
军事工业	雷达天线自动瞄准的跟踪控制，高射炮战术导弹的制导控制，鱼雷的自动控制等
信息设备	自动绘图仪的画笔控制系统，磁盘驱动系统，扫描仪位置控制系统等

位置控制系统的应用越来越广泛，大到控制数吨重、可及时准确地跟踪人造卫星发射的巨型雷达天线，小至用音圈电动机来控制电视放像机的激光头。下面介绍几种典型位置控制系统。

4.1 机器人控制系统

机器人的位置控制是指机器人的末端执行器从一点移动到另一点的位置控制。由于机器人末端执行器的位置和姿态是由各关节的运动决定的，因此，对其位置控制实际上是通过控制关节运动来实现的。关节运动控制一般可分为以下两步进行：

1）关节运动伺服指令的生成，即将末端执行器在工作空间中的位置和姿态的运动转化为由关节变量表示的时间序列或关节变量随时间变化的函数。

2）关节运动的伺服控制，即跟踪执行第一步所生成的关节变量伺服指令。

4.1.1 基本组成

通常，机器人由三大部分六个子系统组成，见表25.6-17。

如图25.6-26所示为一种双关节机械手。在关节1上安装有伺服电动机1，利用装在电动机上的编码器来检测关节转角θ_1。同样，在关节2上安装有伺服电动机2，利用装在电动机上的编码器来检测关节转角θ_2。对于这个双关节机械手，已知θ_1和θ_2，就可以利用运动学知识求得末端执行器的位置r_e。在该系统中，可以同时对末端执行器在工作表面上位置r_e和工件表面接触力f_e进行控制。

表25.6-17 机器人系统的基本组成

基本组成		特征描述	组成机构或硬件
机械部分	机械结构系统	由机身、手臂、手腕和末端执行器4大组件组成，每一组件都有若干自由度。若基座具备行走机构便构成行走机器人；若基座固定，则腰部转动，构成单臂机器人。手臂一般由大臂、小臂和手腕组成。末端执行器是直接装在手腕上的一个重要部件，它可以是手爪、喷漆枪、焊具或打磨工具等	机座：固定式和移动式 手臂：直线运动手臂（伸缩）、回转运动手臂（左右回转、上下摆动）、复合运动手臂（直线和回转的组合） 手腕：翻转、俯仰、偏转以及它们的组合 末端执行器：夹钳式、吸附式、专用操作器及转换器、仿生多指灵巧手
	驱动系统	驱动系统可以是电动、液压或气动的，也可以是把它们结合起来应用的综合系统。可以直接驱动，也可以通过同步带、链条、轮系和谐波齿轮等机械传动机构进行间接驱动	直流伺服电动机、交流伺服电动机、步进电动机、液压缸、液压马达、气缸、气动马达、其他新型驱动器（超声波驱动器、磁致伸缩驱动、形状记忆金属）
传感部分	传感系统	主要由传感器组成，获取内部和外部环境状态中有意义的信息。可以通过应用智能传感器提高机器人的机动性、适应性和智能化水平	位置传感器（超声波、激光、红外线）；速度（加速度）传感器；触觉、接近觉、压觉、滑觉、力觉传感器等
	机器人-环境交互系统	是实现机器人与外部环境中的设备相互联系和协调的系统。可与外部设备集成为一个功能单元，也可以由多台机器人协同完成一项复杂任务	加工制造单元、焊接单元和装配单元等
控制部分	控制系统	其任务是根据机器人的作业指令程序以及从传感器反馈回来的信号支配机器人的执行机构完成规定的运动和功能	硬件：工控机、可编程控制器（PLC）、单片机、运动控制卡等 软件：系统软件和工作控制程序
	人机交互系统	是使操作人员参与机器人进行交互的装置，可分为指令给定装置和信息显示装置	示教盒、触摸屏、按钮控制板、显示器和键盘等

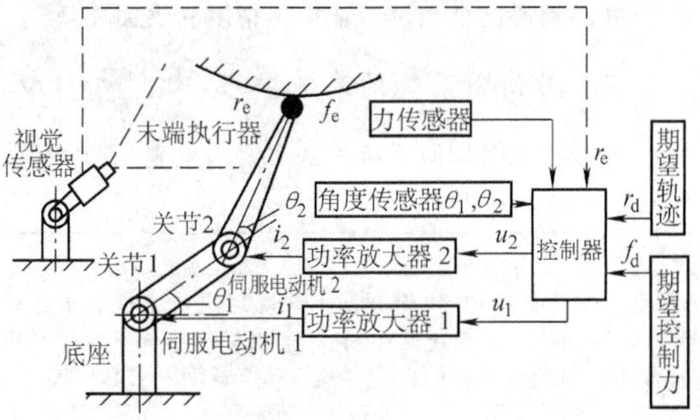

图 25.6-26　双关节机械手的位置/力混合控制系统

由两个电动机的编码器反馈和系统结构，可确定出当前末端执行器的位置 r_e，再用 r_e 与目标轨迹上的位置 r_d 进行比较，将生成控制电压 u_{1p} 和 u_{2p} 输入到功率放大器 1 和功率放大器 2 中，使位置偏差 $e_p=r_d-r_e$ 趋近于 0。

另一方面，用力传感器来检测末端执行器对工件表面的作用力 f_e，将信号输入到控制器上。在控制器内对 f_e 和力的输入信号 f_d 进行比较，根据偏差 $e_f=f_d-f_e$，计算电动机 1 和电动机 2 应该产生的转矩 τ_1 和 τ_2。将 τ_1 和 τ_2 分别转换为电动机 1 和电动机 2 的控制输入信号 u_{1f} 和 u_{2f}，输入给功率放大器 1 和功率放大器 2。施加在电动机 1 和电动机 2 上的总电流 i_1 和 i_2 分别为将 $u_1=u_{1p}+u_{1f}$ 和 $u_2=u_{2p}+u_{2f}$ 输入到功率放大器 1 和功率放大器 2 产生的电流。

该控制系统的信号流程图如图 25.6-27 所示。从图中可以看出，为了实现目标位置 r_d 和目标力 f_d，分别采用了两个反馈电路。这两个反馈电路所产生的控制输入量 u_{1p} 和 u_{1f} 进行叠加得到 $u_1(t)$。同样，将 u_{2p} 和 u_{2f} 进行叠加得到 $u_2(t)$。

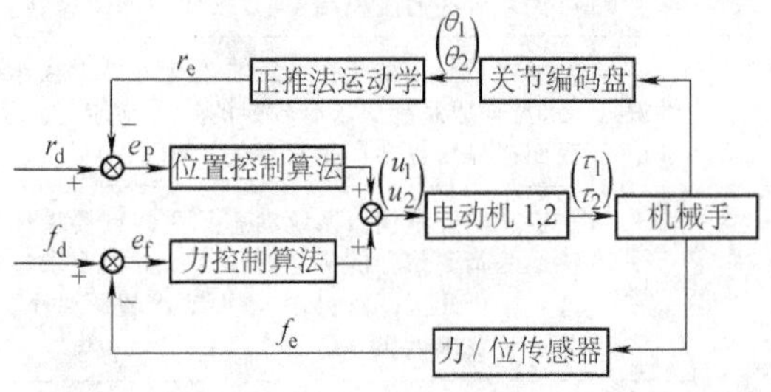

图 25.6-27　位置/力混合控制系统信号流程图

4.1.2　控制方式

机器人的控制方式多种多样，根据作业任务的不同，主要可分为点位控制方式、连续轨迹控制方式、力（力矩）控制方式和智能控制方式等，见表 25.6-18。

表 25.6-18　机器人控制方式

控制方式	特 征 描 述
点位控制	很多机器人要求能准确地控制末端执行器的工作位置，而路径却无关紧要，如点焊、装配等工作都属于点位控制方式
连续轨迹控制	连续地控制机器人末端执行器在作业空间中的位姿，要求其严格按照预定的轨迹和速度在一定的精度要求内运动。该种控制方式的主要技术指标是机器人末端执行器位姿轨迹的跟踪精度及平稳性，如在弧焊、喷漆、切割等工作中的应用
力（力矩）控制	在完成装配、打磨、抓放物体等工作时，除要求准确定位之外，还要求使用适度的力或力矩进行工作，这时就要利用力（力矩）控制方式。这种方式的控制原理与位置伺服控制原理基本相同，只不过输入量和反馈量不是位置信号，而是力（力矩）信号，因此系统中必须有力（力矩）传感器
智能控制	智能控制是智能机器人的理论基础，机器人的智能控制通过传感器获得周围环境的知识，并根据自身的知识库做出相应的推理和决策。采用智能控制技术，使机器人具有了较强的环境适应性及自学习能力

4.2　数控机床伺服系统

数控机床伺服系统是以机床移动部件的位置和速度为控制量的自动控制系统。在数控机床中，伺服系统的静、动态性能，决定了数控机床的精度、稳定性、可靠性和加工效率。因此，研究与开发高性能的伺服系统一直是现代数控机床的关键技术之一。

4.2.1　伺服系统的组成

数控伺服系统由伺服电动机、驱动信号控制转换电路、电力电子驱动放大模块、电流调解单元、速度调解单元、位置调解单元和相应的检测装置（如光电脉冲编码器 G 等）组成。一般闭环伺服系统的结构如图 25.6-28 所示。这是一个三环结构系统，外环是位置环，中环是速度环，内环为电流环。

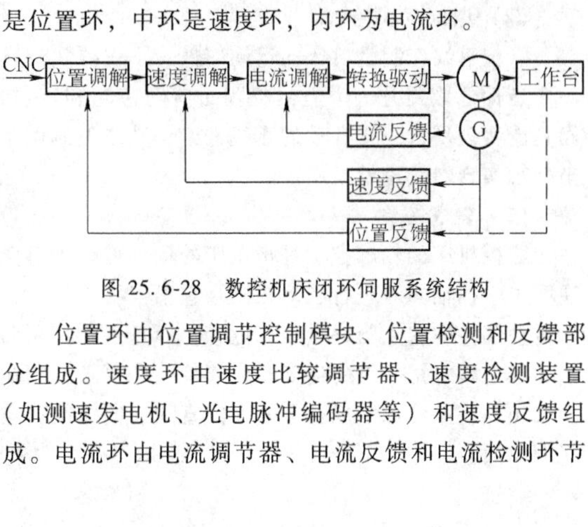

图 25.6-28　数控机床闭环伺服系统结构

位置环由位置调节控制模块、位置检测和反馈部分组成。速度环由速度比较调节器、速度检测装置（如测速发电机、光电脉冲编码器等）和速度反馈组成。电流环由电流调节器、电流反馈和电流检测环节组成。电力电子驱动装置由驱动信号产生电路和功率放大器等组成。位置控制主要对各个进给轴的位置进行控制，不仅对单个轴的运动速度和位置精度的控制有严格要求，而且在多轴联动时还要求各进给运动轴有很好的动态配合，以保证加工精度和表面质量。

4.2.2 对伺服系统的基本要求

数控机床对伺服系统的基本要求见表 25.6-19。

表 25.6-19 数控机床对伺服系统的基本要求

基本要求	解释说明
精度高	伺服系统的精度是指输出量能复现输入量的精确程度。作为数控加工，轮廓加工精度对定位精度要求比较高。定位精度一般允许的偏差范围为 0.001~0.01mm。轮廓加工精度与速度控制、联动坐标的协调一致控制也有关系。在速度控制中，要求较高的调速精度，具有比较强的抗负载扰动能力，对静态、动态精度要求都比较高
稳定性好	稳定性是指系统在给定输入或外界干扰作用下，能在短暂的调节过程后，达到新的或者恢复到原来的平衡状态，对伺服系统要求有较强的抗干扰能力。稳定性是保证数控机床正常工作的必要条件，对数控加工的精度和表面粗糙度也会产生直接的影响
快速响应	快速响应是伺服系统动态品质的重要指标。为了保证轮廓切削形状精度和低的加工表面粗糙度，要求伺服系统跟踪指令信号的响应要快。一方面要求过渡过程（电动机从静止到额定转速）时间要短，一般在 200ms 以内，甚至小于几十毫秒；另一方面要求超调要小。这两方面的要求往往是矛盾的，实际应用中要采取一定措施，按工艺加工要求做出一定的选择
调速范围宽	调速范围 R_n 是指生产机械要求电动机能提供的最高转速 n_{max} 和最低转速 n_{min} 之比，通常表示为 $$R_n=\frac{n_{max}}{n_{min}} \quad (25.6\text{-}58)$$ 式中，n_{max} 和 n_{min} 一般是指额定负载时的转速，对于少数负载很轻的机械，也可以是实际负载时的转速 在数控机床中，由于加工用刀具、被加工工件材质及零件加工要求的不同，伺服系统需要具有足够宽的调速范围。目前，先进的水平是在分辨率为 1μm 的情况下，进给速度范围为 0~240m/min，且无级连续可调。对于一般的数控机床而言，要求进给伺服系统在 0~24m/min 的进给速度范围内都能工作就足够了
低速大转矩	许多机床加工都有在低速时进行重切削（切削力大）的加工工艺过程，此时要求伺服系统在低速时要有大的转矩输出。进给坐标轴在整个速度范围内都要保持一定的转矩，属于恒转矩控制；主轴坐标轴的伺服控制在重切削时也为恒转矩控制，以提供尽可能大的转矩。在高速时为恒功率控制，具有足够大的输出功率。伺服电动机是伺服系统中一个非常重要的部件，应具有高精度、快反应、宽调速和大转矩的优良性能

4.2.3 控制方式

（1） 点位控制

数控机床的点位控制是机床的运动部件从一个位置到另一个位置的精确运动，在运动和定位过程中不进行任何加工工序，如数控钻床、数控坐标镗床、数控焊机和数控弯管机等只实现从一个工位到另一个工位的运动。

（2） 点位直线控制

点位直线控制是机床的运动部件，不仅要实现从一个坐标位置到另一个坐标位置的精确移动和定位，而且能实现平行于坐标轴的直线进给运动或控制两个坐标轴实现斜线进给运动。

（3） 轮廓控制

数控机床的轮廓控制是指机床的运动部件能够实现两个坐标轴同时进行联动控制。它不仅要求控制机床运动部件的起点与终点坐标位置，而且要求控制整个加工过程中每一点的速度和位移量，即要求控制运动轨迹，将零件加工成在平面内的直线、曲线或在空间的曲面。

5 工作台位置控制系统设计实例

5.1 系统组成

如图 25.6-29 所示为一个工作台位置自动控制系统。这是一个单输入-单输出的模拟量控制系统，可以用经典控制理论来解决其控制问题。系统的控制功能是：当操作者把指令电位器的指针设置（拨）到希望的工作台位置上时，则工作台自动运动到这个位置上去。如果这个系统是一个性能良好的自动控制系统，则工作台的运动是稳定的、快速的和精确的；如果这个系统是一个性能差的自动控制系统，则工作台的运动可能是不稳定的，如工作台在指定的目标位置附近来回振动，或者运动速度缓慢，或者不能准确地运动到指定的目标位置。这就提出一个问题，如何才能获得性能良好的自动控制系统。首先要根据自动控制理论对系统进行设计。此外，选择具有足够精度和高可靠性的机械和电子元器件，精细的加工与装配也是重要的。

如图 25.6-29 所示，系统的驱动装置是直流伺服电动机，它是将电能转换成机械运动的转换装置，是连接机和电的纽带。功率放大器提供给直流伺服电动机定子的直流电压为一定值，形成一个恒定的定子磁场。电动机的转子电枢接受功率放大器提供的直流电，此直流电的电压决定电动机的转速，电流的大小与电动机输出的扭矩成正比。如果转子是由永久磁铁制成的，则称这种电动机为永磁直流伺服电动机。

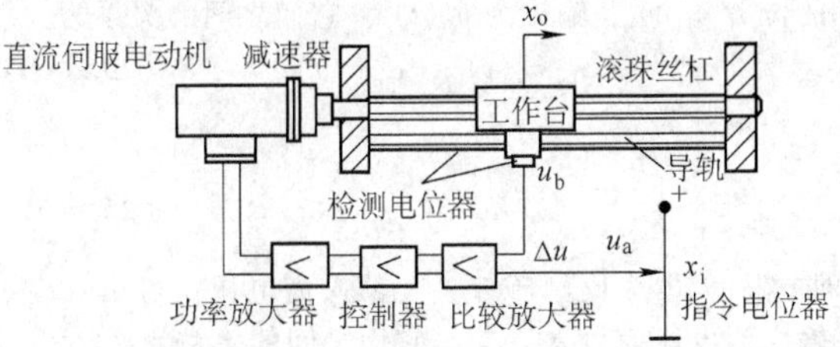

图 25. 6-29　工作台位置自动控制系统

工作台的传动系统由减速器、滚珠丝杠和导轨等组成。减速器除了减速外，还起放大电动机输出扭矩的作用。伺服系统中常用的有行星轮减速器和谐波减速器等。行星轮减速器有背隙，改变转动方向时电动机有空回程。小背隙、高精度的行星轮减速器价格较高。波导减速器无背隙，但价格高，使用寿命较短。滚珠丝杠和导轨是将电动机的转动精确地转换成直线运动的装置。丝杠与减速器输出轴相连，滚珠丝杠的丝母与工作台相连。直流伺服电动机经减速器驱动滚珠丝杠转动，工作台在滚珠丝杠的带动下在导轨上滑动。滚珠丝杠较普通丝杠的优点是不仅精度高，而且无回程间隙，有专门厂家生产，可以根据图样需要提供订货。

此工作台位置自动控制系统的控制量是工作台的位置，与其他机械自动控制系统一样，系统拥有输入控制量和检测控制量的环节——指令电位器和检测电位器。电位器按其结构型式可分成转动电位器和直线电位器，本系统中使用的电位器均为直线电位器。

操作者通过指令电位器将指令输入到系统。在本系统中，操作者通过指令电位器给定工作台运动位置，指令电位器将操作者给定的位置转化成相应的电压信号输出。检测电位器用来检测工作台的实际位置，将工作台的实际位置转化成电压信号输出并反馈给比较放大环节。

5.2　工作原理

位置控制系统的控制原理：操作者通过指令电位器发出工作台的位置指令 x_i，指令电位器就对应输出一个电压 u_a。电压 u_a 与位置指令 x_i 成正比，比例系数为一常数 K_p。工作台在导轨上的实际位置 x_o 由装在导轨侧向的位置检测电位器检测，位置检测电位器将实际位置 x_o 转换为电压 u_b 输出。电压 u_b 与工作台的实际位置 x_o 也成正比，比例系数 $K_f=K_p$。电压 u_b 需要反馈回去与 u_a 进行比较（相减），产生偏差电压为 $\Delta u=u_a-u_b$，由比较放大器完成此项工作，并同时将偏差信号加以放大。比较放大器可由高阻抗差动运算电路实现，如图 25. 6-30 所示。

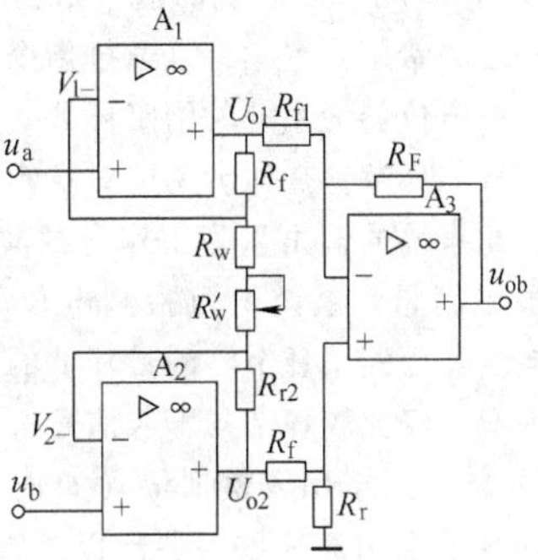

图 25. 6-30　比较放大器电路

由图 25. 6-30 可知，此比较放大器的输入为给定电位器输出 u_a 和检测电位器输出 u_b，其输出为

$$u_{ob} = K_q(u_a - u_b) = K_q\Delta u \quad (25.6\text{-}59)$$

式中，K_q 为比较放大器的增益，$K_q = -\frac{R_F}{R_f}\cdot\left(1+\frac{R_{F1}+R_{F2}}{R_W+R'_W}\right)$。

这样，当 x 和 x_i 有偏差时，对应偏差电压为 $\Delta u=u_a-u_b$，该偏差电压在比较放大器中被放大成 $K_q\Delta u$。经比较放大器放大后的偏差信号进入控制器，通过控制器处理后的信号经功率放大器放大驱动直流伺服电动机转动。电动机通过减速器和滚珠丝杠驱动工作台向给定位置 x_i 运动。随着工作台实际位置与给定位置偏差的减小，偏差电压 Δu 的绝对值也逐渐减小。当工作台实际位置与给定位置重合时，偏差电压 Δu 为零，伺服电动机停止转动。当工作台位置 x_o 和给定位置 x_i 相等时，u_b 和 u_a 也相等，没有偏差电压，也就没有电压和电流输入电动机，工作台不改变当前位置。当不断改变指令电位器的给定位置时，工作台就不断改变在机座上的位置，以保持 $x_o=x_i$ 的状态。在系统机械结构设计合理的情况下，控制器的设计是系统性能好坏的关键。好的控制器设计需要设计者有丰富的自动控制理论知识和经验。

为了研究一个自动控制系统，常常将系统的组成和工作原理用框图表示。图 25. 6-29 所示的位置控制系统的框图如图 25. 6-31 所示。

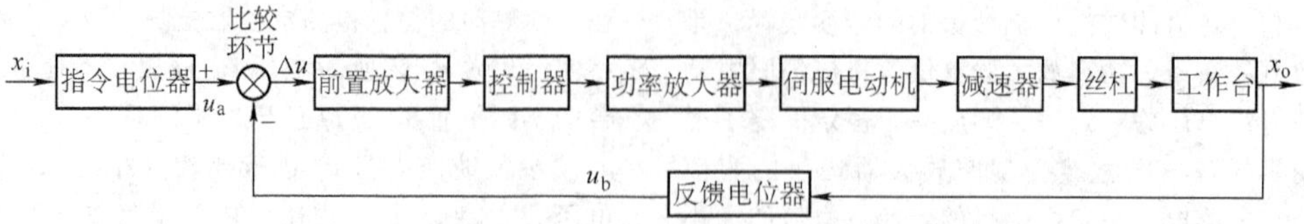

图 25.6-31　工作台位置控制原理框图

按经典控制理论对该系统的自动控制原理分析如下：由图 25.6-31 可知，系统的输入量为系统的控制量，是工作台的希望位置 x_i，是通过指令电位器给定的，所以指令电位器为系统的给定环节。给定环节是给定输入信号的环节，操作者用以对自动机器发出指令的环节。此系统的输出量为工作台的实际位置 x_o，也称其为被控制量。系统通过检测电位器检测输出量，检测电位器为测量环节。测量环节的输出信号要反馈到输入端，经比较环节与输入信号进行比较，得出偏差信号 Δu。用于比较模拟量（如连续的电压信号）的比较环节常用运算放大器配以外部电路构成，在比较两个模拟量的同时，对它们的差进行一定的放大，即图中的前置放大器。注意，要比较的物理量必须是同种物理量，如若测量环节的输出信号与系统输入信号不是同一物理量，则需将其转化成同种物理量才能进行比较。这里输入和输出都是位置信号，它们通过各自的电位器转化成了电压信号，进行比较的是电压信号，这就要求输入信号和输出信号转化的比例是相同的，即相同的电压信号代表相同的位置。由前置放大器输出的信号经控制器、功率放大器后驱动伺服电动机。功率放大器必须具备工作频率范围宽和响应速度快的特点。现代的功率放大器采用 PWM（脉宽调制）技术，可以保证自动控制系统对功率放大器的要求。线性度好的放大器在控制系统中一般都作为比例环节，直流伺服电动机作为执行环节。执行环节驱动被控对象，使其输出预定的输出量。系统的被控制量被检测并反馈到输入端，构成一个闭环，称这样的系统为闭环控制系统。精确的自动控制系统绝大多数都采用闭环控制。

5.3　系统数学模型的建立

前面讨论了工作台位置自动控制系统的系统组成和工作原理，将图 25.6-29 进一步简化，并将其中的方框名称用相应的传递函数代替，则如图 25.6-32 所示。

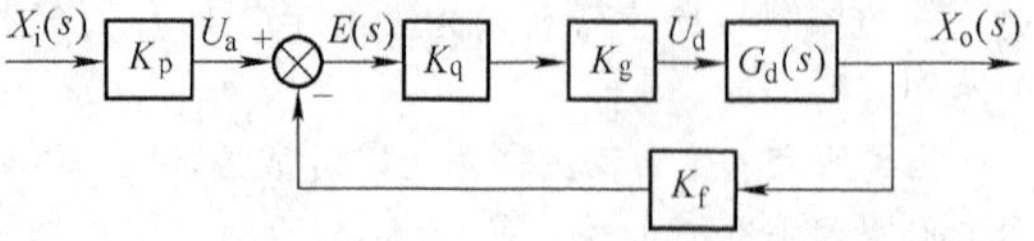

图 25.6-32　工作台位置自动控制系统框图

指令电位器可以作为一个比例环节，输入为期望的位置 $x_i(t)$，输出为 $u_a(t)$，它们之间的关系为

$$u_a(t) = K_p x_i(t) \tag{25.6-60}$$

传递函数为

$$K_p = \frac{U_a(s)}{X_i(s)} \tag{25.6-61}$$

前置放大器为比例环节，其输入为电压信号 $\Delta u(t)$，输出为电压信号 $u_{ob}(t)$，它们之间的关系为

$$u_{ob}(t) = K_q \Delta u(t) \tag{25.6-62}$$

传递函数为

$$K_q = \frac{U_{ob}(s)}{E(s)} \tag{25.6-63}$$

功率放大器为比例环节，其输入为电压信号 $u_{ob}(t)$，输出为电压 $u_d(t)$，它们之间的关系为

$$u_d(t) = K_g u_{ob}(t) \tag{25.6-64}$$

传递函数为

$$K_g = \frac{U_d(s)}{U_{ob}(s)} \tag{25.6-65}$$

将直流伺服电动机的转子输入电压 u_d 作为输入，减速器、丝杠和工作台相当于电动机的负载，则可得

$$R_a J \ddot{\theta}_o(t) + (R_a D + K_T K_e)\dot{\theta}_o(t) = K_T u_d(t) \tag{25.6-66}$$

式中　R_a——电枢绕组的电阻；

J——电动机转子及负载折合到电动机轴上的转动惯量；

$\theta_o(t)$——电动机的输出转角；

D——电动机转子及负载折合到电动机轴上的黏性阻尼系数；

K_T——电动机的力矩常数，对于确定的直流电动机，当励磁电流一定时，K_T 为常数，它取决于电动机的结构；

K_e——反电动势常数。

需要注意的是，上面的数学模型是对电动机转轴所建立的，需将减速器、滚珠丝杠和工作台的转动惯量和阻尼系数等效到电动机轴上。首先需要建立电动机转角至工作台位移的对应关系。

若减速器的减速比为 i_1，丝杠到工作台的减速比为 i_2，则从电动机转子到工作台的减速比为

$$i = \frac{\theta_o(t)}{x_o(t)} = i_1 i_2 \tag{25.6-67}$$

式中，$i_2=2\pi/L$，L为丝杠螺距。

（1）等效到电动机轴上的转动惯量

电动机转子的转动惯量为J_1；减速器的高速轴与电动机转子相连，而且通常产品样本所给出的减速器转动惯量是在高速轴上，减速器的转动惯量为J_2；滚珠丝杠的转动惯量为J_s（定义在丝杠轴上），滚珠丝杠的转动惯量等效到电动机转子上为$J_3=J_s/i_1^2$；工作台的运动为平移，若工作台的质量为m_t，则其等效到转子上的转动惯量为$J_4=m_t/i^2$。

从而，电动机、减速器、滚珠丝杠和工作台等效到电动机转子上的总转动惯量为

$$J=J_1+J_2+J_3+J_4=J_1+J_2+J_s/i_1^2+m_t/i^2 \tag{25.6-68}$$

（2）等效到电动机轴上的阻尼系数

在电动机、减速器、滚珠丝杠和工作台上分别有黏性阻力，可以通过阻尼系数来考虑。根据等效前后阻尼耗散能量相等的原则，等效到电动机轴上的阻尼系数为

$$D=D_d+D_i+D_s/i_1^2+D_t/i^2 \tag{25.6-69}$$

式中　D_t——工作台与导轨间的黏性阻尼系数；

D_s——丝杠转动黏性阻尼系数；

D_i——减速器的黏性阻尼系数；

D_d——电动机的黏性阻尼系数。

（3）输入为电动机转子电枢电压、输出为工作台位置时的数学模型

将式（25.6-67）代入式（25.6-66）中，即可得电动机至工作台的数学模型为

$$R_aJ\ddot{x}_o(t)+(R_aD+K_TK_e)\dot{x}_o(t)=K_Tu_d(t)/i \tag{25.6-70}$$

（4）输入为电动机电枢电压、输出为工作台位置时的传递函数

对式（25.6-70）两边取拉氏变换，得

$$G_d(s)=\frac{X(s)}{U_d(s)}=\frac{K_T/i}{R_aD+K_eK_T}\cdot\frac{1}{s\left(\dfrac{R_aJ}{R_aD+K_eK_T}s+1\right)}=\frac{K}{s(Ts+1)} \tag{25.6-71}$$

式中，$T=\dfrac{R_aJ}{R_aD+K_eK_T}$，$K=\dfrac{K_T/i}{R_aD+K_eK_T}$。

（5）检测电位器将所得到的位置信号变换为电压信号

相当于一个比例环节，其输入为工作台的位移$x_o(t)$，输出为电压u_b，数学模型为

$$u_b(t)=K_fx_o(t) \tag{25.6-72}$$

反馈通道的传递函数为

$$K_f=\frac{U_b(s)}{X_o(s)} \tag{25.6-73}$$

根据系统框图25.6-32，系统的开环传递函数为

$$G_k(s)=\frac{U_b(s)}{X_i(s)}=K_pK_qK_gG_d(s)K_f=\frac{K_pK_qK_gK_fK}{s(Ts+1)} \tag{25.6-74}$$

系统闭环传递函数为

$$G_b(s)=\frac{K_pK_qK_gK}{Ts^2+s+K_qK_gK_fK} \tag{25.6-75}$$

由于给定电位器和测量反馈电位器都是将位置信号转化为电压信号的元件，为了能够进行给定量和反馈量的比较，必须使$K_p=K_f$，此时上式可简化为

$$G_b(s)=\frac{\omega_n^2}{s^2+2\xi\omega_ns+\omega_n^2} \tag{25.6-76}$$

式中，$\omega_n=\sqrt{\dfrac{K_qK_gK_fK}{T}}$，$\xi=\dfrac{1}{2\sqrt{K_qK_gK_fKT}}$。

可见，该系统为二阶系统。

5.4　系统性能分析

为了具体分析系统性能，首先计算出相关参数的具体值。式（25.6-71）中的T为

$$T=\frac{R_aJ}{R_aD+K_eK_T}=\frac{4\times0.004}{4\times0.005+0.15\times0.2}=0.32$$

式中　J——电动机、减速器、滚珠丝杠和工作台等效到电动机转子上的总转动惯量，$J=0.004\text{kgm}^2$；

D——折合到电动机转子上的总阻尼系数，$D=0.005\text{N}\cdot\text{m}\cdot\text{s/rad}$；

R_a——电动机转子线圈的电阻，$R_a=4\Omega$；

K_T——电动机的力矩常数，$K_T=0.2\text{N}\cdot\text{m/A}$；

K_e——反电动势常数，$K_e=0.15\text{V}\cdot\text{s/rad}$。

又因为

$$K=\frac{K_T/i}{R_aD+K_eK_T}=\frac{0.2/4000}{4\times0.005+0.15\times0.2}=0.001$$

式中　i——传动比，$i=4000$。

为确定系统的无阻尼固有频率，选定：功率放大器的放大倍数$K_g=10$，指令放大器的放大倍数$K_p=10$，反馈通道传递函数$K_f=10$。

此外，K_q为前置放大系数，在控制系统中常制成可调的，以便在系统调试时调整。为了计算系统的时域性能指标，我们暂时设定它的大小为10，则系统无阻尼固有频率为

$$\omega_n=\sqrt{\frac{K_qK_gK_fK}{T}}=\sqrt{\frac{10\times10\times10\times0.001}{0.32}}=1.77$$

系统的阻尼比为

$$\xi=\frac{1}{2\sqrt{K_qK_gK_fKT}}=\frac{1}{2\times\sqrt{10\times10\times10\times0.001}}=0.5$$

下面计算工作台位置自动控制系统的性能指标。

1）上升时间 t_r：

$$t_r=\frac{\pi-\beta}{\omega_d}=\frac{\pi-\arctan\frac{\sqrt{1-\xi^2}}{\xi}}{\omega_n\sqrt{1-\xi^2}}=\frac{3.14-\left(\arctan\frac{\sqrt{1-0.5^2}}{0.5}\times60\right)/180}{1.77\times\sqrt{1-0.5^2}}\text{s}=1.4\text{s}$$

2）峰值时间 t_p：

$$t_p=\frac{\pi}{\omega_d}=\frac{\pi}{\omega_n\sqrt{1-\xi^2}}=\frac{3.14}{1.77\times\sqrt{1-0.5^2}}\text{s}=2\text{s}$$

3）最大超调量 M_p：

$$M_p=e^{-\frac{\xi\pi}{\sqrt{1-\xi^2}}}\times100\%=e^{-\frac{0.5\times3.14}{\sqrt{1-0.5^2}}}\times100\%=16.3\%$$

4）调整时间 t_s：

$$t_s=\begin{cases}\dfrac{4}{\xi\omega_n}=\dfrac{4}{0.5\times1.77}\text{s}=4.52\text{s} & \Delta=0.02\\ \dfrac{3}{\xi\omega_n}=\dfrac{3}{0.5\times1.77}\text{s}=3.39\text{s} & \Delta=0.05\end{cases}$$

5.5 系统稳定性分析

将相关的参数值代入式（25.6-74）中，得系统的开环传递函数为

$$G_k(s)=\frac{K_pK_qK_gK_fK}{s(Ts+1)}=\frac{K_q}{0.32s^2+s}\tag{25.6-77}$$

K_q 为前置放大系数，在控制系统中常制成可调的，以便在系统调试时调整。我们暂时不规定它的大小，以后将赋予它不同的值，考察其对系统性能的影响。

将相关的参数值代入式（25.6-75）中，得系统闭环传递函数为

$$G_b(s)=\frac{K_pK_qK_gK}{Ts^2+s+K_qK_gK_fK}=\frac{0.1K_q}{0.32s^2+s+0.1K_q}$$

系统的特征方程为

$$3.2s^2+10s+K_q=0$$

胡尔维茨稳定性判据为

$$\begin{vmatrix}10 & 0\\ 3.2 & K_g\end{vmatrix}=10K_g>0$$

显然，$K_g>0$ 系统就可以稳定了。

下面来考虑系统的稳定裕度。由式（25.6-77）可得系统的开环频率特性为

$$G_k(j\omega)=\frac{K_q}{j\omega(0.32j\omega+1)}$$

幅频特性为

$$|G_k(j\omega)|=\frac{K_q}{\omega\sqrt{(0.32\omega)^2+1}}$$

相频特性为

$$\varphi(\omega)=\angle G_k(j\omega)=-90°-\arctan(0.32\omega)$$

可见，相位交界频率为无穷大，从而幅值稳定裕度为

$$K_g=\frac{1}{|G_k(j\omega)|}=\infty$$

幅值交界频率满足

$$\frac{K_q}{\omega_c\sqrt{(0.32\omega_c)^2+1}}=1$$

即

$$0.1024\omega_c^4+\omega_c^2-K_q^2=0$$

从而可以计算出 $K_q=1$，$\omega_c=0.95$，$\gamma=73.1°$；$K_q=10$，$\omega_c=5.17$，$\gamma=31.14°$；$K_q=100$，$\omega_c=17.54$，$\gamma=10.10°$。

可见，随着前置放大器放大倍数的增大，相位交界频率也增大，相位稳定裕度降低。

5.6 系统设计

为了进一步改善系统性能，对工作台位置控制系统进行校正，采用的校正方法如下：

1）串联校正。在比较放大环节的后面加一个控制器。根据校正前系统开环传递函数的特点，采用PI控制器，将系统校正成典型Ⅱ型系统。

2）并联校正。采用局部反馈，将工作台的速度信号反馈到功率放大器前面，用来减小直流电动机至工作台这一部分的时间常数，可有效地提高系统响应速度。

校正后的系统框图如图25.6-33所示。

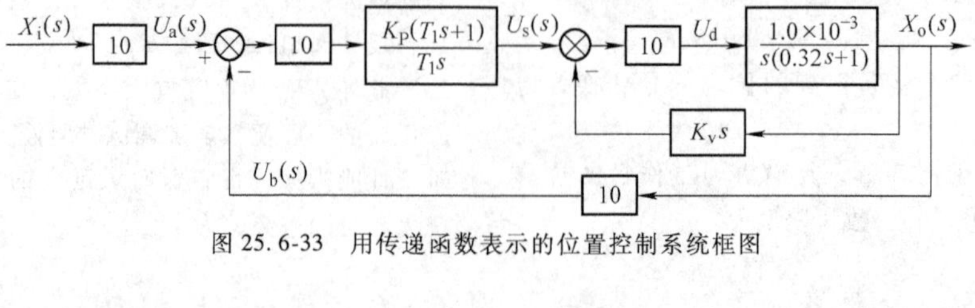

图25.6-33 用传递函数表示的位置控制系统框图

速度环的传递函数为

$$G_{xb}(s)=\frac{X_o(s)}{U_s(s)}=\frac{1}{100+K_v}\cdot\frac{1}{s\left(\frac{32}{100+K_v}s+1\right)}=\frac{K_1}{s(T_2s+1)}\tag{25.6-78}$$

其中，

$$K_1=\frac{1}{100+K_v},\quad T_2=\frac{32}{100+K_v}\tag{25.6-79}$$

此系统的开环传递函数为

$$G_k(s)=\frac{1000K_pK_1}{T_1}\cdot\frac{T_1s+1}{s^2(T_2s+1)}=\frac{K(T_1s+1)}{s^2(T_2s+1)}\tag{25.6-80}$$

其中，开环总增益为

$$K=\frac{1000K_pK_1}{T_1}\tag{25.6-81}$$

这属于典型Ⅱ型系统，由表 25.4-5 可知，$t_s/T_2=12.25$，取 $t_s=1s$，则 $T_2=1s/12.25=0.0816s$。由式（25.6-79）的第二式，可解出 $K_v=292$。再代入式（25.6-79）的第一式，得 $K_1=2.55\times10^{-3}$。又由于 $h=T_1/T_2$，所以 $T_1=hT_2=8\times0.0816=0.653$，根据式（25.4-48）得

$$K=\frac{h+1}{2h^2T_2^2}=\frac{8+1}{2\times8^2\times0.0816^2}=10.56$$

由式（25.6-81），解得

$$K_p=\frac{KT_1}{1000K_1}=\frac{10.56\times0.653}{1000\times2.55\times10^{-3}}=2.70$$

校正装置的传递函数为

$$G_c(s)=\frac{2.70(0.653s+1)}{0.653s}$$

把 K、T_1、T_2 的值代入式（25.6-80）中，得此系统的开环传递函数为

$$G_k(s)=\frac{10.56(0.653s+1)}{s^2(0.0816s+1)}$$

最后的系统框图如图 25.6-34 所示。

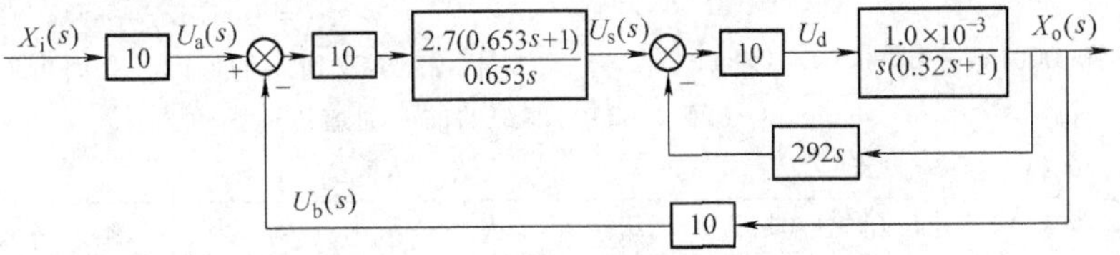

图 25.6-34　位置控制系统的最后框图

由于 $\omega_1=1/T_1=1/0.653=1.53$，$\omega_2=1/T_2=1/0.0816=12.25$，又由于

$$\omega_c=\frac{h+1}{2}\omega_1=\frac{8+1}{2}\times1.53=6.89(\text{rad/s})$$

可计算出系统的相位稳定裕度

$$\begin{aligned}\gamma&=\arctan\omega_cT_1-\arctan\omega_cT_2\\&=\arctan(6.89\text{rad/s}\times0.653\text{s})-\arctan(6.89\text{rad/s}\times0.0816\text{s})\\&=48.12°\end{aligned}$$

由前面已知系统调整时间 $t_s=1s$，查表 25.4-5 可知系统超调量为 27.2%，可计算其上升时间 $t_s=3.2\times T_2=3.2\times0.0816s=0.26s$。

可见，系统各项性能指标都比较令人满意。

6　飞机机翼的位置控制系统分析

本节用时域分析方法分析现代飞机机翼的位置控制系统，如图 25.6-35 所示。飞机姿态位置控制系统中一个方向轴上的框图如图 25.6-36 所示。如图 25.6-37 所示为解析框图。这里，对系统做了一定程度的简化，放大器增益的饱和、齿轮传动副的背隙和轴杆变形等都忽略不计。

图 25.6-35　控制翼面示意图

系统目标要求系统输出 $\theta_y(t)$ 跟随输入 $\theta_r(t)$，系统参数如下：

给定电位器增益：$K_s=1V/rad$；

前置放大器增益：K=可调节值；

功率放大器增益：$K_1=10$；

电流反馈增益：$K_2=0.5V/A$；

转速计反馈增益：$K_t=0V/(rad/s)$；

电动机电枢阻抗：$R_a=5.0\Omega$；

电动机电枢感应系数：$L_a=0.003H$；

电动机力矩常数：$K_i=9.0N\cdot m/A$；

电动机反电动势：$K_b=0.0636V/(rad/s)$；

电动机转动惯量：$J_m=0.0001kg\cdot m^2$；

负载转动惯量：$J_L=0.01kg\cdot m^2$；

电动机黏性摩擦因数：$B_m=0.005\text{kg}\cdot\text{m}^2/\text{s}$；

负载黏性摩擦因数：$B_L=1.0\text{kg}\cdot\text{m}^2/\text{s}$；

电动机和负载间的齿轮转动速比：$N=\theta_y/\theta_m=1/10$。

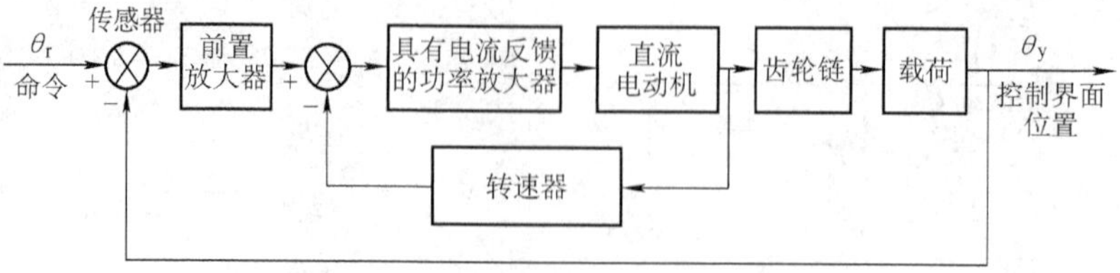

图 25.6-36 飞机姿态位置控制系统的框图

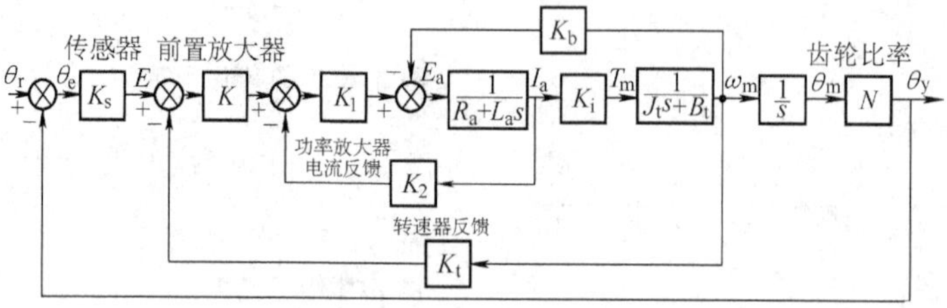

图 25.6-37 解析框图

因为电动机轴通过速比为 N，齿轮传动链与负载连接起来 $\theta_y=N\theta_m$，电动机轴上的总惯性和黏性摩擦因数分别为

$$J_t=J_m+N^2J_L=0.0001\text{kg}\cdot\text{m}^2+0.01/100\text{kg}\cdot\text{m}^2=0.0002\text{kg}\cdot\text{m}^2 \quad (25.6\text{-}82)$$

$$B_t=B_m+N^2B_L=(0.005+1/100)\text{kg}\cdot\text{m}^2/\text{s}=0.015\text{kg}\cdot\text{m}^2/\text{s} \quad (25.6\text{-}83)$$

对图 25.6-37 所示的框图，我们可以写出单位反馈系统的前向通道传递函数为

$$G(s)=\frac{\theta_y(s)}{\theta_e(s)}=\frac{K_sK_1K_iKN}{s[L_aJ_ts^2+(R_aJ_t+L_aB_t+K_1K_2J_t)s+R_aB_t+K_1K_2B_t+K_iK_b+KK_1K_tK_i]} \quad (25.6\text{-}84)$$

$G(s)$ 中幂次最高项为 s^3，因此这是一个三阶系统。放大器-电动机系统的电子时间常数为

$$\tau_a=\frac{L_a}{R_a+K_1K_2}=0.0003\text{s} \quad (25.6\text{-}85)$$

电动机-负载系统的机械时间常数为

$$\tau_t=\frac{J_t}{B_t}=\frac{0.0002}{0.015}\text{s}=0.01333\text{s} \quad (25.6\text{-}86)$$

因为电气时间常数比机械时间常数要小很多，考虑到电动机的低感应系数，将电枢感应系数 L_a 忽略不计，因此得到的二阶系统是前面三阶系统的近似，近似后的前向通道函数为

$$G(s)=\frac{K_sK_1K_iKN}{s[(R_aJ_t+K_1K_2J_t)s+R_aB_t+K_1K_2B_t+K_iK_b+KK_1K_tK_i]}=\frac{\dfrac{K_sK_1K_iKN}{R_aJ_t+K_1K_2J_t}}{s\left(s+\dfrac{R_aB_t+K_1K_2B_t+K_iK_b+KK_1K_tK_i}{R_aJ_t+K_1K_2J_t}\right)} \quad (25.6\text{-}87)$$

将系统参数代入式（25.6-87），可以得到

$$G(s)=\frac{4500K}{s(s+361.2)} \quad (25.6\text{-}88)$$

与典型的二阶系统传递函数做对照，则自然无阻尼频率

$$\omega_n=\pm\sqrt{\frac{K_sK_1K_iKN}{R_aJ_t+K_1K_2J_t}}=\pm\sqrt{4500K}\text{rad/s} \quad (25.6\text{-}89)$$

阻尼比

$$\xi=\frac{R_aB_t+K_1K_2B_t+K_iK_t}{2\sqrt{K_sK_1K_iKN(R_aJ_t+K_1K_2J_t)}}=\frac{2.692}{\sqrt{K}} \quad (25.6\text{-}90)$$

我们可以发现，无阻尼固有频率 ω_n 和放大器增益 K 的方根成正比，而阻尼比 ξ 与$\sqrt{K}$成反比。

单位反馈控制系统的特征方程为

$$s^2+361.2s+4500K=0 \quad (25.6\text{-}91)$$

6.1 单位阶跃瞬态响应

令输入信号为单位阶跃函数 $\theta_r(t)=u_s(t)$，则 $\theta_r(s)=\dfrac{1}{s}$，系统在零初始条件下的输出为

$$\theta_y(t) = L^{-1}\left[\frac{4500K}{s(s^2+361.2s+4500K)}\right] \quad (25.6\text{-}92)$$

可以得到 K 为如下三个不同值时的结果：

$K = 7.248(\xi = 1.0)$：

$$\theta_y(t) = (1 - 151e^{-180t} + 150e^{-181.2t})u_s(t) \quad (25.6\text{-}93)$$

$K = 14.5(\xi = 0.707)$：

$$\theta_y(t) = (1 - e^{-180.6t}\cos 180.6t - 0.9997e^{-180.6t}\sin 180.6t)u_s(t) \quad (25.6\text{-}94)$$

$K = 181.7(\xi = 0.2)$：

$$\theta_y(t) = (1 - e^{180.6t}\cos 884.7t - 0.2041e^{-180.6t}\sin 884.7t)u_s(t) \quad (25.6\text{-}95)$$

在图 25.6-38 中画出了这三个单位阶跃响应曲线。表 25.6-20 对三个不同 K 值相应的单位阶跃响应各项特征做了比较。当 $K = 181.2(\xi = 0.2)$ 时，系统是轻微阻尼的，最大超调量为 52.7%。当 $K = 7.248$（$\xi=1.0$）时，此时系统是几乎临界阻尼的，相应的单位阶跃响应没有超调和振荡。当 $K = 14.5$（$\xi=0.707$）时，最大超调量为 4.3%。

表 25.6-20　二阶定位控制系统在增益 K 变化时的性能比较

增益 K	阻尼比 ξ	无阻尼固有频率 ω_n/(rad/s)	最大超调 M_p(%)	延迟时间 t_d/s	上升时间 t_r/s	调整时间 t_s/s
7.24808	1.000	180.62	0	0.00929	0.0186	0.0259
14.50	0.707	255.44	4.3	0.00560	0.0084	0.0114
181.17	0.200	903.00	52.7	0.00125	0.00136	0.0150

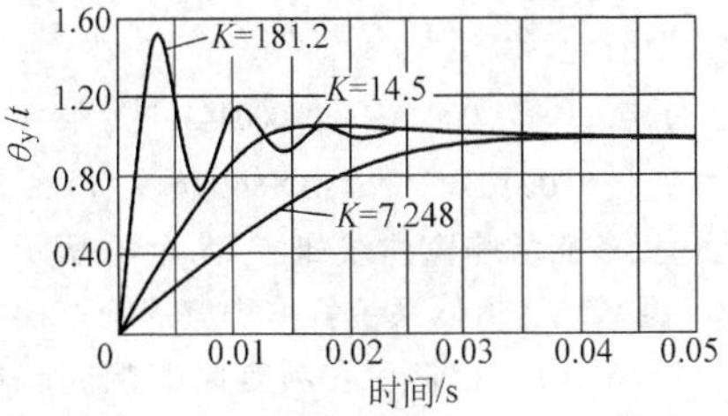

图 25.6-38　单位阶跃响应（$L_a=0$）曲线

式（25.6-91）的特征方程根为

$$s_1 = -180.6 + \sqrt{32616 - 4500K} \quad (25.6\text{-}96)$$

$$s_2 = -180.6 - \sqrt{32616 - 4500K} \quad (25.6\text{-}97)$$

当 K 分别为 7.24808、14.5 和 181.2 时，特征方程的根分别为

$K = 7.24808$：$s_1 = s_2 = -180.6$；

$K = 14.5$：$s_1 = -180.6 + j180.6$，

$s_2 = -180.6 - j180.6$；

$K = 181.2$：$s_1 = -180.6 + j884.7$，

$s_2 = -180.6 - j884.7$；

图 25.6-39 中画出了这些根的位置图。图中还画出了当 K 从 $-\infty \sim +\infty$ 变化时两个特征方程根的轨迹曲线。这些根轨迹曲线是式（25.6-91）的根轨迹，在分析和设计线性控制系统中用途广泛。

从式（25.6-96）、式（25.6-97）中可以发现，当 K 在 0~7.24808 之间时，两个根都是负实数。这说明系统此时是过阻尼的，并且这个范围内 K 值的阶跃响应不存在超调。当 $K>7.24808$ 时，自然无阻尼频率随$\sqrt{K}$增加。当 K 为负值时，有一个正的特征根，对应的时间响应则随时间单调增加，系统此时不稳定。由图 25.6-38 所示的根轨迹图可以总结出表 25.6-21 所列的瞬态阶跃响应的动态特征。

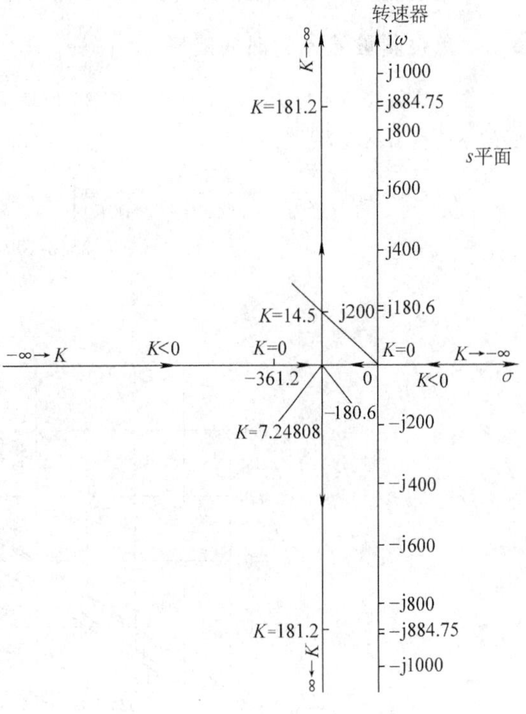

图 25.6-39　特征方程式（25.6-60）中 K 变化时的根轨迹

表 25.6-21 瞬态阶跃响应的动态特征

放大器增益	特征方程的根	系统
$0<K<7.24808$	两个不同的负实根	过阻尼 ($\xi>1$)
$K=7.24808$	两个相同的负实根	临界阻尼 ($\xi=1$)
$7.24808<K<\infty$	两个负实部的复共轭根	低阻尼 ($\xi<1$)
$-\infty<K<0$	两个不同的实根，一个为正，一个为负	不稳定系统 ($\xi<0$)

6.2 单位阶跃稳态响应

式（25.6-88）的前向通道传递函数在 $s=0$ 处有一个简单极点，所以系统的类型为 I 型。在输入为阶跃函数信号时，对所有正的 K 值，系统稳态误差都将为 0。

因为位置稳态系数为

$$K_p = \lim_{s\to 0}\frac{4500K}{s(s+361.2)} = \infty \quad (25.6\text{-}98)$$

位置稳态误差为

$$e_{ss} = \frac{1}{1+K_p} = 0 \quad (25.6\text{-}99)$$

稳态误差为 0 是因为简化后的系统模型只考虑了黏性摩擦的存在，而实际系统中静摩擦几乎总是存在的，因此系统的稳态定位准确度不可能是 100%的。

6.3 单位斜坡输入的时间响应

令单位斜坡输入为 $\theta_r(t)=tu_s(t)$，图 25.6-37 所示的系统输出响应为

$$\theta_y(t) = L^{-1}\left[\frac{4500K}{s^2(s^2+361.2s+4500K)}\right] \quad (25.6\text{-}100)$$

对上式求拉氏逆变换，可得

$$\theta_y(t) = \left[t-\frac{2\xi}{\omega_n}+\frac{e^{-\xi\omega_n t}}{\omega_n\sqrt{1-\xi^2}}\cdot \sin(\omega_n\sqrt{1-\xi^2}t+\theta)\right]u_s(t) \quad (25.6\text{-}101)$$

其中，

$$\theta = \arccos(2\xi^2-1),\ (\xi<1) \quad (25.6\text{-}102)$$

ξ 和 ω_n 的值已经分别在式（25.6-90）和式（25.6-89）中给出。三个不同 K 值的系统斜坡响应分别为

$K=7.248$：

$$\theta_y(t) = (t-0.01107-0.8278e^{-181.2t}+0.8389e^{-180t})u_s(t)$$

$K=14.5$：

$$\theta_y(t) = (t-0.005536+0.005536e^{-180.6t}\cos180.6t-5.467\times10^{-7}e^{-180.6t}\sin180.6t)u_s(t)$$

$K=181.2$：

$$\theta_y(t) = (t-0.000443+0.000443e^{-180.6t}\cos884.7t-0.00104e^{-180.6t}\sin884.7t)u_s(t)$$

上述三条斜坡响应曲线如图 25.6-40 所示。由于系统是 I 型系统，所以系统斜坡响应的稳态误差不是 0，式（25.6-101）中最后一项是瞬态响应。单位斜坡响应的稳态值为

$$\lim_{t\to\infty}\theta_y(t) = \lim_{t\to\infty}\left[\left(t-\frac{2\xi}{\omega_n}\right)u_s(t)\right] \quad (25.6\text{-}103)$$

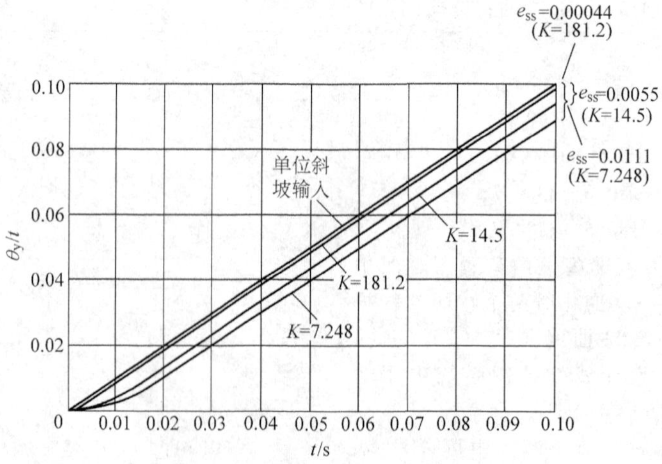

图 25.6-40 单位斜坡响应（$L_a=0$）

因此单位斜坡输入信号的系统稳态误差

$$e_{ss} = \frac{2\xi}{\omega_n} = \frac{0.0803}{K} \tag{25.6-104}$$

式（25.6-104）说明了稳态误差与 K 成反比。当 $K=14.50$ 时，相应的阻尼比是 0.707，稳态误差是 0.0055rad，或者说，是 0.55%的斜坡输入幅值。显然，如果通过提高 K 值来提高斜坡输入的系统稳态精度，则瞬态响应会变得更加振荡并且超调增大，这种典型现象在所有的控制系统中都是存在的。就高阶系统而言，如果系统的回路增益太高，系统就有可能变得不稳定，因此，有必要通过系统回路的控制器来同时改善瞬态和稳态误差。

6.4　三阶系统的时间响应

前面忽略了电枢感应系数后得到的典型二阶系统对所有正的 K 值都是稳定的。不难证明，通常情况下所有的二阶系统当特征方程系数为正时，系统均稳定。

下面讨论当电枢感应系数 $L_a=0.003\text{H}$ 时位置控制系统的性能。将相关参数值代入式（25.6-84）中，可得系统前向通道传递函数为

$$G(s) = \frac{1.5\times10^7K}{s(s^2+3408.3s+1204000)} = \frac{1.5\times10^7K}{s(s+400.26)(s+3008)} \tag{25.6-105}$$

系统闭环传递函数为

$$\frac{\theta_y(s)}{\theta_r(s)} = \frac{1.5\times10^7K}{s^3+3408.4s^2+1204000s+1.5\times10^7K} \tag{25.6-106}$$

其特征方程为

$$s^3+3408.3s^2+1204000s+1.5\times10^7K=0 \tag{25.6-107}$$

K 取三个不同值时的特征根如下：

$K=7.248$：$s_1=-156.21$，$s_2=-230.33$，$s_3=-3021.8$；

$K=14.5$：$s_1=-186.53+\text{j}192$，$s_2=-186.53-\text{j}192$，$s_3=-3035.2$；

$K=181.2$：$s_1=-57.49+\text{j}906.6$，$s_2=-57.49-\text{j}906.6$，$s_3=-3293.3$。

比较上述各根的值与近似的二阶系统的特征根，发现当 $K=7.248$ 时，二阶系统是临界阻尼，而三阶系统有三个不同的实数根，并且系统此时有些过阻尼。在-3021.8 处的根对应于 0.33μs 的时间常数，它是在-230.33 处的根所对应的第二块的时间常数的 13 倍多。由于极点-3021.8 对应的瞬态响应部分迅速衰减，从瞬态过程来看，该极点都可以忽略不计。输出瞬态响应主要由-156.21 和-230.33 这两个根决定。这个结果可以通过写出拉氏变换后的输出响应来验证：

$$\theta_y(s) = \frac{10.87\times10^7}{s(s+156.21)(s+230.33)(s+3021.8)} \tag{25.6-108}$$

对式（25.6-108）做拉氏反变换，得到

$$\theta_y(t) = (1-3.28e^{-156.21t}+2.28e^{-230.33t} - 0.0045e^{-3021.8t})u_s(t) \tag{25.6-109}$$

式（25.6-109）中的最后一项对应在-3021.8 处的根，此项迅速衰减到 0。此外，这一项的系数和其他两项比起来小很多。位于复平面左半平面离虚轴很远位置的特征根称为非主导极点，对瞬态响应影响甚微。距离虚轴较近的根被称为系统的主导极点，对瞬态响应起主要作用。

当 $K=14.5$ 时，二阶系统的阻尼比为 0.707，特征方程的两个根的实部和虚部相同。三阶系统并没有阻尼比的定义。然而，因为在-3201.8 处的根对瞬态响应的影响可以忽略不计，决定瞬态响应的两个主导根所对应的阻尼比是 0.697，因此，当 $K=14.5$ 时，与令 $L_a=0$ 所得到的二阶系统近似。要注意的是，当 $K=14.5$ 时，二阶系统的近似效果很好并不意味着在所有 K 值时这样的近似都有效。

当 $K=181.2$ 时，三阶系统的两个共轭复根再次决定瞬态响应，由这两个根得到的阻尼比只有 0.0633，比二阶系统近似情形的 0.2 要小很多，因此，随着 K 的增加，二阶系统近似的合理性和准确度都在降低。如图 25.6-41 所示为式（25.6-107）三

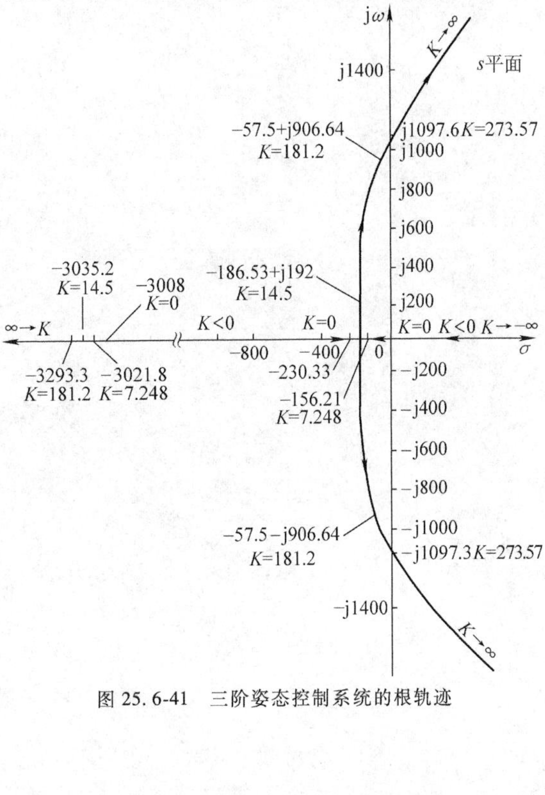

图 25.6-41　三阶姿态控制系统的根轨迹

阶系统的特征方程随 K 值变化时的根轨迹曲线示意图。当 $K=181.2$ 时，在 -3293.3 处的根仍然对瞬态响应没有太大影响，但同样在这个 K 值下，三阶系统在 $-57.49\pm j906.6$ 处的两个复共轭根要比二阶系统在 $-180.6\pm j884.75$ 处的复共轭根距离虚轴更近，这就解释了为什么当 $K=181.2$ 时三阶系统的稳定程度要比二阶系统小得多的原因。

利用 Routh-Hurwitz 准则，可以计算稳定条件的临界 K 值等于 273.57。在这个临界 K 值下，相应的闭环传递函数为

$$\frac{\theta_y(s)}{\theta_r(s)}=\frac{1.0872\times10^8}{(s+3408.3)(s^2+1.204\times10^6)} \tag{25.6-110}$$

对应特征方程的根为 $s=-3408.3$、$-j1097.3$ 和 $j1097.3$。后两点的位置都已经在图 25.6-40 所示的根轨迹上标示出来了。

当 $K=273.57$ 时，系统的单位阶跃响应为

$$\theta_y(t)=[1-0.094e^{3408.3t}-0.952\sin(1097.3t+72.16°)]u_s(t) \tag{25.6-111}$$

这时的稳态响应是一个频率为 1097.3rad/s 的无阻尼正弦曲线，系统是临界稳定的。当 $K>273.57$ 时，两个共轭复根将有正实部，时间响应的正弦项会随着时间的增加而增加，系统不稳定。

如图 25.6-42 所示为三阶系统三个不同 K 值时的单位阶跃响应曲线示意图。$K=7.248$ 和 $K=14.5$ 时的响应曲线和图 25.6-38 中的二阶系统同等 K 值的响应曲线非常相近，而 $K=181.2$ 时的两组响应曲线则差别很大。

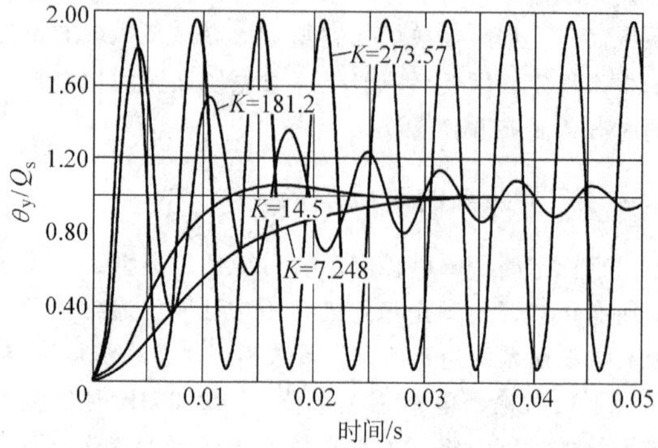

图 25.6-42　三阶姿态控制系统的单位阶跃响应曲线

程序附录一

主程序：main. m

```
clear all;
close all;
t=[0:0.01:3]';
%初始化相应矩阵
k(1:301)=0;
k=k';
T1(1:301)=0;
T1=T1';
T2=T1;
T=[T1 T2];
%%%%%%%%%%%%%%%%%%%%%%%%
M=20;
%开始 20 次迭代自学习控制
for i=0:1:M
  i
  pause(0.01);
  %调用 Simulink 仿真模型
  sim('sim',[0,3]);
  q1=q(:,1);
  dq1=q(:,2);
  q2=q(:,3);
  dq2=q(:,4);
  q1d=qd(:,1);
  dq1d=qd(:,2);
  q2d=qd(:,3);
  dq2d=qd(:,4);
  e1=q1d-q1;
  e2=q2d-q2;
  de1=dq1d-dq1;
  de2=dq2d-dq2;
  j=i+1;
  times(j)=i;
  %记录输出误差
  e1i(j)=max(abs(e1));
  e2i(j)=max(abs(e2));
  de1i(j)=max(abs(de1));
  de2i(j)=max(abs(de2));
end
%%%%%%%%%%%%%%%%%%%%%%%%%%%%%%%%
%绘图,figure1 为第 20 次跟踪轨迹图
figure(1);
subplot(211);
plot(t,q1d,'r',t,q1,'b');
xlabel('时间(s)');ylabel('关节 1 位置');
title('关节 1 第 20 次位置跟踪');
legend('期望轨迹','输出轨迹');
subplot(212);
plot(t,q2d,'r',t,q2,'b');
xlabel('时间(s)');ylabel('关节 2 位置');
title('关节 2 第 20 次位置跟踪');
legend('期望轨迹','输出轨迹');
%绘图,figure2 为 20 次跟踪的误差收敛图
figure(2);
plot(times,e1i,'*-r',times,e2i,'o-b');
title('20 次跟踪误差');
xlabel('跟踪次数');ylabel('跟踪误差');
legend('关节角 1','关节角 2');
```

Simulink 子程序：sim. mdl

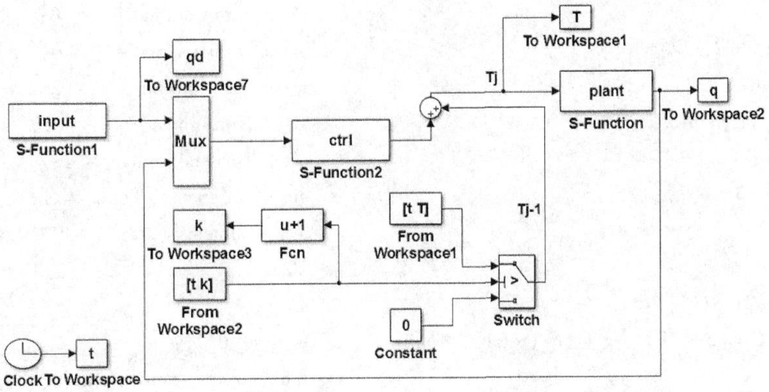

被控对象子程序：plant. m

```
function [sys,x0,str,ts] =...
spacemodel(t,x,u,flag)
switch flag,
  case 0,
      [sys,x0,str,ts]=mdlInitializeSizes;
  case 1,
      sys=mdlDerivatives(t,x,u);
  case 3,
      sys=mdlOutputs(t,x,u);
```

```
    case {2,4,9}
        sys=[];
    otherwise
        error(['Unhandled flag =...
    ',num2str(flag)]);
end
function [sys,x0,str,ts]=mdlInitializeSizes
sizes = simsizes;
sizes.NumContStates  = 4;
sizes.NumDiscStates  = 0;
sizes.NumOutputs     = 4;
sizes.NumInputs      = 2;
sizes.DirFeedthrough = 0;
sizes.NumSampleTimes = 1;
sys = simsizes(sizes);
x0  = [0;3;1;0];
str = [];
ts  = [0 0];
function sys=mdlDerivatives(t,x,u)
Tol=[u(1) u(2)]';
%初始化机械手参数
g=9.81;
m1=10;m2=5;
l1=0.25;l2=0.16;
lc1=0.2;lc2=0.14;
I1=0.133;I2=0.033;
%建立机械手动力学模型
d11=m1*lc1^2+m2*(l1^2+lc2^2+2*l1*...
lc2*cos(x(3)))+I1+I2;
d12=m2*(lc2^2+l1*lc2*cos(x(3)))+I2;
d21=d12;
d22=m2*lc2^2+I2;
D=[d11 d12;d21 d22];
h=-m2*l1*lc2*sin(x(3));
c11=h*x(4);
c12=h*x(4)+h*x(2);
c21=-h*x(2);
c22=0;
C=[c11 c12;c21 c22];
g1=(m1*lc1+m2*l1)*g*cos(x(1))+m2
*...
lc2*g*cos(x(1)+x(3));
g2=m2*lc2*g*cos(x(1)+x(3));
G=[g1;g2];
a=1.0;
d1=a*0.3*sin(t);
d2=a*0.1*(1-exp(-t));
Td=[d1;d2];
S=-inv(D)*C*[x(2);x(4)]-inv(D)*G+...
inv(D)*(Tol-Td);
sys(1)=x(2);
sys(2)=S(1);
sys(3)=x(4);
sys(4)=S(2);
function sys=mdlOutputs(t,x,u)
sys(1)=x(1);   %Angle1:q1
sys(2)=x(2);   %Angle1 speed:dq1
sys(3)=x(3);   %Angle2:q2
sys(4)=x(4);   %Angle2 speed:dq2
```

控制器子程序:ctrl.m

```
function [sys,x0,str,ts] = ...
spacemodel(t,x,u,flag)
switch flag,
  case 0,
      [sys,x0,str,ts]=mdlInitializeSizes;
  case 3,
      sys=mdlOutputs(t,x,u);
  case {2,4,9}
      sys=[];
  otherwise
      error(['Unhandled flag = ...
  ',num2str(flag)]);
end
function [sys,x0,str,ts]=mdlInitializeSizes
sizes = simsizes;
sizes.NumContStates  = 0;
sizes.NumDiscStates  = 0;
sizes.NumOutputs     = 2;
sizes.NumInputs      = 8;
sizes.DirFeedthrough = 1;
sizes.NumSampleTimes = 1;
sys = simsizes(sizes);
x0  = [];
str = [];
ts  = [0 0];
function sys=mdlOutputs(t,x,u)
q1d=u(1);dq1d=u(2);
q2d=u(3);dq2d=u(4);
q1=u(5);dq1=u(6);
q2=u(7);dq2=u(8);
%获取误差
```

```
e1=q1d-q1;
e2=q2d-q2;
e=[e1 e2]';
de1=dq1d-dq1;
de2=dq2d-dq2;
de=[de1 de2]';
Kp=[100 0;0 100];
Kd=[500 0;0 500];
%迭代学习
M=2;
if M==1
    Tol=Kd*de;          %D Type
elseif M==2
    Tol=Kp*e+Kd*de; %PD Type
elseif M==3
    Tol=Kd*exp(0.8*t)*de;% Exponential Gain D Type
end
sys(1)=Tol(1);
sys(2)=Tol(2);
```

指令子程序:input.m

```
function [sys,x0,str,ts] = ...
spacemodel(t,x,u,flag)
switch flag,
  case 0,
      [sys,x0,str,ts]=mdlInitializeSizes;
  case 3,
      sys=mdlOutputs(t,x,u);
  case {2,4,9}
      sys=[];
  otherwise
      error(['Unhandled flag = ...
  ',num2str(flag)]);
end
function [sys,x0,str,ts]=mdlInitializeSizes
sizes = simsizes;
sizes.NumContStates  = 0;
sizes.NumDiscStates  = 0;
sizes.NumOutputs     = 4;
sizes.NumInputs      = 0;
sizes.DirFeedthrough = 1;
sizes.NumSampleTimes = 1;
sys = simsizes(sizes);
x0  = [];
str = [];
ts  = [0 0];
function sys=mdlOutputs(t,x,u)
q1d=sin(3*t);
dq1d=3*cos(3*t);
q2d=cos(3*t);
dq2d=-3*sin(3*t);
sys(1)=q1d;
sys(2)=dq1d;
sys(3)=q2d;
sys(4)=dq2d;
```

程序附录二

隶属度函数程序:

```
clear all;
close all;
T=0.001;
x=-pi/9:T:pi/9;
figure(1);
for i=1:1:2
    if i==1
      niux=1./(1+exp(-30*x));
    elseif i==2
      niux=1./(1+exp(30*x));
    end
    hold on;
    plot(x,niux);
end
xlabel('x'); ylabel('Membership function degree of x');
u=-5:T:5;
figure(2);
for i=1:1:3
    if i==1
      niuu=exp(-(u+5).^2);
    elseif i==2
      niuu=exp(-u.^2);
    elseif i==3
      niuu=exp(-(u-5).^2);
    end
    hold on;
    plot(u,niuu);
end
xlabel('u'); ylabel('Membership function degree of u');
```

系统模型程序:

```
function [sys,x0,str,ts]=s_function(t,x,u,flag)
```

```
switch flag,
case 0,
    [sys,x0,str,ts]=mdlInitializeSizes;
case 1,
    sys=mdlDerivatives(t,x,u);
case 3,
    sys=mdlOutputs(t,x,u);
case {2, 4, 9 }
    sys = [];
otherwise
error(['Unhandled flag = ',num2str(flag)]);
end
function [sys,x0,str,ts]=mdlInitializeSizes
sizes = simsizes;
sizes.NumContStates  = 2;
sizes.NumDiscStates  = 0;
sizes.NumOutputs     = 2;
sizes.NumInputs      = 3;
sizes.DirFeedthrough = 0;
sizes.NumSampleTimes = 0;
sys=simsizes(sizes);
x0=[pi/60 0];
str=[];
ts=[];
function sys=mdlDerivatives(t,x,u)
g=9.8;
mc=1.0;
m=0.1;
l=0.5;
S=l*(4/3-m*(cos(x(1)))^2/(mc+m));
fx=g*sin(x(1))-m*l*x(2)^2*cos(x(1))*
sin(x(1))/(mc+m);
fx=fx/S;
gx=cos(x(1))/(mc+m);
gx=gx/S;
ut=u(3);
sys(1)=x(2);
sys(2)=fx+gx*ut;
function sys=mdlOutputs(t,x,u)
sys(1)=x(1);
sys(2)=x(2);
```

模糊控制程序：

```
function[sys,x0,str,ts]=spacemodel(t,x,u,flag)
switch flag,
case 0,
    [sys,x0,str,ts]=mdlInitializeSizes;
case 3,
    sys=mdlOutputs(t,x,u);
case {2,4,9}
    sys=[];
otherwise
    error(['Unhandled flag = ',num2str(flag)]);
end
function [sys,x0,str,ts]=mdlInitializeSizes
sizes = simsizes;
sizes.NumContStates  = 0;
sizes.NumDiscStates  = 0;
sizes.NumOutputs     = 3;
sizes.NumInputs      = 2;
sizes.DirFeedthrough = 1;
sizes.NumSampleTimes = 0;
sys = simsizes(sizes);
x0  = [];
str = [];
ts  = [];
function sys=mdlOutputs(t,x,u)
x1=u(1);
x2=u(2);
  xd=0;dxd=0;ddxd=0;
  k1=2;k2=1;
k=[k2;k1];
u1_1=1/(1+exp(-30*x1));
u1_2=1/(1+exp(30*x1));
u2_1=1/(1+exp(-30*x2));
u2_2=1/(1+exp(30*x2));
Fnum=-5*u1_1*u2_1+5*u1_2*u2_2;
Fden=u1_1*u2_1+u1_2*u2_1+u1_1*u2_2+u1_
2*u2_2;
ufuzz=Fnum/Fden;
ut=ufuzz;
sys(1)=ufuzz;
sys(2)=ufuzz;
sys(3)=ut;
```

控制效果曲线显示程序：

```
close all;
figure(1);
plot(t,y(:,1),'r');
xlabel('time(s)');ylabel('Position response');
figure(2);
plot(t,y(:,1),'r');
```

```
xlabel('time(s)');ylabel('Speed response');
figure(3);
subplot(311);
plot(t,u(:,1),'r');
xlabel('time(s)');ylabel('Control input ufuzz');
subplot(312);
plot(t,u(:,2),'r');
xlabel('time(s)');ylabel('Control input us');
subplot(313);
plot(t,u(:,3),'r');
xlabel('time(s)');ylabel('Control input ut');
```

参考文献

[1] 闻邦椿. 机械设计手册: 第5卷 [M]. 5版. 北京: 机械工业出版社, 2010.

[2] 柳洪义, 宋伟刚, 原所先, 等. 机械工程控制基础 [M]. 北京: 科学出版社, 2006.

[3] 谢少荣, 蒋蓁, 罗均, 等. 现代控制与驱动技术 [M]. 北京: 化学工业出版社, 2005.

[4] 柳洪义, 罗忠, 王菲. 现代机械工程自动控制 [M]. 北京: 科学出版社, 2008.

[5] 张莉松, 胡祐德, 徐立新. 伺服系统原理与设计 [M]. 北京: 北京理工大学出版社, 2006.

[6] 康晓明. 电动机与拖动 [M]. 北京: 国防工业出版社, 2005.

[7] 松井信行. 控制用电动机入门 [M]. 王棣棠, 译. 北京: 科学出版社, 2000.

[8] 杨益强, 李长虹, 江明明. 控制器件 [M]. 北京: 中国水利水电出版社, 2005.

[9] 王积伟. 现代控制理论与工程 [M]. 北京: 高等教育出版社, 2003.

[10] Slotine J E, Li W. 应用非线性控制 [M]. 程代展, 等译. 北京: 机械工业出版社, 2006.

[11] 高钟毓. 机电控制工程 [M]. 北京: 清华大学出版社, 2002.

[12] 寇宝泉, 程树康. 交流伺服电机及其控制 [M]. 北京: 机械工业出版社, 2008.

[13] 田琦, 张国良, 等. 全文位移动机器人模糊 PID 运动控制研究 [J]. 电子技术应用, 2009 (5).

[14] 刘金琨. 先进 PID 控制 MATLAB 仿真 [M]. 北京: 电子工业出版社, 2003.

[15] 孙增圻. 智能控制理论与技术 [M]. 北京: 清华大学出版社, 2011.

[16] 刘金琨. 智能控制 [M]. 3版. 北京: 电子工业出版社, 2014.

[17] 蔡自兴, 徐光祐. 人工智能及其应用 [M]. 3版. 北京: 清华大学出版社, 2006.

[18] 刘金琨. 机器人控制系统的设计与 MATLAB 仿真 [M]. 北京: 清华大学出版社, 2008.

[19] 翟龙余. 倒立摆的模糊控制研究 [D]. 无锡: 江南大学, 2008.

[20] 洪旭. 倒立摆系统模糊控制算法研究 [D]. 西安: 西安电子科技大学, 2005.

[21] 闻邦椿, 周知承, 韩清凯, 等. 现代机械产品设计在新产品开发中的重要作用—兼论面向产品总体质量的"动态优化, 智能化和可视化"三化综合设计法 [J]. 机械工程学报, 2003, 39 (10): 43-52.

[22] 柳洪义, 马现刚, 朱树森. 微波催化连续反应实验系统的温度控制 [J]. 东北大学学报, 2003, 24 (3): 256-259.

[23] 蔡自兴. 智能控制 [M]. 2版. 北京: 电子工业出版社, 2004.

[24] Katsuhiko Ogata. 现代控制工程 [M]. 4版. 卢伯英, 于海勋, 等译. 北京: 电子工业出版社, 2003.

[25] Richard C Dorf, Robert H Bisshop. Modern Control Systems [M]. 9th ed. 北京: 科学出版社, 2002.

[26] G C Goodwin S F Graebe, M E Salgado. Control System Design [M]. 北京: 清华大学出版社, 2002.

[27] 刘金琨. 智能控制 [M]. 北京: 电子工业出版社, 2012.

[28] 石辛民. 模糊控制及其 MATLAB 仿真 [M]. 北京: 清华大学出版社, 2008.

[29] 于少娟. 迭代学习控制理论及应用 [M]. 北京: 机械工业出版社, 2005.

[30] 曹承志. 人工智能技术 [M]. 北京: 清华大学出版社, 2010.

[31] 龚发云, 袁雷华, 汤亮. SCARA 机械手的 RBF 神经网络自适应轨迹跟踪控制 [J]. 机床与液压, 2014 (3): 41-46.

[32] 王田苗, 丑武胜. 机电控制基础理论及应用 [M]. 北京: 清华大学出版社, 2003.

[33] Panos Y Rao. 工程优化原理与应用 [M]. 祁载康, 等译. 北京: 北京理工大学出版社, 1990.

[34] 廖晓钟, 刘向东. 自动控制系统 [M]. 北京: 北京理工大学出版社, 2005.

[35] 丛爽, 李泽湘. 实用运动控制技术 [M]. 北京: 电子工业出版社, 2006.

[36] Kuo B C, Golnaraghi F. 自动控制系统 [M]. 8版. 汪小帆, 李翔, 译. 北京: 高等教育出版社, 2004.

[37] 蔡自兴, Durkin J, 龚涛. 高级专家系统: 原理、设计及应用 [M]. 北京: 科学出版社, 2006.

[38] 刘白林. 人工智能与专家系统 [M]. 西安: 西安交通大学出版社, 2012.

[39] 王万森. 人工智能 [M]. 北京: 人民邮电出版社, 2011.

[40] 敖志刚. 人工智能及专家系统 [M]. 北京: 机械工业出版社, 2010.

[41] 周志杰, 杨剑波, 胡昌华, 等. 置信规则库专家系统与复杂系统建模 [M], 北京: 科学出版社, 2011.

[42] 尹朝庆. 人工智能与专家系统 [M]. 北京: 中国水利水电出版社, 2009.

[43] Lyu J J, Chen M N. Automated visual inspection expert system for multivariate statistical process control chart [J]. Expert Systems with Applications, 2009, 36 (3): 5113-5118.

[44] 陈民铀. 一个专家控制系统的设计与实现 [J]. 重庆大学学报: 自然科学版, 1993, 16 (2): 37-43.

[45] 杨兴, 朱大奇, 桑庆兵. 专家系统研究现状与展望 [J]. 计算机应用研究, 2007, 24 (5): 4-9.